控制工程基础

（原书第2版）

［日本］佐藤和也　平元和彦　平田研二　著

王　强　刘　杰　译

机械工业出版社

本书原版在 2013 年获得日本计测与自动控制学会著作奖，是日本大学广泛采用的自动控制教科书。是一本面向本科和专科层次的、结合当今控制技术发展的经典控制理论教科书。为便于初学者理解，译著对原书部分内容进行了编排，进而突出了重点，对各种数学公式的表达方式和含义进行了详尽的说明。特别对微分方程式与经典控制论的关联性、与控制学相关的数学内容进行了充实，并且结合实际应用对 PID 等控制方法进行了剖析。本书取材新颖、阐述严谨、内容丰富、重点突出、推导详尽、思路清晰、深入浅出、富有启发性，便于教学与自学。

本书还提供习题的详细题解，欢迎选用教材的教师联系策划编辑索要，具体联系方式如下：李小平，电话 13520694790；邮箱 lixiaoping91142@163.com。

《HAJIMETE NO SEIGYOKOUGAKU KAITEI DAI2HAN》

© Kazuya Sato，Kazuhiko Hiramoto，Kenji Hirata 2018

All rights reserved.

Original Japanese edition published by KODANSHA LTD.

Publication rights for Simplified Chinese character edition arranged with KODANSHA LTD. through KODANSHA BEIJING CULTURE LTD. Beijing，China.

本书由日本讲谈社正式授权，版权所有，未经书面同意，不得以任何方式做全面或局部翻印、仿制或转载。

本书由日本讲谈社授权机械工业出版社在中国境内（不包括香港、澳门特别行政区及台湾地区）出版与发行。未经许可之出口，视为违反著作权法，将受法律之制裁。

北京市版权局著作合同登记 图字：01-2020-4868 号。

图书在版编目（CIP）数据

控制工程基础：原书第 2 版/（日）佐藤和也，（日）平元和彦，（日）平田研二著；王强，刘杰译. —北京：机械工业出版社，2021.5（2022.7 重印）

ISBN 978-7-111-68200-4

Ⅰ.①控… Ⅱ.①佐… ②平… ③平… ④王… ⑤刘… Ⅲ.①自动控制理论—高等学校—教材 Ⅳ.①TP13

中国版本图书馆 CIP 数据核字（2021）第 087042 号

机械工业出版社（北京市百万庄大街 22 号 邮政编码 100037）

策划编辑：李小平 责任编辑：李小平 内文插图：小林毅弘

责任校对：张晓蓉 封面设计：马精明 内文版式：Art 工房

责任印制：常天培

北京铭成印刷有限公司印刷

2022 年 7 月第 1 版第 2 次印刷

184mm×240mm・12.5 印张・277 千字

标准书号：ISBN 978-7-111-68200-4

定价：69.00 元

电话服务 网络服务

客服电话：010-88361066 机 工 官 网：www.cmpbook.com

　　　　　010-88379833 机 工 官 博：weibo.com/cmp1952

　　　　　010-68326294 金 书 网：www.golden-book.com

封底无防伪标均为盗版 机工教育服务网：www.cmpedu.com

译 者 序

近年来，随着智能制造、机器人技术和新能源技术等领域的发展，控制技术越来越受到关注。对于大多数在大学中刚接触自动控制或控制工程的学生而言，都会产生课程内容很难理解的感觉，而且阅读很多控制类的书籍需要良好的数学基础。因此，一本便于初学者学习的控制工程书籍是很多学生和企业技术人员的需求。为了满足此种需求，译者进行了该书的翻译。

本书的原版书名为《はじめての制御工学》，在 2013 年获得日本计测与自动控制学会著作奖，是目前日本大学本科层次广泛采用的自动控制及控制工程教科书。作者为佐贺大学佐藤和也教授、新潟大学平元和彦教授和富山大学平田研二教授。译者与作者之一的佐藤和也教授都毕业于日本九州工业大学控制工程专业，相近的学习经历和对控制工程相近的理解使译者对原书的印象极为深刻，感到这就是一本符合初学者需求的控制工程书籍，因此将其翻译成中文，以飨国内读者。

本书阐述经典控制论的基础知识和关键点，以初学者易于理解为出发点，将重点放在适用于控制工程的数学公式理解方法和含义的说明上。在翻译的过程中，译者尽最大努力尊重原文，并尽可能避免直译产生的歧义，但由于才疏学浅，难免存在错漏之处，敬请广大读者指正批评。

此外，参考文献保持了日语原文，在此进行以下说明，以便读者理解原著作者的想法。参考文献［1-8］是原书参考的主要文献，如需对于经典控制论进行更深层次的了解，可以参考这些书籍。参考文献［9］是讲述如何使用控制系统仿真工具 Matlab 进行控制的解析和设计的书籍，此书原为英文版，在欧美相当畅销。如愿意用纸和笔进行控制问题的解析，可以使用参考文献［10］和［11］，其中有很多习题。参考文献［12-14］是针对实际系统的控制问题，特别是参考文献［14］很详尽地叙述了机器人控制的很多方面，可以从中体会到机器人控制的基本流程和主要方法。

王强 刘杰

2021 年 3 月

原 书 前 言

近年，经常听到学生提出想要制作机器人。现在，随着技术的发展，用一些简单的办法就可以制作用遥控器操控动作的机器人，但是这些机器人的用途有限。如果需要机器人具有较高的自动化水平，并在实际生产和生活中发挥较大作用，就必须使用控制工程的知识。控制工程的适用范围非常广泛，可以说在工科专业中没有不需要使用控制的领域。进一步而言，在医学和经济等领域，控制工程的思维方式也变得日益重要。精通控制工程的话，会使您有活跃在各种领域的可能性。

对于大多数的学生和企业技术人员而言，虽然控制工程的知识极为重要，但都有难学和难以理解的印象。由于控制工程的适用范围广泛，大多数状况下没有特定的具体研究对象，初学时理解困难的内容也较多。

因此，作者根据自身对控制工程的理解，对经典控制论的内容进行整理，以初学者易于理解为出发点著述此书。特别将重点放在适用于控制工程的数学公式的理解方法和含义的说明上。

本书的内容与现有的经典控制工程教材相比，在内容上可能存在一些不同，执笔时的想法是期望初学者尽可能理解和掌握本课程的关键内容。期待本书的读者能对控制工程产生一定的兴趣，也期待阅读本书的学生会在毕业设计和研究生的研究生涯中进行控制工程的相关研究。

本书考虑了在教学中使用的便利性，按一章一节课的量将内容分为14章。对于经典控制论的内容来说，从整体上可以分为动态系统的解析、反馈控制系统的解析与设计两大部分；对于每个具体内容，存在时间轴和频率轴两种思考方法，本书的内容即按照此方法进行分类，如图1所示。图1中，小旗中的号码表示各章的序号。阅读本书时，可按照各章的序号进行；也可按照图中箭头所示顺序进行。

由于我们水平所限，尽管做了很大努力，可能还是会有很多不妥甚至是错误，望广大读者给予批评指正。

本书的编写和出版过程中，得到了各方友人的热情关心和大力帮助，在此表示衷心的感谢。特别要感谢的是作者在学习控制工程时的导师和引路人——九州工业大学小林敏弘名誉教授、名古屋大学大日方五郎教授、东京工业大学藤田政之教授和九州工业大学大屋胜敬教授。此外，向对本书初稿的不足之处提出指正的作者研究室的各位同仁表示感谢。最后，向为本书的出版费尽心力的讲谈社横山真吾先生及我们的家人表示衷心的感谢。

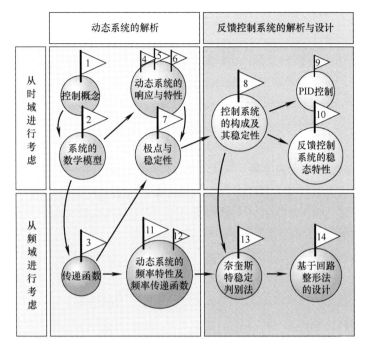

图 1　本书内容的相互关系

佐藤和也　平元和彦　平田研二

2010 年夏

目　　录

第 1 章　控制概念与微分方程的关联

通常，我们应如何理解"控制"这个概念呢？简单而言，让物体按照所设想的动作进行运动进而实现操纵的过程就是"控制"。同时，"控制"作为一个工程概念而言，非常重要的特征是一物体的运动可以用微分方程进行描述！本章节从微分的定义开始阐述，这部分理解起来可能会很困难，但这是控制理论的基本出发点，希望大家能努力理解。

本章要点
1. 理解位置、速度和微分的关系。
2. 掌握工科领域的微分标记和方法。
3. 理解微分方程式的含义。
4. 理解指数函数的特性。
5. 理解不同控制方法的异同点。

1.1　位置、速度和加速度的关系

用哪些物理量去描述物体的运动，是首先要解决的问题。常用的物理量包括位置、速度和加速度，如何运用这些物理量去描述运动是非常关键的问题。直线上的点的位置通常用坐标 x 来表示。随着时间的变化，点开始移动，点的位置成为坐标 x 的时间函数，用 $x(t)$ 表示。时间 t 和经过微小时间 Δt 的点各自的位置用 $x(t)$ 和 $x(t+\Delta t)$ 表示。点在微小时间 Δt 内移动的距离用 $\Delta x = x(t+\Delta t) - x(t)$ 表示。在微小时间 Δt 内点的位置平均变化率 $\overline{v}$ 可用下式表示：

$$\overline{v} = \frac{x(t+\Delta t) - x(t)}{(t+\Delta t) - t} = \frac{\Delta x}{\Delta t} \tag{1.1}$$

式中，$\overline{v}$ 称为微小时间 Δt 内点的平均速度。

根据式（1.1）可知：微小时间 Δt 的确定方法会影响平均速度的取值。

例如：从家到学校的距离有 10km，如果开车需要花 20min，平均速度 $\overline{v} = 30$km/h。20min 的时间间隔可以视为微小时间的话，但是，汽车一直以 30km/h 的速度行驶是不符合实际情况的，行驶中瞬间速度在 40~50km/h 之间变化是经常存在的，瞬间的含义是微小时间 Δt 在 0 到极限值之间取值，可用下式表示：

$$v = \lim_{\Delta t \to 0} \overline{v} = \lim_{\Delta t \to 0} \frac{\Delta x}{\Delta t} \tag{1.2}$$

速度 $\bar{v}$ 的极限值被称为在时刻 t 的**速度** v（v 是 velocity 的第一个字母），速度 v 随时间变化的状况下，用 $v(t)$ 来表示时间 t 的函数。

再则，速度的时间变化率用**加速度** a（a 是 acceleration 的第一个字母）。从位置的变化率导出速度的同样方法，可以定义如下：

$$a = \lim_{\Delta t \to 0} \frac{v(t+\Delta t)-v(t)}{(t+\Delta t)-t} = \lim_{\Delta t \to 0} \frac{\Delta v}{\Delta t} \tag{1.3}$$

加速度 a 随时间变化的状况下，用 $a(t)$ 来表示时间 t 的函数。

1.2　微分的含义

微积分的学习往往从导数开始，导数不是分数，而是像 $\mathrm{d}x$、$\mathrm{d}y$ 一样的要素总称，在此，$f(x)$ 中的 x 被称为独立变量（independent variable）。图 1.1 的粗线表示变量 x 的函数 $y = f(x)$。导函数 $f'(x)$ 定义为下式：

$$f'(x) = \frac{\mathrm{d}y}{\mathrm{d}x} = \lim_{h \to 0} \frac{f(x+h)-f(x)}{(x+h)-x} = \lim_{h \to 0} \frac{f(x+h)-f(x)}{h} \tag{1.4}$$

式 (1.4) 的含义为：$x+h$ 在趋近于 x 时的变化斜率；也可以做如下解释：x 变化的同时，$f(x)$ 的变化程度。由此可知：式 (1.1) 表示的平均变化率和式 (1.2) 表示的速度 v 是同样的含义。

计算导函数的过程就被称为**微分**（differentiate）。从数学的角度讲，微分的对象往往预先给出，例如：$f(x) = 2x^3 + 4x$ 或 $f(x) = \sin x$ 等。在工科领域，物体的物理量（如位置、角度、流量和温度等）随时间的变化而变化，这些物理量的变化可用微分来表示。即时间 t 是独立变量，物体的物理量变化值用

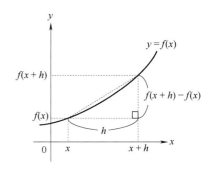

图 1.1　$y = f(x)$

$y(t)$ 表示，当然也可以用 $x(t)$，$z(t)$，$v(t)$ 来表示。在工科领域不采用数学的表现方式 $y = f(t)$，一般直接用 $f(t)$ 表示。变量 $y(t)$ 依存于时间 t 的变化，可以认为是时间的函数。因此，可以称作**时域变量**（time variable）或**时变函数**（time function）。此时，变量 $y(t)$ 的微分可以认为是随着时间 t 的变化而产生 $y(t)$ 的变化程度。用下式表示：

$$y'(t) = \frac{\mathrm{d}y(t)}{\mathrm{d}t} = \lim_{h \to 0} \frac{y(t+h)-y(t)}{h} \tag{1.5}$$

工科领域和数学领域往往采用不同形式的微分标记方法。通常，先给出原函数求微分的情况较多，也存在先给出微分求原函数的情况。此外，在工科领域中常用 $\dot{y}(t)$ 或 $\frac{\mathrm{d}y(t)}{\mathrm{d}t}$。**本书为了避免用不同记号而产生误解，对记号的使用方法不加以区分。**

微分的标记

变量 $x(t)$ 的一阶导函数（一阶微分）的表述方法有以下三种：

- 拉格朗日标记法：$x'(t)$
- 莱布尼兹标记法：$\dfrac{\mathrm{d}x(t)}{\mathrm{d}t}$，$\dfrac{\mathrm{d}x}{\mathrm{d}t}(t)$ 和 $\dfrac{\mathrm{d}}{\mathrm{d}t}x(t)$
- 牛顿标记法：$\dot{x}(t)$

这些表示方式具有同样的含义，一般数学教科书中往往采用拉格朗日标记法，在工科领域常采用牛顿标记法或莱布尼兹标记法。

1.3　微分方程的含义

本节对**微分方程**（differential equation）进行说明。微分方程是把导函数用变量函数的方式表示出来，即给出变量变化程度的关系式。求解微分方程可知时域变量 $y(t)$ 随时间 t 变化的过程，也就是得到变量变化的程度；微分方程是表示变量变化程度的一种方式，求解微分方程可以求得时域变量 $y(t)$。通过求解微分方程可以知道变量 $y(t)$ 如何进行具体变化的。注意：计算导函数和求解函数的变化程度是有区别的。

以下用一个简单的例子说明：

$$\frac{\mathrm{d}y(t)}{\mathrm{d}t} = a y(t) \tag{1.6}$$

上式的微分方程是一个非常简单的方程式，但是可以用来表示各种这样的物理现象。例如：马尔萨斯人口理论，牛顿冷却定律和放射性物质的衰减等。式(1.6)是变量分离型，用以下的方法求解：

$$\frac{\mathrm{d}y(t)}{\mathrm{d}t} = a y(t)$$

(1) $y(t)$ 向左边移动，$\mathrm{d}t$ 向右边移动，进行变量分离为

$$\frac{\mathrm{d}y(t)}{y(t)} = a\,\mathrm{d}t$$

(2) 对式子的两边进行积分，用下列的积分公式

$$\int \frac{1}{y(t)}\mathrm{d}y(t) = \log|y(t)| + C$$

$\log|y(t)| = at + C$（C 为积分常数）

$$y(t) = \pm \mathrm{e}^{at+C} = C_0 \mathrm{e}^{at} \qquad (C_0 = \pm \mathrm{e}^{C}) \tag{1.7}$$

通过这些计算可以知道：对于独立变量 t（时间的变化），$y(t)$ 的值呈指数变化；C_0 由 $y(t)$ 的初始值 $y(0)$ 来确定。指数函数 e^{at} 也可以用 $\exp(at)$ 方式书写。

1.4 指数函数的性质

高中学到的**指数函数**（exponential function）用 $y = a^x$ 表示，这里面 a 称为底数，x 称为**幂指数**（exponent）。在本书中，因为考虑微分方程，底数用 e 替代，e 是自然对数函数的底数，也称为欧拉数（Euler number），以瑞士数学家欧拉命名；也有个较鲜见的名字奈皮尔常数，以纪念苏格兰数学家约翰·奈皮尔（John Napier）引进自然对数，e=2.71828…。在数学领域常用 $y = e^x$ 来标记，在工科领域常用 $y(t) = e^t$ 来标记。作为指数函数的性质，下列特性众所周知：

- $e^0 = 1$
- $\dfrac{de^t}{dt} = e^t$

根据以上性质，微分方程式为

$$\frac{dy(t)}{dt} = y(t) \tag{1.8}$$

在 $y(0) = 1$ 时的解为 $y(t) = e^t$。因为 e＞1，所以 $y(t) = e^t$ 如图 1.2 所示，局部图见图 1.3。在数学领域，t 会考虑负值，在工科领域，时间只能为正，所以只考虑 $t \geqslant 0$ 的情况。

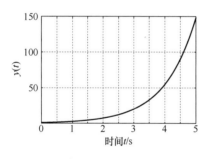

图 1.2 $y(t) = e^t$

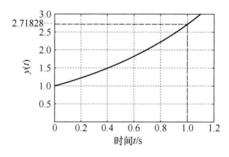

图 1.3 $y(t) = e^t$ 的 0～1.2s 部分

在控制学领域中，$y(t) = e^{at}$ 的函数性质极为重要。

$$\frac{dy(t)}{dt} = ay(t) \tag{1.9}$$

式（1.9）在 $y(0) = 1$ 时（也就是说，$C_0 = 1$）的解是 $y(t) = e^{at}$，如 1.3 节所述。根据指数函数的性质和图 1.2（$a = 1$ 的场合），可知式（1.9）的 a 为正值时，随着时间的推移（$t \to \infty$），$y(t)$ 的值趋向于无穷大，为发散

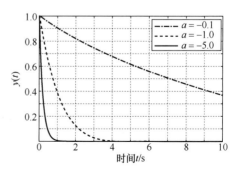

图 1.4 $y(t) = e^{at}$ 在 $a = -0.1$，-1，-5 的情况

状态；式（1.9）的 a 为负值的场合，下面的指数函数性质成立。

$$\lim_{t\to\infty}y(t)=\lim_{t\to\infty}e^{at}=0 \tag{1.10}$$

式（1.10）的含义为：式（1.9）的 a 为正值时，随着时间的推移（$t\to\infty$），$y(t)$ 的值向 0 收敛。根据指数函数的性质，a 越接近于负无穷大，$y(t)$ 的值向 0 收敛的速度越快。式（1.9）在 $a=-0.1$，-1.0，-5.0 时的图像如图 1.4 所示。

1.5　何谓控制

前述四节阐述了控制学和微分方程的关系，在此用实例加以说明：在杯子里倒入热咖啡，然后让其冷却，针对这一现象用微分方程进行描述（见图 1.5）。

从普通的状况来考虑，不加入外部操作（加入冰或进行加热），随着时间的推移，咖啡的温度会和环境温度一致。这个变化用数学式进行描述如下。

根据牛顿的冷却定律可知下列事实：

• 物体在大气中的冷却速度与物体和环境温度的差值成比例。

把这个定律用数学式表示。此式中，咖啡的温度用 $y(t)$ 表示，环境温度用 K 表示（常数值），a 是物理常数（与杯子的材质差异相关的正常数）。则数学表达式如下所示：

图 1.5　用微分方程表示的咖啡冷却

$$\frac{\mathrm{d}y(t)}{\mathrm{d}t}=-a(y(t)-K) \tag{1.11}$$

式（1.11）的左边表示温度变化的程度，右边表示杯内温度与环境温度的差值。一般情况下，咖啡的温度比环境温度高，所以 $y(t)\geqslant K$，式（1.11）的右边必然是负值。用导函数或微分的定义对函数的单调性（递增或递减）进行分析可知，式（1.11）右边的负值意味着 $y(t)$ 的值必然是递减的。参照式（1.6）的解法，此微分方程的解如下式所示：

$$y(t)=K+Ce^{-at} \tag{1.12}$$

式中，C 是积分常数，由咖啡的初始温度确定。

根据 1.4 节叙述的指数函数的性质可知：随着时间 t 的推移（$t\to\infty$），e^{-at} 项往 0 收敛。也就是说，咖啡的温度 $y(t)$ 随着时间的推移向环境温度 K 趋近。因此，式（1.11）可以表示咖啡冷却过程。

其次，不单纯考虑咖啡的冷却过程，进而考虑加热使咖啡保持原有温度的过程。为此，需要加入外部的操作。这相当于对 $y(t)$ 的变化程度进行操控，因此式（1.11）的右边需加上表示操控量的 $u(t)$，如下式所示：

$$\frac{\mathrm{d}y(t)}{\mathrm{d}t} = -a(y(t)-K) + bu(t) \tag{1.13}$$

式中，$u(t)$是根据时间 t 对咖啡加上的热量。

选择合适的 $u(t)$，式（1.13）的右边成为正值，也就是说，$y(t)$的变化程度为正，咖啡的温度上升。当然，随时调节 $u(t)$的数值，$y(t)$可以保持一定的温度（适合于饮用的温度）。

如上例所述，根据自然法则解析得到的数学式是式（1.11）；而式（1.13）增加了外部的操控（**输入**（input））来控制变化程度，变化的数值（**输出**（output））受到了人为操控的影响，这个过程就被称为**控制**。在日本工业标准（JIS 标准：JIS Z8116）中，控制被定义为：**为了达成某种目标，施加于对象的必要操作**。上例完全符合此定义。被操控的对象（跟随外部操控而输出产生了变化）称为**被控对象**（controlled system，plant）；被控对象必须控制的输出（如上例中的咖啡温度，一般被称为**被控量**（controlled variable））和外部的输入（**操作量**（control input））是必不可少的。被控对象、被控量和操作量的关系如图 1.6 所示。

操作量(输入) $u(t)$ → 被控对象 → 被控量(输出) $y(t)$

图 1.6 被控对象、被控量和操作量的关系

从式（1.13）咖啡的例子可知，咖啡加热时会存在加热过度或者达不到预期温度的现象，这是因为需要获得下列条件的信息来决定操作量 $u(t)$的数值：

（1）现在的咖啡温度（被控量）。

（2）咖啡的冷却速度为何值，即物理常数 a 的数值。

（3）环境温度 K 为何值。

实际上，人进行操作量的调节而加热咖啡的状况下，以 80℃ 或 85℃ 来进行保温，如果没有条件（1）的信息，是无法进行的。

如果不由人进行操控，自动对咖啡的温度进行保温，则很明显条件（1）的信息是必不可少的。但是，只有条件（1）的信息是不够的，例如：在 5min 或 3min 的保温状况下，持续保持合适的温度非常困难。虽然条件已知（1）的信息，没有条件（2）的信息，无法达成高效的保温。也就是说，获得条件（2）和条件（3）的信息可以达成高效的保温。

如预期一致地对被控对象的被控量进行操控，仅仅考虑输入是不够的，还需要知道以下信息：

- 用微分方程表示的被控对象的变化。
- 获取物理常数的数值。

所以，通过微分方程式的分析考虑如何加上输入非常重要。

1.6 系统和数学模型

在工科领域，现象的表现形式是关注的重点。不仅仅需要关注单个现象，大多数情况下，还要关注多个现象的复杂组合。此时，为了达成某种目标，相互作用的功能组合体被称为**系统**（system）。被控对象是典型的系统，在控制工程中，通常称为控制系统或系统。

与式（1.13）表示咖啡的温度变化相同的方法，在工科领域，通常采用微分方程来表现系统中的时域变量 $y(t)$ 随时间 t 的推移而变化的形式。这是因为往往对实际系统进行检测相当困难；并且在一些特定状况下检测会引起系统的损坏。对系统输出值的变化用微分方程式表示，掌握此微分方程的性质就可以洞悉实际系统运行的状况。

对实际系统的运行，采用尽量准确的数学式进行描述被称为**系统的模型化**（modeling），这个数学式被称为**系统的数学模型**（mathematical model）。如果建立了准确的数学模型，通过数学模型的解析可以掌握系统运行的状况。也就是说，系统的运行状况通过数学模型来掌握。进行系统分析称为**仿真**（simulation），也称为模拟实验。驾驶汽车和火车的电子游戏的真实性来源于对汽车和火车的运动采用较为准确的数学模型进行建模，并通过高精度的计算机仿真表现出来。

1.7　手动控制和自动控制

如上节所述，控制是为了使被控对象的被控量达到预期值而对操作量进行操控。操控操作量的方法有两种：由人对被控对象的被控量进行监测并确定操作量的操控方式称为**手动控制**（manual control）；与手动控制不同，不是由人进行监测，自动确定操作量使被控量达到目标值的方式称为**自动控制**（automatic control）。手动控制和自动控制的异同点如图 1.7 所示。在生活中自动控制的例子广泛存在，例如：抽水马桶的水箱由自动控制确定水位的保持。

手动控制　　　　　　　　　　　　　自动控制

根据温度计用手调整火力
大小来对水加热至90℃　　　　　　自动对水加热至90℃

图 1.7　手动控制与自动控制的异同点

现在的自动控制中，被控对象的被控量由传感器进行检测，传感器的信号传递给控制单元（如计算芯片等）来决定操作量。此外，存在被称为**顺序控制**（sequence control）的控制方法。顺序控制不是按照最初设定的顺序对被控对象的被控量进行监测，而是按各个阶段的要求进行控制的方法。这种应用实例在生活中也广泛存在，例如自动售货机、自动售票机、电梯等都由顺序控制来进行功能控制。

1.8 前馈控制和反馈控制

针对被控对象的操作量的操控方法有手动控制和自动控制两种；输入的确定方法有**前馈控制**（feedforward control）和**反馈控制**（feedback control）两种。以直行步行为例进行考虑，一般情况下笔直行走时不需要考虑具体环节，但是把眼睛蒙住进行笔直行走的话，会变得非常困难。存在这种差别的原因是：人依靠眼睛获取周围环境信息，在无意识的状态下，进行方向修正以保持步行的状态。换言之，眼睛作为传感器，进行信息的检测，并通过大脑对这些信息进行修正。脚的运动和身体方向的改变是信息修正后得到的结果。

由眼睛获得的信息在大脑中构成一个场景，直行情况下则在大脑中确定了行进的基准直线。如同存在实际的直线，由大脑对肌肉发出指令，按直线行进。再通过大脑对基准直线和现在的身体位置进行比较以尽量小的误差发出指令控制肌肉运动进行修正。这个过程如图1.8和图1.9所示。

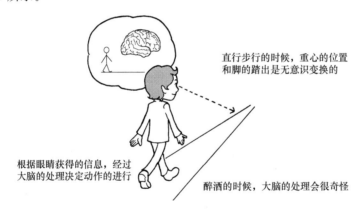

图1.8　人步行时的信息处理

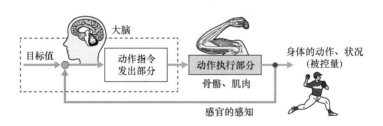

图1.9　人的信息处理：反馈控制系统

由图1.8和图1.9可知：在步行的信息处理系统中，动作指令发出部分相当于大脑，动作执行部分相当于肌肉和骨骼，动作执行部分的结果以某种形式变换成大脑可以接收的信号。根据此信号，在大脑中与目标值进行比较得到行进的误差，根据误差由动作指令发出部分进行修正，形成合适的控制输入。动作执行部分相当于图 1.6 所示的被控对象，动作指令发出部分相当于误差信号。使被控对象的被控量达到预期目标值的操作量操控部分被称为**控制器**（controller）。被控量和目标值比较得到误差，根据误差信号由控制器产生作用于被控对象的指令的构造过程被称为**反馈控制系统**（feedback control system）。被控量与目标值进行比较所得到的信号被称为**反馈信号**（feedback signal）。眼睛被蒙住不能直行的原因：当前环境信息无法把握，与脑中的基准线也无法进行比较。这种状况意味着没有反馈信号，该状况下的控制系统的构成如图 1.10 所示，此种控制系统的构造被称为**前馈控制系统**（feed forward control system）。前馈控制的场合，被控量要达到目标值必须导入控制器。也就是说，操作量如何操控，被控量就如何变化，因此前馈控制可以控制被控量的变化，但是大多数情况下，不使用反馈控制被控量无法达到预期的数值。

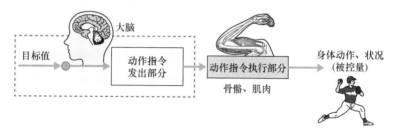

图 1.10 人的信息处理：前馈控制系统

　　现代生活能变得丰富多彩，控制工程特别是反馈控制做出了巨大贡献。以下列举了控制工程做出巨大贡献的领域：

- 制造业：炼钢厂、化工厂等的定位装置，机械加工设备
- 能源：发电厂及炼钢厂等的设备高效运转，智能电网
- 家电：DVD、Blue-ray DVD、空调、电饭煲
- 汽车：发动机、变速器、驱动及制动、混合动力汽车和纯电动汽车
- 航空航天：飞机的自动驾驶，人造卫星
- 铁路：新干线及高速列车的舒适性，驱动及制动

铁路车辆的乘坐舒适度

　　近年，以新干线为代表的高速特快铁路车辆的乘坐舒适度有了显著提高。特别是以新干线为中心导入了被称为主动悬架系统（也包括半主动悬架系统）的装置，为改善乘坐舒适度做出了重要贡献。该装置的设计是以第 2 章习题中的第 2 题"质量-弹簧-阻尼系统"为基础。在此装置的控制系统设计时，本书的内容被广泛应用，"2 阶延迟系统"、"频率特性"和"共振"等关键词频繁出现。在评价乘坐舒适度时，使用了加速度的时间微分（被称为"加加速度"的物理量）。

积分范围不有限的定积分

在学习自动控制的过程中，必然会遇到如下所示的积分。

$$\int_0^\infty f(t)\mathrm{d}t \tag{1.14}$$

这类积分的积分范围的上限是无穷大（∞），积分范围不是有限的。在进行此类积分的计算时，必须谨慎，从数学角度可以进行如下的考虑：$f(t)$在$[0,+\infty]$的范围内连续时，对于任意$a(a\geqslant0)$，存在$\int_0^a f(t)\mathrm{d}t$。如果存在$\lim\limits_{a\to\infty}\int_0^a f(t)\mathrm{d}t$，用式（1.14）对此极限值进行定义，意味着$\int_0^\infty f(t)\mathrm{d}t$收敛。从严谨的数学角度出发，由于$f(t)$的不同，下式的极限可能出现不存在的情况（$F(t)$是$f(t)$的原函数）。

$$\lim_{a\to\infty}\int_0^a f(t)\mathrm{d}t=\lim_{a\to\infty}\big[F(t)\big]_0^a \tag{1.15}$$

类似于本书涉及自动控制的基础内容所采用的函数，对于式（1.15）类型来说，极限值存在，不必进行过于复杂化的考虑，按下式进行计算即可。

$$\int_0^\infty f(t)\mathrm{d}t=\big[F(t)\big]_0^\infty$$

本章总结

1. 位移 x 随时间的变化用 $x(t)$ 表示，其变化率用速度 $v(t)$ 表示。
2. 在工学领域，微分用 $\dfrac{\mathrm{d}x(t)}{\mathrm{d}t}$ 和 $\dot{x}(t)$ 表示。
3. 微分方程表达了所关注变量变化的状况。
4. 根据幂指数（e^{at} 的 a）的值，指数函数的变化有差异。
5. 控制是对被控对象进行操控，使其按预期的目标进行动作。

习题一

（1）平均速度用式（1.1）表示，速度用式（1.2）表示，时域变量的微分用式（1.5）表示。速度 $v(t)$ 是位移 $x(t)$ 的导函数。式（1.3）的加速度 $a(t)$ 如何用速度 $v(t)$ 的导函数表示？

（2）解微分方程 $\dfrac{\mathrm{d}y(t)}{\mathrm{d}t}=2y(t)$，$y(0)=3$。

（3）画出函数 $y(t)=\mathrm{e}^{at}$ 在 $a=-0.5$，-2.0 的图像，参照图 1.4。

（4）求解式（1.11）可得式（1.12），请对此进行确认（K 为常数，括号内全体可除）。

（5）纸杯和不锈钢杯装入温咖啡的冷却速度不一样，根据式（1.11），a 的取值不同，

纸杯的 a 记作 a_p，不锈钢杯的 a 记作 a_m，通过数学式比较两者值的大小关系。

（6）以骑自行车为例，说明反馈控制的实现过程。

以下习题是学习控制工程（特别是第 3 章的内容）中特别重要的部分积分法的复习。
部分积分法：$f'(t)$，$g'(t)$ 在 $[a,b]$ 区间可积分，下式成立。

$$\int_a^b f'(t)g(t)\mathrm{d}t = \left[f(t)g(t)\right]_a^b - \int_a^b f(t)g'(t)\mathrm{d}t \qquad (1.16)$$

（7）计算以下的定积分（不使用部分积分法）。

$$\int_0^\infty \mathrm{e}^{-at}\mathrm{d}t,\ a>0$$

（8）计算以下的定积分（使用部分积分法）。

$$\int_0^\infty t\,\mathrm{e}^{-at}\mathrm{d}t$$

（9）计算以下的定积分（使用部分积分法）。

$$\int \mathrm{e}^t \sin t\,\mathrm{d}t$$

（10）计算以下的定积分（使用部分积分法）。

$$\int \mathrm{e}^t \cos t\,\mathrm{d}t$$

第 2 章　系统的数学模型

第 1 章对控制工程的研究对象进行了叙述，说明了对系统添加外部输入可以使系统的输出达成预期目的。本章对表现被控对象（系统）的数学模型进行说明，特别是对控制工程中非常重要的动态系统进行说明。

本章要点
1. 理解静态系统。
2. 理解动态系统。
3. 掌握机械系统、电气系统的数学模型表示方法。

2.1　静态系统

用弹簧的特性为例，来考虑添加外部输入使系统的输出发生变化（见图 2.1）。弹性系数用 $K[\text{N/m}]$ 来表示，其质量忽略不计。对弹簧施加的外力用 $f[\text{N}]$ 来表示，弹簧的弹性变形的形变量用 $x[\text{m}]$ 表示。根据胡克定律，可以得到以下公式：

$$f = Kx \tag{2.1}$$

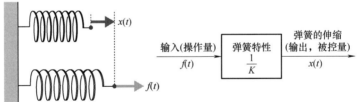

图 2.1　弹簧的形变

此处，考虑外力随时间而变化的状态，即不同的时刻外力 f 的值不同。外力随着时间而变化，可用 $f(t)$ 表示，称作**时域变量**或**时域函数**。根据式（2.1），由于弹簧的形变随施加的外力而改变，形变量 x 用 $x(t)$ 表示。此例中，施加的外力为输入（操作量），考虑到外力的作用结果使弹簧的形变 $x(t)$（被控量即系统输出）发生变化，式（2.1）可以写作如下形式：

$$x(t) = \frac{1}{K} f(t) \tag{2.2}$$

在此，**与输入相关的变量写在数学式的右边**，这是控制工程中常用的书写方式。

弹簧的例子可用式（2.1）或式（2.2）表示，但无论哪个式子，都是通过施加外力 f 或 $f(t)$ 来得到弹簧的 x 或 $x(t)$。至于现时刻施加的外力之前，是否有其他的外力存在，无法判断，或者在现时刻发生形变之前，是否存在形变，也无法知晓。像这样的系统，只有时刻 t 输入 $f(t)$ 影响 $x(t)$ 的值，称为**静态系统**（static system）。

2.2　动态系统

2.1 节所述的是：只有时刻 t 的输入决定输出的静态系统。本节对**动态系统**（dynamic system）进行说明。动态系统是输入与输出的关系中含有变量微分的系统。在此，以基本的物理系统——机械系统和电气系统为例进行叙述。

2.2.1　机械系统的数学模型

1. 平面中物体的直线运动

根据牛顿第二定律，平面中质量为 $M[\text{kg}]$ 的物体受到力 $f(t)[\text{N}]$ 的作用，物体沿力的作用方向以加速度 $a(t)[\text{m/s}^2]$ 做直线运动（见图 2.2），此时的运动方程如下所示：

$$Ma(t)=f(t) \tag{2.3}$$

此处，当施加的外力 $f(t)$ 随时间变化时，加速度也随时间变化，成为时域变量，记作 $a(t)$。加速度 $a(t)$ 可用物体的位移 $x(t)[\text{m}]$ 表示为 $a(t)=\ddot{x}(t)=\dfrac{\text{d}^2 x(t)}{\text{d}t^2}$。因此式 (2.3) 可写作以下形式：

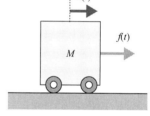

图 2.2　物体的直线运动

$$M\ddot{x}(t)=f(t) \quad 或 \quad M\frac{\text{d}^2 x(t)}{\text{d}t^2}=f(t) \tag{2.4}$$

此时，输入为 $f(t)$，输出为物体的位移 $x(t)$，可知：**系统的输入和输出的关系可用微分方程进行描述**。因此，式（2.4）可称为**动态系统**。根据微分与积分的关系，在式（2.4）中，从时刻 $0\sim t$ 对输入 $f(t)$ 的积分会影响输出 $x(t)$。这是动态系统与静态系统的区别。由此例可知，**现时刻输出的值受到过去时刻输入量随时间变化的影响**。

2. 平面中刚体的旋转运动

扭矩用 $\tau(t)[\text{N}\cdot\text{m}]$ 表示，惯性力矩用 $J[\text{kg}\cdot\text{m}^2]$ 表示，旋转角加速度用 $\alpha(t)[\text{rad/s}^2]$ 表示，旋转运动的运动方程如下：

$$J\alpha(t)=\tau(t) \tag{2.5}$$

运动形式如图 2.3 所示。旋转的角速度用 $\omega(t)[\text{rad/s}]$ 表示，旋转的角位移用 $\theta(t)[\text{rad}]$ 表

示，旋转的角加速度可表示为 $\alpha(t)=\dot{\omega}(t)=\ddot{\theta}(t)=$ $\dfrac{\mathrm{d}^2\theta(t)}{\mathrm{d}t^2}$。

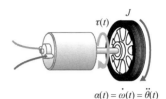

图 2.3　物体的旋转运动

因此，旋转运动的方程式可用下式表述。

$$J\ddot{\theta}(t)=\tau(t) \quad \text{或者} \quad J\frac{\mathrm{d}^2\theta(t)}{\mathrm{d}t^2}=\tau(t) \qquad (2.6)$$

由此式可知，输入为 $\tau(t)$，输入为 $\theta(t)$，作为被控对象的物体的输出和输入关系用微分方程进行了表示。和直线运动一样，旋转运动也是动态系统。比较式（2.4）和式（2.6）可知，在直线运动和旋转运动的动态系统中，所使用的记号有差别，但微分方程的形状是完全一致的。

为了描述复杂的被控对象，以下对各种力和力矩进行说明。

3. 由形变产生的力

对于物体的形变来说，形变是反向力产生的要素。**弹簧**（spring）、**阻尼**（damping）和**黏性摩擦力**（viscous friction）作为代表性的现象广为人知。

对于直线运动的弹簧来说，弹簧从自然长度开始发生 $x(t)$［m］的弹性形变，此时产生复位力 $f_s(t)$［N］，因此可以得到下述关系式：

$$f_s(t)=-Kx(t) \qquad (2.7)$$

式中，K［N/m］为弹性系数。

运动的形式如图 2.4 所示。根据式（2.7）可知，弹簧产生了与 $x(t)$ 方向相反的复位力。也就是说，式（2.7）描述了弹簧的伸缩运动，需注意式（2.7）描述的是一个静态系统。

把减振器的一端在墙面固定，另一端以 $\dot{x}(t)$［m/s］的速度进行直线运动。此时产生了 $f_d(t)$［N］的阻尼力，此运动的关系式如下所示：

$$f_d(t)=-D\dot{x}(t) \qquad (2.8)$$

式中，D［N·s/m］是减振器的阻尼系数，运动形式如图 2.5 所示。

减振器产生了与 $\dot{x}(t)$ 方向相反的阻尼力，它利用了液体的黏滞阻抗，一般情况下，产生的阻尼力与速度成正比。

在物体的直线运动中，物体和接触部分产生的摩擦力为黏性摩擦力和滑动摩擦力之和。在此，假定滑动摩擦力可以忽略不计（考虑接触面进行了某种程度的润滑）。物体以 $\dot{x}(t)$［m/s］的速度进行运动，由黏性摩擦力产生 $f_v(t)$［N］，关系式如下所示：

$$f_v(t)=-c_v\dot{x}(t) \qquad (2.9)$$

式中，c_v［kg·m/s］黏性摩擦系数。

运动形式如图 2.6 所示。由式（2.9）可知，黏性摩擦力的作用方向与 $\dot{x}(t)$ 的运动方向相反。

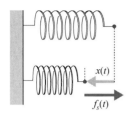 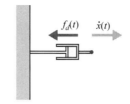 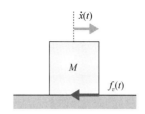

图 2.4　弹簧的直线运动　　　图 2.5　减振器的阻尼力　　　图 2.6　直线运动中物体产生的摩擦力

例 2.1

质量为 M 的物体受力 $f(t)$ 的作用在平面上做直线运动。考虑物体和平面间的黏性摩擦力，导出运动方程式。

首先，不考虑摩擦的运动方程式如下所示：

$$M\ddot{x}(t)=f(t)\ \text{或}\ M\frac{\mathrm{d}^2 x(t)}{\mathrm{d}t^2}=f(t)$$

此时，由力 $f(t)$ 产生加速度 $\ddot{x}(t)$；同时，产生黏性摩擦力 $f_v(t)=-c_v\dot{x}(t)$。因此，这些力的关系可以用下式表示：

$$M\ddot{x}(t)=f(t)+f_v(t) \tag{2.10}$$

由于黏性摩擦力 $f_v(t)$ 与力 $f(t)$ 的方向相反，式 (2.10) 的右边加上了 $f_v(t)$，根据式 (2.9)，式 (2.10) 表示为如下形式：

$$M\ddot{x}(t)+c_v\dot{x}(t)=f(t) \tag{2.11}$$

2.2.2　电气系统的模型

在电气回路上施加电压，分析端子间的电流变化进行控制。

作为电气回路的基本要素有：**电阻** R（R 为 resistence 的首字母）、**电容** C（C 为 capacitor 的首字母）和**电感** L（L 为 coil 的表示形式，为了区别与电容的记号差异而用 L）。各个基本要素的两端电压（单位为 V）与流经基本要素的电流（单位为 A）用 $v_R(t)$，$i_R(t)$，$v_C(t)$，$i_C(t)$，$v_L(t)$，$i_L(t)$ 来表示。因此，下列关系式成立：

$$\text{电阻：}v_R(t)=Ri_R(t) \tag{2.12}$$

$$\text{电容：}v_C(t)=\frac{1}{C}\int_0^t i_C(\tau)\mathrm{d}\tau \tag{2.13}$$

$$\text{电感：}v_L(t)=L\frac{\mathrm{d}}{\mathrm{d}t}i_L(t) \tag{2.14}$$

式中，$R[\Omega]$ 为电阻；$C[\mathrm{F}]$ 为电容；$L[\mathrm{H}]$ 为电感。

各个基本要素的绘制方式如图 2.7 所示。

电阻的关系式（式（2.12））表现的是静态系统。电容的关系式（式（2.13））没有直接表现变量的微分，但对此式的两边进行微分可以获得下面的表现形式：

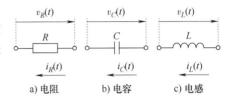

$$\frac{\mathrm{d}v_C(t)}{\mathrm{d}t} = \frac{1}{C} i_C(t) \qquad (2.15)$$

因此，电容两端电压 $v_C(t)$ 的时间变化量（微分）与流经电容的电流 $i_C(t)$ 的关系表现为动态系统。在电感的关系式（式（2.14））中，电感两端电压 $v_L(t)$ 与流经电感电流 $i_L(t)$ 的关系表现为动态系统。以下根据基本要素构成的电气回路推导出相关的数学模型。

图 2.7　电气回路的基本要素

1. *RL* 回路

图 2.8 所示的 *RL* 回路中，在两端施加电压 $v_{\mathrm{in}}(t)$ 时，回路中的电流 $i(t)$ 变化用数学式进行表示。在这种状况下，流经各个基本要素的电流用 $i(t)$ 表示，各个基本要素两端的电压值之和等于输入电压值（根据基尔霍夫第二定律）。因此，根据式（2.12）和式（2.14）及关系式 $v_R(t) + v_L(t) = v_{\mathrm{in}}(t)$，下式的关系成立：

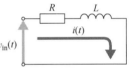

$$L \frac{\mathrm{d}i(t)}{\mathrm{d}t} + Ri(t) = v_{\mathrm{in}}(t) \qquad (2.16)$$

图 2.8　*RL* 回路

式中，$v_{\mathrm{in}}(t)$ 是输入；$i(t)$ 是输出。

***RL* 回路表现的是动态系统，输入与输出的关系可以用微分方程表述。**例 2.1 中考虑摩擦的直线运动数学模型（式（2.11））与式（2.16）进行比较，可知：微分方程有 2 阶与 1 阶的差异（变量进行几次微分的差异），但直线运动的变化与电气回路电流的变化都可以采用同样形式的微分方程进行表述。

2. *RLC* 回路

根据图 2.9 所示的 *RLC* 回路，对回路施加电压 $v_{\mathrm{in}}(t)$ 时，考虑电容两端的电压 $v_{\mathrm{out}}(t)$ 的变化用数学式进行描述。这种状况下，可以采用与 *RL* 回路同样的方法进行分析，得到下列的关系式：

$$Ri(t) + L \frac{\mathrm{d}i(t)}{\mathrm{d}t} + \frac{1}{C} \int_0^t i(\tau)\mathrm{d}\tau = v_{\mathrm{in}}(t) \quad (2.17)$$

$$v_{\mathrm{out}}(t) = \frac{1}{C} \int_0^t i(\tau)\mathrm{d}\tau \qquad (2.18)$$

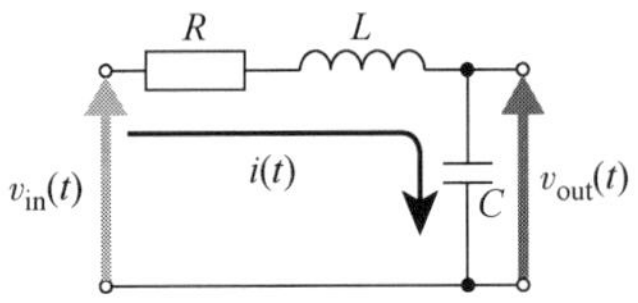

图 2.9　*RLC* 回路

与式（2.15）相同，对式（2.18）的两边进行微分，式（2.17）可以改写成如下形式：

$$LC \frac{\mathrm{d}^2 v_{\mathrm{out}}(t)}{\mathrm{d}t^2} + RC \frac{\mathrm{d}v_{\mathrm{out}}(t)}{\mathrm{d}t} + v_{\mathrm{out}}(t) = v_{\mathrm{in}}(t) \qquad (2.19)$$

和 *RL* 回路同样，*RLC* 回路中，输入为 $v_{\mathrm{in}}(t)$，输出为 $v_{\mathrm{out}}(t)$。***RLC* 回路表现的是动态系统，输入与输出的关系可以用微分方程表述。**

2.3　直流电机的模型

在此对控制工程中广泛应用的直流（Direct Current，DC）电机的模型进行推导，以下部分描述了直流电机的数学模型的构建方法，并明确了直流电机控制存在的问题。

一般来说，直流电机分为有刷直流电机和无刷直流电机，本节主要以有刷直流电机为例进行说明。有刷直流电机通常由铁心与围绕其周围的数百圈线圈一起构成电枢绕组，放置于定子（通常采由磁铁和线圈构成）所产生的磁场中。基于弗莱明（Fleming）左手定则可知：电枢绕组通电后产生电磁力，获得使转子旋转的旋转力矩（转矩）。在直流电机中，对电枢绕组施加电压获得电流变化的电气回路部分属于电气系统模型，由电流变化产生转矩进行旋转运动的部分属于机械系统的模型。因此，**直流电机是机电一体化系统**。

直流电机等效回路如图 2.10 所示，电枢回路部分等效于 RL 回路，$R_a[\Omega]$ 是回路内的电阻，$L_a[\mathrm{H}]$ 为电感。施加于回路的电压为 $v_a(t)$，回路内的电流为 $i_a(t)$，根据式（2.16）可以得到下式表现形式：

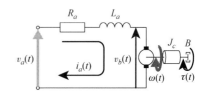

图 2.10　直流电机的等效回路

$$L_a\frac{\mathrm{d}i_a(t)}{\mathrm{d}t}+R_a i_a(t)=v_a(t)-v_b(t) \quad (2.20)$$

式中，右边的第二项 $v_b(t)$，在磁场中线圈产生基于弗莱明右手法则的感应电动势，与输入电压 $v_a(t)$ 的方向相反，可用下式进行表示：

$$v_b(t)=K_b\omega(t) \quad\quad\quad (2.21)$$

$$\omega(t)=\frac{\mathrm{d}\theta(t)}{\mathrm{d}t} \quad\quad\quad (2.22)$$

式中，$K_b[\mathrm{V\cdot s/rad}]$ 为感应电动势系数；$\omega(t)[\mathrm{rad/s}]$ 为电枢线圈的旋转角速度；$\theta(t)[\mathrm{rad}]$ 为电枢线圈的旋转角度；$v_b(t)$ 为感应电动势，且随电枢线圈的旋转角度的变化而变化。

一般情况下，直流有刷电机的定子磁极通常使用永磁体材料构成，定子产生的磁场的磁通量通常为一定数，故作用于电枢线圈回转线圈的扭矩 $\tau(t)$ 可用下式进行表述：

$$\tau(t)=K_\tau i_a(t) \quad\quad\quad (2.23)$$

式中，$K_\tau[\mathrm{N\cdot m/A}]$ 为扭矩系数。

作用于电枢线圈的扭矩 $\tau(t)$ 与电枢回路内的电流 $i_a(t)$ 成比例。

由于电枢线圈的回转运动取决于作用于线圈的扭矩 $\tau(t)$，以下对运动方程进行说明。可参照物体的旋转运动数学模型（式（2.6）），电枢线圈的惯性力矩为 $J_c[\mathrm{kg\cdot m^2}]$，直流电机电刷等产生的黏性摩擦系数为 $B[\mathrm{N\cdot m\cdot s/rad}]$，运动方程可用下式进行表述：

$$J_c\frac{\mathrm{d}\omega(t)}{\mathrm{d}t}+B\omega(t)=\tau(t) \quad\quad (2.24)$$

综上所述，对直流电机施加电压 $v_a(t)$ 后，最终由电枢线圈产生的扭矩 $\tau(t)$ 使电枢线圈

进行回转角速度 $\omega(t)$ 的回转运动。在直流电机中，电压 $v_a(t)$ 作为输入量发生变化，根据式（2.20）可知：回路内的电流 $i_a(t)$ 产生变化；根据式（2.23）可知：扭矩 $\tau(t)$ 也发生变化；根据式（2.24）可知：作为输出量的回转角速度 $\omega(t)$ 也产生变化。因此，若想知道对于输入 $v_a(t)$ 的变化 $\omega(t)$ 如何变化，必须建立式（2.20）和式（2.24）组成的联立方程组并求解（此联立方程组的求解较为复杂）。

因此看上去很简单的直流电机作为被控对象，对它的回转角速度 $\omega(t)$ 进行控制所得到的数学模型极为复杂。但是在现实生活中，对直流电机回转角速度 $\omega(t)$ 进行自动控制而诞生的各种各样的产品已被广泛应用。在下一章中，将对解微分方程非常便利的**拉普拉斯变换**和**传递函数**进行讲解。通过拉普拉斯变换、微分方程变换使传递函数即复杂数学模型的输出和输入的关系变得明确和清晰。由此，**对于输入变化，输出会发生何种变化的关系如明确可知**，则对于考虑如何控制非常有益。

本章总结
1. 在静态系统中，输出只决定于时刻 t 的输入。
2. 在动态系统中，输入与输出的关系用微分方程表示。
3. 对于机械系统和电气系统的模型只需要考虑基本要素，复杂系统是各种要素的组合。

习题二

（1）如图 2.11 所示为阻尼系数为 D、质量为 M 的物体所组成的质量-阻尼系统。推导此系统的运动方程，推导过程中物体与平面间的摩擦可以忽略不计。

（2）如图 2.12 所示，质量为 M 的物体与弹簧和减振器组成质量-弹簧-阻尼系统，进行直线运动。推导由于外力 $f(t)$ 作用产生的运动方程，即物体位移 $x(t)$ 如何变化。此系统中 K 为弹簧系数，D 为减振器的阻尼系数，物体与平面间的摩擦可以忽略不计。

（3）根据式（2.6），求扭矩 $\tau(t)$ 与回转角速度 $\omega(t)$ 的关系。

（4）如图 2.13 所示，RC 回路中，输入 $u(t)=v_{in}(t)$，输出 $y(t)=v_{out}(t)$，求输入与输出的关系式。

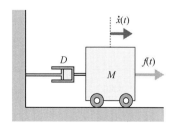 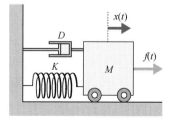 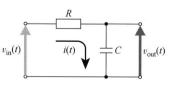

图 2.11　质量-阻尼系统　　　图 2.12　质量-弹簧-阻尼系统　　　图 2.13　RC 回路

（5）将题（4）中的输出变为 $y(t)=i(t)$ 的情况下，求输入与输出的关系式。

（6）如图 2.14 所示，用电加热器对容器内的液体进行加热，考虑液温的变化。由电加热器产生的热量 $q(t)[\mathrm{J/s}]$ 是液温 $\theta(t)[{}^\circ\!\mathrm{C}]$ 上升所消耗的热量与散逸到外部的热量之和。在此，温度上升所消耗的热量与 $\mathrm{d}\theta(t)/\mathrm{d}t$ 成比例，散逸到外部的热量与 $\theta(t)$ 成比例。求表示液温变化的微分方程，容器的热容量为 $C[\mathrm{J/{}^\circ\!C}]$，比例常数为 $k[\mathrm{J/({}^\circ\!C\cdot s)}]$。

（7）如图 2.15 所示，考虑机械式的振动计。对振动计施加的振动位移为 $x(t)$；振动计中由弹簧和减振器支撑的质量 M 的物体和振动计的相对位移为 $y(t)$。求此力学系统的运动方程，此处弹簧的弹性系数为 K，减振器的阻尼系数为 D。

（8）考虑如图 2.16 所示的水箱系统。$q_\mathrm{i}(t)[\mathrm{m^3/s}]$ 是流入流量，$q_\mathrm{o}(t)[\mathrm{m^3/s}]$ 是流出流量，$C[\mathrm{m^2}]$ 是水箱的截面积，$h(t)[\mathrm{m}]$ 是水位，$R[\mathrm{s/m^2}]$ 是排出口的流体阻抗。此时，水箱的水位变化可用下式的微分方程表示：

$$C\,\frac{\mathrm{d}h(t)}{\mathrm{d}t}=q_\mathrm{i}(t)-q_\mathrm{o}(t)$$

此时，$q_\mathrm{o}(t)=\dfrac{1}{R}h(t)$，输入为 $u(t)=q_\mathrm{i}(t)$，输出为 $y(t)=h(t)$。求此状况下的输入和输出的关系式。

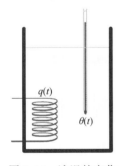
图 2.14　液温的变化

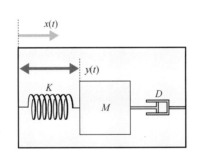
图 2.15　机械式振动计

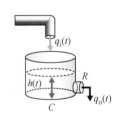
图 2.16　水箱系统

（9）考虑如图 2.17 所示的双水箱系统，$q_\mathrm{i}(t)[\mathrm{m^3/s}]$ 是流入流量，$q_\mathrm{o}(t)[\mathrm{m^3/s}]$ 是流出流量，$C[\mathrm{m^2}]$ 是水箱的截面积，$h(t)[\mathrm{m}]$ 是水位，$R[\mathrm{s/m^2}]$ 是排出口的流体阻抗，右下角标的数字表示水箱的号码。请将各个水箱的水位 $h_1(t)$ 和 $h_2(t)$ 的变化用微分方程来进行表示。

（10）考虑图 2.18 所示双转动惯量系统。由转矩 $\tau_1(t)[\mathrm{N\cdot m}]$ 使电机以旋转角速度 $\omega_1(t)$ 进行旋转，通过扭转弹性系数 K 的装置，以旋转角速度 $\omega_2(t)$ 转动负载。在此，$\theta(t)[\mathrm{rad}]$ 表示扭转角，$J_1[\mathrm{kg\cdot m^2}]$ 是电机的转动惯量，$J_2[\mathrm{kg\cdot m^2}]$ 是负载的转动惯量，$B_1[\mathrm{kg\cdot m^2/s}]$ 是电机的黏性系数，$B_2[\mathrm{kg\cdot m^2/s}]$ 是负载的黏性系数。请对于 $\theta(t)$、$\omega_1(t)$ 和 $\omega_2(t)$ 的变化用运动方程表示。

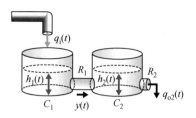

图 2.17 双水箱系统

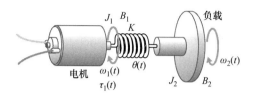

图 2.18 双转动惯量系统

第3章　传递函数的作用

动态系统的模型通常用微分方程描述，通过解微分方程来分析系统特性一般非常困难，在此，把描述系统特性的微分方程进行拉普拉斯变换，数学模型的输入与输出的关系变为代数方程，解析就变得较为简单。本章对拉普拉斯变换的基本思路与运用方法及系统的传递函数进行讲解。

> **本章要点**
> 1. 理解拉普拉斯变换的概念。
> 2. 理解动态系统的传递函数。
> 3. 理解系统相似性

3.1　拉普拉斯变换的概念

拉普拉斯变换（Laplace transform）有数学上的严格定义，但在本节中只偏重于实用的重要概念（数学说明见 3.5 节）。

拉普拉斯变换的最大优点是：微分方程经过拉普拉斯变换后转换成简单的代数方程（一次或二次方程等），与解微分方程相比，解代数方程较为容易。本节首先使用拉普拉斯求解简单的微分方程，以理解其基本概念。

时间变量 $x(t)$ 的拉普拉斯变换如下所示：

1. 时间变量 $x(t)$ 的拉普拉斯变换

$$\mathcal{L}[x(t)] = X(s) \tag{3.1}$$

根据拉普拉斯变换，**独立变量 t 的时变函数 $x(t)$ 变换成关于独立变量 s 的函数 $X(s)$**。记号 $\mathcal{L}$ 表示对括号内的时变函数进行拉普拉斯变换。在本书中，为了区别拉普拉斯变换前和变换后的变量，原则上进行拉普拉斯变换后的变量用大写字母表示（对于采用希腊文字的变量，只采用小写字母表示）。重要的部分是小括号中的内容。

2. 时变函数 $x(t)$ 微分与积分的拉普拉斯变化

（1）时变函数 $x(t)$ 关于时间的微分 $\dfrac{\mathrm{d}x(t)}{\mathrm{d}t}$ 的拉普拉斯变换：

$$\mathcal{L}\left[\frac{\mathrm{d}x(t)}{\mathrm{d}t}\right] = sX(s) - x(0) \quad \text{或} \quad \mathcal{L}[\dot{x}(t)] = sX(s) - x(0) \tag{3.2}$$

（2）时变函数 $x(t)$ 关于时间的积分 $\int_0^t x(\tau)\mathrm{d}\tau$ 的拉普拉斯变换：

$$\mathcal{L}\left[\int_0^t x(\tau)\mathrm{d}\tau\right]=\frac{1}{s}X(s) \tag{3.3}$$

式中，$x(0)$ 是时变函数 $x(t)$ 的初始值，即 $t=0$ 时的数值。

根据式（3.2），对时变函数 $x(t)$ 的时间微分进行拉普拉斯变换，就是对函数 $X(s)$ 乘上 s。此时，s 只是作为一个变量在方程式中使用。以下对拉普拉斯变换的重要性质进行说明。

3. 拉普拉斯变换的线性

$$\mathcal{L}[a_1x_1(t)+\cdots+a_kx_k(t)]=a_1\mathcal{L}[x_1(t)]+\cdots+a_k\mathcal{L}[x_k(t)]$$
$$=a_1X_1(s)+\cdots+a_kX_k(s) \tag{3.4}$$

式中，a_i 为任意的定值；$x_i(t)$ 为任意的时间变量 $(i=1,\cdots,k)$。

基于此性质，时变函数 $x_i(t)$ 连加的拉普拉斯变换等于各个时变函数拉普拉斯变换的连加。此处须注意：拉普拉斯变换是对于时变函数进行的积分变换，常数的拉普拉斯变换保持不变。

在此，对式（1.6）的微分方程用拉普拉斯变换进行求解，式（1.6）如下所示：

$$\frac{\mathrm{d}y(t)}{\mathrm{d}t}=ay(t)$$

对式（1.6）的两边进行拉普拉斯变换，根据式（3.1）和式（3.2），可得下式：

$$sY(s)-y(0)=aY(s) \tag{3.5}$$

式中，左边的 s 仅仅是变量；$y(0)$ 是时变函数 $y(t)$ 的初始值；a 是常数。

对式（3.5）两边的 $Y(s)$ 进行整理，可得下式：

$$(s-a)Y(s)=y(0) \tag{3.6}$$

式（3.6）是关于 $Y(s)$ 的方程，s 仅作为变量。两边同时除以 $(s-a)$，可得下式：

$$Y(s)=\frac{1}{s-a}y(0) \tag{3.7}$$

此时，所要获得微分方程式（1.6）的解就是求解 $y(t)$ 为何种函数。由于时变函数 $y(t)$ 的拉普拉斯变换是 $Y(s)$，而求解 $y(t)$ 就是进行拉普拉斯变换的逆运算。此种逆运算称为**拉普拉斯逆变换**（inverse Laplace transform）。以下对拉普拉斯逆变换进行说明：

4. 拉普拉斯逆变换

（1）$X(s)$ 拉普拉斯逆变换

$$\mathcal{L}^{-1}[X(s)]=x(t) \tag{3.8}$$

此式是式（3.1）的逆运算。记号 $\mathcal{L}^{-1}$ 表示对中括号内的函数进行拉普拉斯逆变换。

（2）$\dfrac{1}{s-a}$ 的拉普拉斯逆变换

$$\mathcal{L}^{-1}\left[\frac{1}{s-a}\right]=\mathrm{e}^{at} \tag{3.9}$$

由上式可知：$\dfrac{1}{s-a}$ 的拉普拉斯逆变换为指数函数。

综上所述，由于 $y(0)$ 为常数，对式（3.7）的两边进行拉普拉斯逆变换，可得下式：

$$式（3.7）的左边 = \mathcal{L}^{-1}\big[Y(s)\big] = y(t) \tag{3.10}$$

$$式（3.7）的右边 = \mathcal{L}^{-1}\left[\frac{1}{s-a}y(0)\right] = \mathcal{L}^{-1}\left[\frac{1}{s-a}\right]y(0) = e^{at}y(0) \tag{3.11}$$

$$式（3.10） = 式（3.11） \Rightarrow y(t) = e^{at}y(0) \tag{3.12}$$

此结果同下式表述的式（1.6）的解相同：

$$y(t) = C_0 e^{at}$$

式中，C_0 是根据 $y(t)$ 的初始值 $y(0)$ 确定的数值。

由以上可知：运用拉普拉斯变换和拉普拉斯逆变换可以较简单地求解微分方程。

时间微分的拉普拉斯变换

此处对时变函数 $x(t)$ 的拉普拉斯变换进行补充说明：各时变函数的初始值和时间导函数的初始值都为零，即 $x(0)=0$，$\dot{x}(0)=0$，…，$\dfrac{\mathrm{d}^n x(0)}{\mathrm{d}t^n}=0$

- 时变函数 $x(t)$ 的 2 阶微分 $\dfrac{\mathrm{d}^2 x(t)}{\mathrm{d}t^2}$ 的拉普拉斯变换为

$$\mathcal{L}\left[\frac{\mathrm{d}^2 x(t)}{\mathrm{d}t^2}\right] = s^2 X(s) \tag{3.13}$$

- 时变函数 $x(t)$ 的 m 阶微分 $\dfrac{\mathrm{d}^m x(t)}{\mathrm{d}t^m}$ 的拉普拉斯变换为

$$\mathcal{L}\left[\frac{\mathrm{d}^n x(t)}{\mathrm{d}t^n}\right] = s^n X(s) \tag{3.14}$$

根据式（3.2）、式（3.13）和式（3.14）可知：时变函数 $x(t)$ 的 n 阶微分就是拉普拉斯变换后乘上 n 个 s。

3.2　传递函数

本节对控制工程中非常重要的概念**传递函数**（transfer function）进行说明。此处，以式（2.11）和式（2.24）为例进行考虑。

$$M\ddot{x}(t) + c_v \dot{x}(t) = f(t) \tag{2.11}$$

$$J_c \frac{\mathrm{d}\omega(t)}{\mathrm{d}t} + B\omega(t) = \tau(t) \tag{2.24}$$

式（2.11）中，对物体施加的力 $f(t)$ 是系统**输入**，由力 $f(t)$ 引起的物体位移 $x(t)$ 是系统**输出**，因此通过输入可对物体的移动进行控制。在此系统中，可移动的物体为被控对象，物体的移动用数学模型（微分方程）描述。此系统为动态系统。式（2.24）中，作用于电枢线圈的扭矩 $\tau(t)$ 是系统**输入**，电枢线圈的回转角速度 $\omega(t)$ 是系统**输出**，被控对象是电枢线圈。

根据 3.1 节叙述的方法，对式（2.11）和式（2.24）的两边进行拉普拉斯变换，可以得到下列表现形式（使用拉普拉斯变换的线性性质（式（3.4）），所有的初始值都为 0）。

$$Ms^2 X(s) + c_v s X(s) = F(s) \tag{3.15}$$

$$J_c s \omega(s) + B\omega(s) = \tau(s) \tag{3.16}$$

在式（3.15）和式（3.16）的左边，对 $X(s)$ 和 $\omega(s)$ 进行整理，可以获得下列数学式：

$$X(s) = \frac{1}{Ms^2 + c_v s} F(s) \tag{3.17}$$

$$\omega(s) = \frac{1}{J_c s + B} \tau(s) \tag{3.18}$$

此处，式（3.17）的右边 $F(s)$ 是输入，左边的 $X(s)$ 是输出，因此可以理解为：对输入 $F(s)$ 乘上 $\dfrac{1}{Ms^2 + c_v s}$ 就可以得到输出 $X(s)$。同样，对于式（3.18），对输入 $\tau(s)$ 乘上 $\dfrac{1}{J_c s + B}$ 就可以得到输出 $\omega(s)$。如 1.5 节进行的说明，微分方程式表示施加输入后，输出变化的形态。这种变化形式，在式（2.11）中，由 M 和 c_v 决定；在式（2.24）中，由 J_c 和 B 决定。如下式所示，作为输入与输出间的桥梁被称为**传递函数**：

$$\frac{1}{Ms^2 + c_v s} \tag{3.19}$$

$$\frac{1}{J_c s + B} \tag{3.20}$$

传递函数可以被看作：对于动态系统的特性，在全部初始值为零时的特殊表现。此处，由于式（2.11）为二阶微分方程，式（3.19）的分母是关于 s 的 2 次多项式；由于式（2.24）成为一阶微分方程，式（3.20）的分母成为关于 s 的 1 次多项式。根据式（3.14）可知，时变函数 $x(t)$ 的 n 阶微分的拉普拉斯变换为 $s^n X(s)$。被控对象的传递函数的分母是关于 s 的 1 次多项式形式，此种被控对象被称为**一阶延迟系统**（first order system）；2 次多项式形式的被控对象被称为**二阶延迟系统**（second order system）。（补充说明：若表现为 n 阶微分方程，则由输入引起的延迟现象被称为 n 阶延迟，包含这些要素的系统被称为 n 阶延迟系统）。此外，还存在"由输入到输出的传递函数……"的说法。

3.3　传递函数与系统框图

3.3.1　基本概念

在本节中，对采用传递函数的形式表示微分方程的原因进行说明。如 2.3 节的说明，在动态系统的输入到输出的特性用数个微分方程表述的状况下，系统特性不是很容易理解。但采用传递函数的形式，对系统特性的理解就变得较为简单。

　　用 2.3 节的直流电机特性来说明传递函数的优点，直流电机的特性可用下列方程进行表示：

$$L_a\frac{\mathrm{d}i_a(t)}{\mathrm{d}t}+R_a i_a(t)=v_a(t)-v_b(t),\quad v_b(t)=K_b\omega(t)$$

$$\omega(t)=\frac{\mathrm{d}\theta(t)}{\mathrm{d}t},\quad \tau(t)=K_\tau i_a(t),\quad J_c\frac{\mathrm{d}\omega(t)}{\mathrm{d}t}+B\omega(t)=\tau(t)$$

对上述方程的两边进行拉普拉斯变换，并且初始值全部为零，可得下列数学式：

$$I_a(s)=\frac{1}{L_a s+R_a}\big[V_a(s)-V_b(s)\big] \tag{3.21}$$

$$V_b(s)=K_b\omega(s) \tag{3.22}$$

$$\omega(s)=s\theta(s) \tag{3.23}$$

$$\tau(s)=K_\tau I_a(s) \tag{3.24}$$

$$\omega(s)=\frac{1}{J_c s+B}\tau(s) \tag{3.25}$$

在直流电机的特性中，变量的关系用微分方程表示的状况下，式（3.21）和式（3.25）的传递函数分母是关于 s 的多项式。此外，式（3.22）和式（3.24）右边的 $\omega(s)$ 和 $I_a(s)$ 同左边的 $V_b(s)$ 和 $\tau(s)$ 呈比例关系，式（3.23）表明：$\omega(s)$ 是 $\theta(s)$ 的微分。此时，K_b，K_τ 和 s 可以看作各式的传递函数。

　　在此，把式（3.21）的 $I_a(s)$ 代入式（3.24），然后再把式（3.24）中的 $\tau(s)$ 代入式（3.25），可得以下数学式：

$$\omega(s)=\frac{1}{J_c s+B}K_\tau\frac{1}{L_a s+R_a}\big[V_a(s)-V_b(s)\big] \tag{3.26}$$

因此，对于电机输入 $v_a(t)$ 和输出 $\omega(t)$ 的微分方程式（2.21）和式（2.24），转换成采用拉普拉斯变换后的式（3.26），也就意味着**用一个数学表达式（代数方程）可以进行描述**。

　　但是，进行了上述变换后，输入与输出的关系仍然不是显而易见的。因此，导入被称为**系统框图**（block diagram）的表现形式描述式（3.21）、式（3.22）、式（3.24）和式（3.25）的关系。把式（3.21）到式（3.25）的时变函数关系（比例关系和微分方程等）进行拉普拉斯变换后，各函数间的关系用框和箭头来进行描述的方式称为系统框图。式（3.25）的系统框图如图 3.1 所示。因为比例关系可直接进行表示，所以式（3.22）的系统框图如图 3.2 所示。

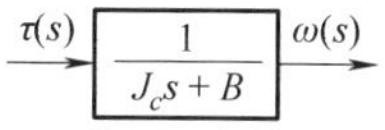

图 3.1　式（3.25）的系统框图 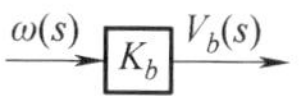　　　图 3.2　式（3.22）的系统框图

　　进入方框的箭头所表示的变量是输入，从方框引出的箭头所表示的变量是输出，通过这种方式，数学式与系统框图建立了对应关系。在比例关系的情况下，这种方式同样成立。此

外，从系统框图表现的本质来看，图 3.1 和图 3.2 的输入分别是扭矩和回转角速度，输出分别是回转角速度和电压。采用系统框图表现时，输入和输出的单位无法进行统一，但作为图形可直接看出系统的关联性。在系统框图中，箭头通常被称为**输入信号**（import signal）和**输出信号**（outport signal）。

以下对系统框图的基本要素进行说明。如图 3.1 和图 3.2 的系统，要素由输入、输出和方框构成，一般情况下，可用图 3.3 的方式表示。

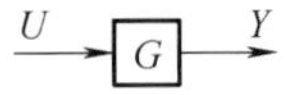

$$U \xrightarrow{\quad} \boxed{G} \xrightarrow{\quad} Y$$

图 3.3　系统框图的基本要素

图 3.3 的要素用数学式表示如下：

$$Y = GU \tag{3.27}$$

方框中的内容 G 也可用 $G(s)$ 表示。

3.3.2　系统框图的变换

在本节中，对多个系统框图和箭头的结合、位置变更以及对应的等效系统框图的变换进行说明。

图 3.4 表示箭头相加的运算，在此种状况下，各个变量可用下列的数学式表述：

$$Y = U \pm W \tag{3.28}$$

如图 3.4 所示，相加的情况下必须用空心圆表示。在相加与引出这两种状况下，需要注意的是：所使用的记号存在差异。

图 3.5 表示箭头引出的运算，在此种状况下，各个变量可用下列的数学式表述：

$$Y = U，Z = U \text{ 或 } Y = Z = U \tag{3.29}$$

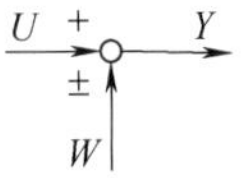

图 3.4　系统框图的基本要素：相加 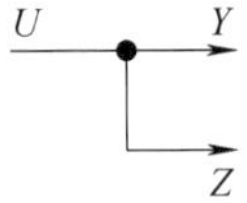　　　图 3.5　系统框图的基本要素：引出

如图 3.5 所示，引出的情况下必须用实心圆表示。

以下对系统框图的合成进行说明。两个方框以串联的方式连接，如图 3.6 所示。

图 3.6 的数学表达式为

$$Y_1 = G_1 U，Y_2 = G_2 Y_1 \tag{3.30}$$

根据 U 和 Y_2 的关系，对上式进行整理可得

$$Y_2 = G_2 G_1 U \tag{3.31}$$

根据式（3.31），要素 G_1 和 G_2 以串联方式连接可以用图 3.7 的方式进行表示。

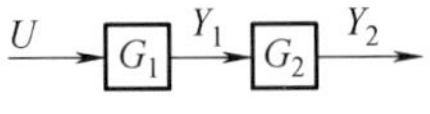

$$U \xrightarrow{\quad} \boxed{G_1} \xrightarrow{Y_1} \boxed{G_2} \xrightarrow{Y_2} \qquad\qquad U \xrightarrow{\quad} \boxed{G_2 G_1} \xrightarrow{Y_2}$$

图 3.6　系统框图：串联 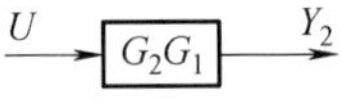　　　　图 3.7　系统框图的合成：串联合成

两个方框以并联的方式连接，如图 3.8 所示，图 3.8 的数学表达式如下所示：

$$Y_1 = G_1 U, \quad Y_2 = G_2 U, \quad Y = Y_1 \pm Y_2 \tag{3.32}$$

根据 U 和 Y 的关系，对式（3.32）进行整理可得下式：

$$Y = G_1 U \pm G_2 U \tag{3.33}$$

根据式（3.33），要素 G_1 和 G_2 以并联方式连接可以用图 3.9 的方式进行表示。

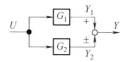

图 3.8　系统框图：并联　　　　　　图 3.9　系统框图的合成：并联合成

两个方框如图 3.10 的方式连接被称为**反馈结合**（feedback connection）。

图 3.10a 的情况可用下列数学式表述：

$$Y_1 = G_1 (U - Y_2), \quad Y_2 = G_2 Y_1 \tag{3.34}$$

根据 U 和 Y_1 的关系，对式（3.34）进行整理，可得

$$Y_1 = \frac{G_1}{1 + G_1 G_2} U \tag{3.35}$$

根据式（3.35），图 3.10a 可以用图 3.11 的方式进行表示。

在图 3.10 的相加点，如为负号（—）（见图 3.10a），称为**负反馈**（negative feedback）；如为正号（＋）（见图 3.10b），称为**正反馈**（positive feedback）。此外，对图 3.10a 所示的多个系统框图及箭头的结合进行总结，可以变换成如图 3.11 所示的单个框图的输入输出形式，此种状况较多。例如：图 3.10a 的系统中，输入 U 到输出 Y_1 的传递函数通过系统框图的变换可得 $\dfrac{G_1}{1 + G_1 G_2}$。

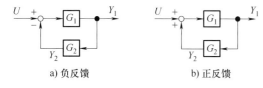

a) 负反馈　　　　　　b) 正反馈

图 3.10　系统框图：反馈

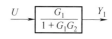

图 3.11　系统框图的合成：反馈的合成（负反馈）

例 3.1

　　对图 3.12 所表示的系统框图求 U 到 Y 的传递函数（此系统是被称为 2 自由度控制系统的系统构造之一，其具体特性已超出本书所涵盖的范围，具体可参照参考文献 [1, 2, 7] 等）。图 3.12 中，G_2 和 G_3 串联，并且可参照图 3.10a 的系统框图变换来进行考虑（关于 Y 的反馈信号，其增益为 1），图 3.12 可变换为图 3.13。其次，图 3.13 的 G_1 和 $\dfrac{G_3 G_2}{1 + G_3 G_2}$ 为串

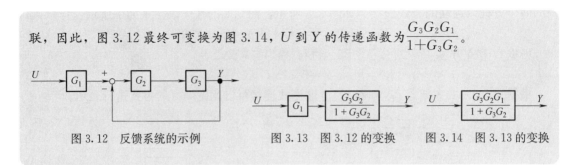

联，因此，图 3.12 最终可变换为图 3.14，U 到 Y 的传递函数为 $\dfrac{G_3 G_2 G_1}{1+G_3 G_2}$。

图 3.12　反馈系统的示例　　图 3.13　图 3.12 的变换　　图 3.14　图 3.13 的变换

系统框图的结合、箭头的位置变更等复杂的系统框图变换可以参照图 3.15 所示的系统框图的主要变换。

变换种类	数学式	系统框图	等效的系统框图
串联	$Y_2 = G_2 G_1 U$	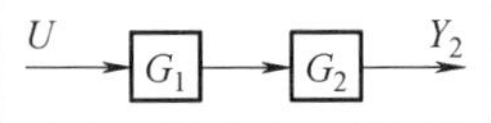 $U \to \boxed{G_1} \to \boxed{G_2} \to Y_2$	 $U \to \boxed{G_2 G_1} \to Y_2$
并联	$Y = G_1 U \pm G_2 U$	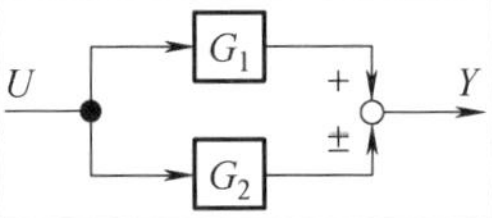 $U \to \boxed{G_1},\ \boxed{G_2} \to {}^+_\pm \to Y$	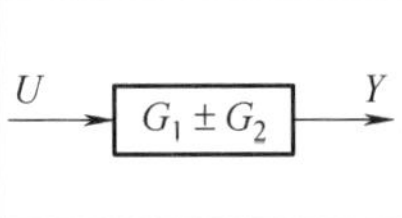 $U \to \boxed{G_1 \pm G_2} \to Y$
反馈	$Y_1 = G_1(U \pm G_2 Y_1)$ $Y_1 = G_1(U \pm Y_2)$	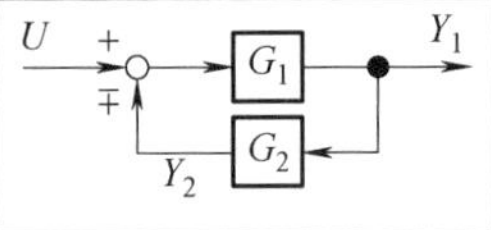 $U \to {}^+_\mp \to \boxed{G_1} \to Y_1$，$\boxed{G_2} \leftarrow Y_2$	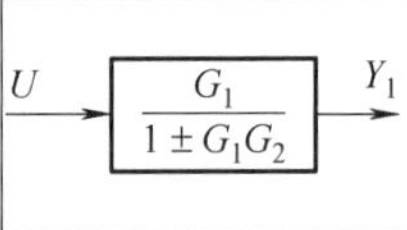 $U \to \boxed{\dfrac{G_1}{1 \pm G_1 G_2}} \to Y_1$
比较点的位置变更(一)	$Y_2 = GU \pm Y_1$	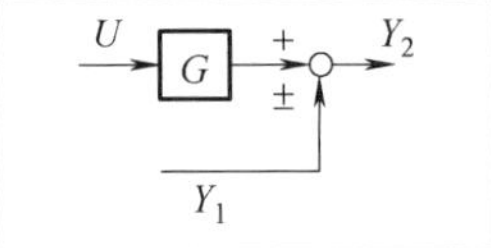 $U \to \boxed{G} \to {}^+_\pm \to Y_2$，$Y_1$	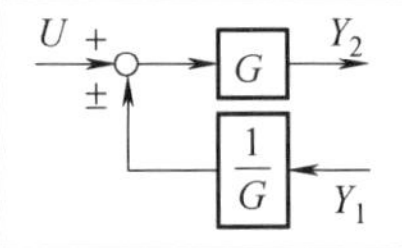 $U \to {}^+_\pm \to \boxed{G} \to Y_2$，$\boxed{\dfrac{1}{G}} \leftarrow Y_1$
比较点的位置变更(二)	$Y_2 = G(U \pm Y_1)$	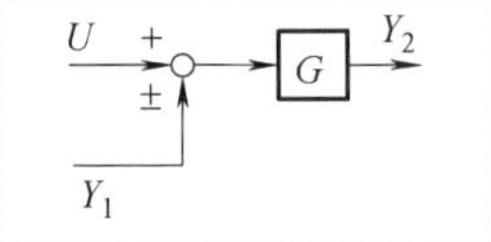 $U \to {}^+_\pm \to \boxed{G} \to Y_2$，$Y_1$	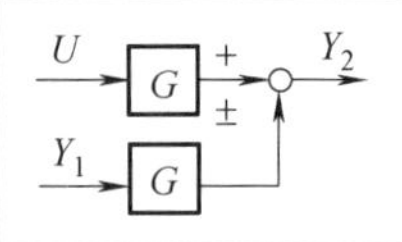 $U \to \boxed{G} \to {}^+_\pm \to Y_2$，$Y_1 \to \boxed{G}$
引出点的位置变更(一)	$Y = GU$	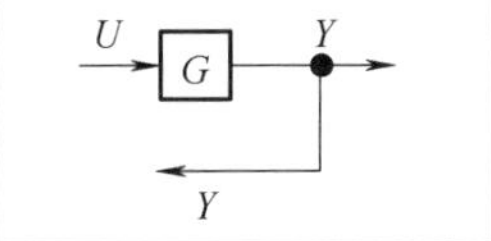 $U \to \boxed{G} \to Y$，Y	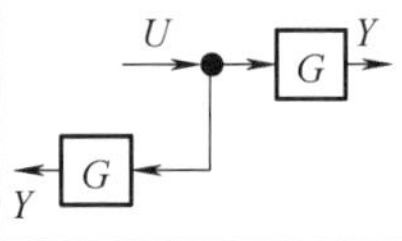 $U \to \boxed{G} \to Y$，U，$\boxed{G} \leftarrow$
引出点的位置变更(二)	$Y = GU$	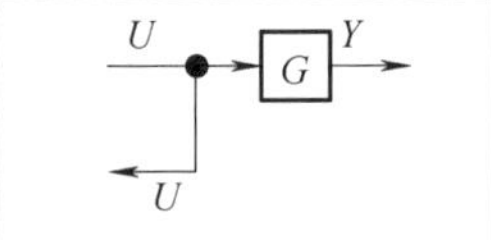 $U \to \boxed{G} \to Y$，U	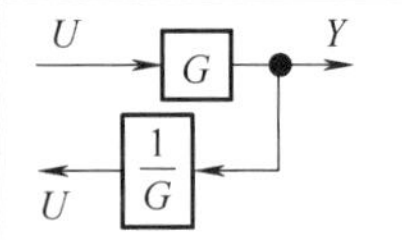 $U \to \boxed{G} \to Y$，$\boxed{\dfrac{1}{G}} \leftarrow U$

图 3.15　系统框图的主要变换

3.3.3　系统框图的应用实例

在此节中，通过实例来了解系统框图的使用方法。首先，考虑如何用系统框图来表示系统的微分方程（运动方程）。

如 2.2 节所述，在平面上物体的直线运动可用下述方程进行描述（进行拉普拉斯变换时，所有初始值为 0）：

$$M\ddot{x}(t)=f(t) \Rightarrow Ms^2X(s)=F(s) \Rightarrow s^2X(s)=\frac{1}{M}F(s) \tag{3.36}$$

在此，式（3.36）最右边的数学式如图 3.16a 的系统框图所示。对于拉普拉斯变换，需要注意变量 s 是作为独立变量使用的，因此，图 3.16a 可以表示为图 3.16b 和 c。

图 3.16c 的系统框图中，关注 $1/M$ 之后的模块，其呈现图 3.17 所示的趋势。由图 3.17 可知，对变量进行积分（即乘 $1/s$），加速度（$s^2X(s)$）可以变换为速度（$sX(s)$）及位移（$X(s)$）。根据图 3.16c 的系统框图可知，输入为 $F(s)$，输出为 $X(s)$，传递函数为 $\frac{1}{Ms^2}$。

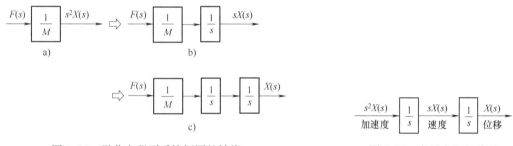

图 3.16　微分方程到系统框图的转换　　　　图 3.17　变量之间的关系

此外，在例 2.1 中，考虑物体与地面的黏性摩擦力的运动方程如下所示（拉普拉斯变换时，所有的初始值为 0）：

$$M\ddot{x}(t)+c_v\dot{x}(t)=f(t) \Rightarrow X(s)=\frac{1}{Ms^2}[F(s)-c_vsX(s)] \tag{3.37}$$

系统框图如图 3.18a 所示。此系统框图参照图 3.10a 的负反馈变换进行变换可得图 3.18b 的系统框图。因此，输入为 $F(s)$，输出为 $X(s)$，传递函数为 $\frac{1}{Ms^2+c_vs}$。

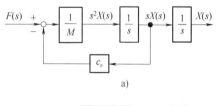

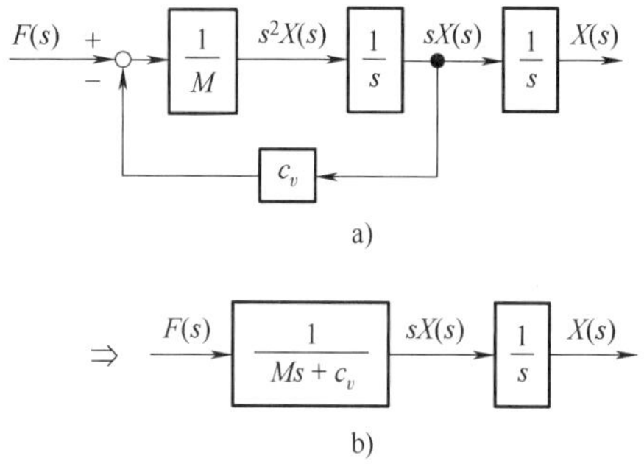

到此为止，所叙述的是由表示系统特性的微分方程（运动方程）来画出系统框图，根据系统框图变换求得传递函数。但是，系统的特性由多个微分方程表示的状况下，先对微分方程进行拉普拉斯变换，对变量进行一定程度的归纳，再用系统框图表示输入与输出的关系。此种状况在实际使用中较多。

图 3.18　式（3.37）的系统框图

在此，以式（3.26）的模型为例，阐述系统框图的运用方法。与数学式的推导相类似，按式（3.21）⇒式（3.24）⇒式（3.25）的次序进行系统框图的绘制。所得的系统框图如图 3.19 所示，图中，$V_b(s)=K_b\omega(s)$。

根据式（3.22），图 3.19 可转换成图 3.20a 的构造。

根据图 3.20a 形式转换到图 3.20c 形式的过程，可以求得 $V_a(s)$ 与 $\omega(s)$ 的关系。

（1）使用系统框图的结合性质，图 3.20a 可转换成 3.20b 的构造。

（2）使用系统框图的反馈结合的性质，图 3.20b 可转换成 3.20c 的构造。

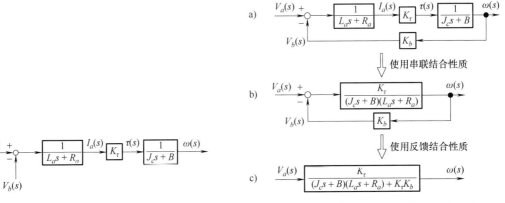

图 3.19　式（3.26）的系统框图　　　　图 3.20　直流电机的系统框图等效变换

因此，直流电机的输入 $V_a(s)$ 和输出 $\omega(s)$ 的关系可用下式表示：

$$\omega(s)=\frac{K_\tau}{(J_c s+B)(L_a s+R_a)+K_\tau K_b}V_a(s) \tag{3.38}$$

根据式（3.38）可知：直流电机的输入 $V_a(s)$ 到输出 $\omega(s)$ 的传递函数为二阶延迟系统。

此外，直流电机的输出为回转角 $\theta(s)$ 的情况下，关系式（3.23）的系统框图如图 3.21 所示，由此图可知：直流电机的输入 $V_a(s)$ 到输出 $\theta(s)$ 的传递函数为三阶延迟系统。

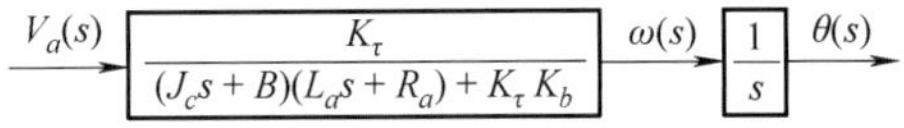

图 3.21　输出为旋转角 θ 时的系统框图

综上所述，对于输入与输出用数个微分方程式表示的系统数学模型，将微分方程进行拉普拉斯变换，使用系统框图的等效变换可以方便地得到输入到输出的特性。

3.4　系统的相似

在机械系统的数学模型中，关于直线运动的式（2.4）和旋转运动的式（2.6）都是 2 阶微分方程，初始值为零时的拉普拉斯变换如下所示：

$$X(s)=\frac{1}{Ms^2}F(s) \tag{3.39}$$

$$\theta(s)=\frac{1}{Js^2}\tau(s)\tag{3.40}$$

式中传递函数的分母都是关于 s 的 2 次多项式，只是系数不同。

此外，关于电枢回路电流 $i_a(t)$ 的式（2.20）（电气系统的数学模型）和电枢线圈旋转角速度 $\omega(t)$ 的式（2.24）都是一阶微分方程，初始值为零时的拉普拉斯变换如下所示：

$$I_a(s)=\frac{1}{L_a s+R_a}(V_a(s)-V_b(s))\tag{3.41}$$

$$\omega(s)=\frac{1}{J_c s+B}\tau(s)\tag{3.42}$$

式中，传递函数的分母都是关于 s 的 1 次多项式，只是系数不同。式（3.41）中，输入为 $V_a(s)-V_b(s)$，是两个变量的差。作为系统输入，此种状况同一个变量作为输入的状况是相同的。

式（3.41）和式（3.42）中，输入为 $V_a(s)-V_b(s)$、$\tau(s)$，输出为 $I_a(s)$、$\omega(s)$。在此，输入用 $U(s)$ 进行替代，输出用 $Y(s)$ 替代，传递函数的各部分系数进行对应的替换，式（3.41）和式（3.42）都可以用下式进行描述：

$$Y(s)=\frac{K}{Ts+1}U(s)\tag{3.43}$$

同样，式（3.39）和式（3.40）也可以用下式描述：

$$Y(s)=\frac{1}{Ts^2}U(s)\tag{3.44}$$

由式（3.43）和式（3.44）可知：**无论是机械系统的数学模型，还是电气系统的数学模型，微分方程的形式相同，传递函数的形式就相同。此种性质称为机械系统和电气系统的相似**（analogy）。如果数学模型的区别只存在于系数 T 和 K 的数值，那么传递函数的形状是相同的。因此，不依存于数学模型的数值差异的一般形式可以从本质上理解系统的特性。使用从一般形式中获得的信息，可以较为简便地分析相似的系统模型。系统模型化的流程如图 3.22 所示。

控制工程的应用范围可以包含工科涉及的各个领域，因此，系统相似的性质极为重要。换而言之，不是机械系统的控制或电气电子系统的控制，而是作为一般形式存在的控制工程内容。**如果理解了系统的内涵，无论何种系统都可以利用控制工程的知识来分析。**

在以后的章节，本书不使用特别的例子来介绍具体的物理系统如何进行控制。但是，各

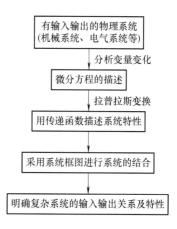

图 3.22　系统模型化的流程

种各样的物理系统经过适当的变换后都可以用一般形式进行描述，只要掌握一般形式的控制方法就可以应用于形形色色的物理系统。

一阶延迟系统的一般形式

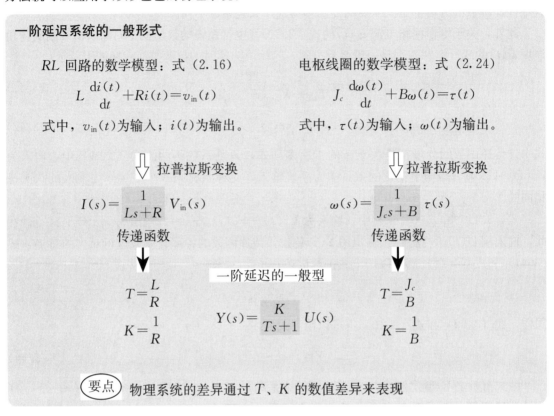

RL 回路的数学模型：式（2.16）

$$L\frac{\mathrm{d}i(t)}{\mathrm{d}t}+Ri(t)=v_{\mathrm{in}}(t)$$

式中，$v_{\mathrm{in}}(t)$ 为输入；$i(t)$ 为输出。

电枢线圈的数学模型：式（2.24）

$$J_c\frac{\mathrm{d}\omega(t)}{\mathrm{d}t}+B\omega(t)=\tau(t)$$

式中，$\tau(t)$ 为输入；$\omega(t)$ 为输出。

⬇ 拉普拉斯变换

$$I(s)=\frac{1}{Ls+R}V_{\mathrm{in}}(s)$$

传递函数

⬇ 拉普拉斯变换

$$\omega(s)=\frac{1}{J_cs+B}\tau(s)$$

传递函数

$$T=\frac{L}{R}$$

$$K=\frac{1}{R}$$

一阶延迟的一般型

$$Y(s)=\frac{K}{Ts+1}U(s)$$

$$T=\frac{J_c}{B}$$

$$K=\frac{1}{B}$$

要点 物理系统的差异通过 T、K 的数值差异来表现

系统的相似

在此，对机械系统（直线运动或旋转运动）、电气系统和热系统（在本书中无相关内容介绍，此处仅作为参考）系统相似在表 3.1 的中进行总结。

对一阶延迟系统的传递函数的一般形式进行比较可知：黏性摩擦系数 B 和电阻 R 在系统中起同样的作用。因此，不必考虑是否是特定的系统，例如是否是机械系统或者电气系统，采用一般形式进行解析，只要建立对应关系，则可适用于任何具体的物理系统。

表 3.1 系统相似

机械系统（直线运动）	机械系统（旋转运动）	电气系统	热系统
力 $f[\mathrm{N}]$	扭矩 $\tau[\mathrm{N}\cdot\mathrm{m}]$	电压 $v[\mathrm{V}]$	温度 $\theta[\mathrm{K}]$
位移 $[m]$	旋转角位移 $\theta[\mathrm{rad}]$	电量 $q[\mathrm{C}]$	热量 $Q[\mathrm{J}]$
速度 $v[\mathrm{m/s}]$	旋转角速度 $\omega[\mathrm{rad/s}]$	电流 $I[\mathrm{A}]$	热流量 $q[\mathrm{J/s}]$

（续）

机械系统(直线运动)	机械系统(旋转运动)	电气系统	热系统
质量 M[kg]	惯性力矩 J[$kg \cdot m^2$]	电感 L[H]	—
阻尼系数 D[$N \cdot s/m$]	黏性摩擦系数 B[$N \cdot m \cdot s/rad$]	电阻 R[Ω]	热阻 R[$K \cdot s/J$]
弹性系数 K[N/m]	弹性系数 K[$N \cdot m/rad$]	电容量 C[F]	热容量 C[J/K]

3.5　拉普拉斯变换

对 3.1 节所提到的拉普拉斯变换，本节将对其定义和数学性质进行补充说明。

3.5.1　拉普拉斯变换的定义

对于时间 $t \geqslant 0$ 而定义的实函数 $f(t)$，考虑以下形式的积分：

$$\int_0^\infty f(t) \mathrm{e}^{-st} \mathrm{d}t \tag{3.45}$$

式中，s 为复质数（也成为复素数）。

$f(t)$ 的拉普拉斯变换 $F(s)$ 用下式定义：

$$F(s) = \mathcal{L}[f(t)] = \int_0^\infty f(t) \mathrm{e}^{-st} \mathrm{d}t \tag{3.46}$$

此处须注意：积分值对于某个 s 为收敛状态，才可以进行拉普拉斯变换。拉普拉斯变换的含义：**随时间 t 变化的函数 $f(t)$ 转换成随复质数 s 变化的函数 $F(s)$**。因此，式（3.46）通常可用下式表示：

$$F(s) = \mathcal{L}[f(t)] \tag{3.47}$$

拉普拉斯变换后的函数通常用大写的字母表示。但是，在不引起误解的情况和采用希腊字母表示的情况下，也可以采用小写的字符表示。

3.5.2　拉普拉斯变换的性质

以下对拉普拉斯变换的基本性质进行说明（注意其中含有微分的记号，可参照第 1 章的微分记号）。

(LT1) 线性： 可参照式 **(3.4)**。

(LT2) t 定义域的微分：

$$\mathcal{L}[f'(t)] = sF(s) - f(0) \tag{3.48}$$

$$\mathcal{L}[f^{(n)}(t)] = s^n F(s) - s^{n-1} f(0) - s^{n-2} \dot{f}(0) - \cdots - f^{(n-1)}(0) \tag{3.49}$$

式中，$\dot{f}(t)$ 和 $f^{(n)}$ 分别表示 $f(t)$ 的一阶微分和 n 阶微分。

(LT3) t 定义域的积分：

$$\mathcal{L}\left[\int_0^t f(\tau)\mathrm{d}\tau\right]=\frac{1}{s}F(s) \tag{3.50}$$

(LT4) s 定义域的平移：

$$\mathcal{L}\left[\mathrm{e}^{at}f(t)\right]=F(s-a) \tag{3.51}$$

(LT5) t 定义域的平移：

$$\mathcal{L}\left[f(t-a)\right]=\mathrm{e}^{-as}F(s),\ f(t-a)=0(0<t<a) \tag{3.52}$$

(LT6) 终值定理（**final value theorem**）：

$$\lim_{t\to\infty}f(t)=\lim_{s\to 0}sF(s) \tag{3.53}$$

(LT6) 表示 $sF(s)$ 为稳定状态（即分母多项式为零的方程的根的实部为负，详细内容参见 7.2 节）

(LT7) 卷积（**convolution**）：

$$\mathcal{L}\left[\int_0^t f(t-\tau)g(\tau)\mathrm{d}\tau\right]=F(s)G(s) \tag{3.54}$$

拉普拉斯变换的作用已在 3.1 节中进行了说明，以下对几个具有代表性的性质进行数学证明。

(LT2) 的证明

以下使用分部积分的性质。分部积分的公式从积的导函数 $\{f(x)g(x)\}'=f'(x)g(x)+f(x)g'(x)$ 中导出。

$$\int_a^b f'(x)g(x)\mathrm{d}x=\left[f(x)g(x)\right]_a^b-\int_a^b f(x)g'(x)\mathrm{d}x \tag{3.55}$$

$$\mathcal{L}\left[f'(t)\right]=\int_0^\infty f'(t)\mathrm{e}^{-st}\mathrm{d}t$$

$$=\left[f(t)\mathrm{e}^{-st}\right]_0^\infty+\int_0^\infty f(t)s\mathrm{e}^{-st}\mathrm{d}t$$

$$=f(\infty)\mathrm{e}^{-s\times\infty}-f(0)\mathrm{e}^{-s\times 0}+s\int_0^\infty f(t)\mathrm{e}^{-st}\mathrm{d}t$$

$$=-f(0)+sF(s) \tag{3.56}$$

式（3.56）的第 1 式到第 2 式使用了分部积分法；第 2 式到第 3 式使用了定积分的运算，s 与积分变量 t 无关，可以提到积分外部；第 3 式到第 4 式使用了 $\mathrm{e}^{-s\times\infty}\to 0$（参考 1.4 节）的性质，并使用了 $\mathrm{e}^0=1$ 的性质。第 3 式的最后积分项是拉普拉斯变换的定义式。

(LT3) 证明

令 $h(t)=\int_0^t f(\tau)\mathrm{d}\tau$，两边进行微分，可得 $\dot{h}(t)=f(t)$，且 $h(0)=0$。对 $\dot{h}(t)$ 进行拉普拉斯变换，可得下面两式：

$$\mathcal{L}\left[\dot{h}(t)\right]=sH(s)-h(0)=sH(s) \tag{3.57}$$

$$\mathcal{L}[\dot{h}(t)]=\mathcal{L}[f(t)]=F(s) \tag{3.58}$$

此证明剩余部分不再赘述，作为习题 6 自行推导。

其他性质也可以用积分与指数函数的性质进行证明（可参考控制类的相关文献资料）。

3.5.3　基本函数的拉普拉斯变换

在学习控制工程的过程中，出现频率较高的函数的拉普拉斯变换见表 3.2。以下对几个重要函数的拉普拉斯变换的推导进行讲述。

表 3.2　基本函数的拉普拉斯变换表

$f(t)$	$\mathcal{L}[f(t)]=F(s)$	$f(t)$	$\mathcal{L}[f(t)]=F(s)$
$\delta(t)$	1	$\sin\omega t$	$\dfrac{\omega}{s^2+\omega^2}$
$u_s(t)=1$	$\dfrac{1}{s}$	$\cos\omega t$	$\dfrac{s}{s^2+\omega^2}$
$u_l(t)=t$	$\dfrac{1}{s^2}$	$e^{-at}\sin\omega t$	$\dfrac{\omega}{(s+a)^2+\omega^2}$
e^{-at}	$\dfrac{1}{s+a}$	$e^{-at}\cos\omega t$	$\dfrac{s+a}{(s+a)^2+\omega^2}$
$t e^{-at}$	$\dfrac{1}{(s+a)^2}$	$\dfrac{t^n}{n!}$	$\dfrac{1}{s^{n+1}}$

δ 函数（delta function）表示为 $\delta(t)$，在以后的章节中，脉冲响应的部分用到此函数。定义式如下所述：

$$\int_{-\infty}^{\infty}\delta(t)\mathrm{d}t=1,\ \delta(t)=0 \quad (t\neq 0) \tag{3.59}$$

对任意的连续函数 $g(t)$，下式成立（δ 函数图像参考下一章脉冲响应部分）：

$$\int_{-\infty}^{\infty}g(t)\delta(t)\mathrm{d}t=g(0) \tag{3.60}$$

因此，当 $g(t)=e^{-st}$ 时，根据定义式（3.46），下式成立：

$$\mathcal{L}[\delta(t)]=\int_0^{\infty}\delta(t)e^{-st}\mathrm{d}t=e^0=1 \tag{3.61}$$

单位阶跃函数（信号）（unit step function（signal）），$u_s(t)=1$ 在第 4 章的阶跃响应中将被使用，函数定义如下所述：

$$u_s(t)=\begin{cases}1 & (t\geqslant 0)\\ 0 & (t<0)\end{cases} \tag{3.62}$$

$u_s(t)$ 是 $t\geqslant 0$ 时数值为 1 的函数，如图 3.23 所示。根据定义式（3.46），其拉普拉斯变换如下式所示：

$$\mathcal{L}[u_s(t)]=\int_0^{\infty}1\times e^{-st}\mathrm{d}t=\int_0^{\infty}e^{-st}\mathrm{d}t=\left[-\frac{1}{s}e^{-st}\right]_0^{\infty}=\frac{1}{s} \tag{3.63}$$

单位斜坡函数（信号）（unit ramp function（signal）），$u_l(t)=t$ 也是重要的函数，如图 3.24 所示，其拉普拉斯变换如下式所示：

$$\mathcal{L}[u_l(t)]=\mathcal{L}[t]=\int_0^\infty t\,\mathrm{e}^{-st}\,\mathrm{d}t=\int_0^\infty t\left(-\frac{1}{s}\mathrm{e}^{-st}\right)'\mathrm{d}t$$

$$=\left[-\frac{1}{s}t\,\mathrm{e}^{-st}\right]_0^\infty-\int_0^\infty\left(-\frac{1}{s}\mathrm{e}^{-st}\right)\mathrm{d}t=\int_0^\infty\left(\frac{1}{s}\mathrm{e}^{-st}\right)\mathrm{d}t$$

$$=\left[-\frac{1}{s^2}\mathrm{e}^{-st}\right]_0^\infty=\frac{1}{s^2} \tag{3.64}$$

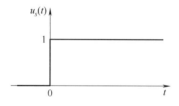

图 3.23　单位阶跃信号 $u_s(t)$图像

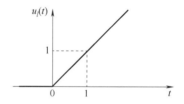

图 3.24　单位斜坡信号 $u_l(t)$图像

指数函数（exponential function），e^{-at} 主要用于一阶延迟系统响应的求解，根据指数函数的性质 $\mathrm{e}^r\times\mathrm{e}^s=\mathrm{e}^{r+s}$ 及定义式（3.46），可进行计算。此处不再赘述，已作为习题 4 可自行推导。

正弦函数（sine function），$\sin\omega t$，（$t\geqslant0$）的拉普拉斯变换按下述方法求解。进行其拉普拉斯变换时，不能把式（3.46）中的 $f(t)$用正弦函数直接代入，须使用下列的欧拉公式进行转换：

$$\begin{cases}\mathrm{e}^{j\omega t}=\cos\omega t+\mathrm{j}\sin\omega t\\\mathrm{e}^{-j\omega t}=\cos\omega t-\mathrm{j}\sin\omega t\end{cases} \tag{3.65}$$

使用欧拉公式可以使得计算相对简单（j 是虚数单位，参照第 11 章的补充内容），对式（3.65）的两边同时相减可得

$$\mathrm{e}^{j\omega t}-\mathrm{e}^{-j\omega t}=2\mathrm{j}\sin\omega t \tag{3.66}$$

对上式进行移项整理，可得

$$\sin\omega t=\frac{\mathrm{e}^{j\omega t}-\mathrm{e}^{-j\omega t}}{2\mathrm{j}} \tag{3.67}$$

使用上式的关系，可以求出正弦函数的拉普拉斯变换（此处不再赘述，作为习题 5 可自行推导）。

3.5.4　拉普拉斯逆变换

以上部分对以时间 t 作为独立变量的函数 $f(t)$进行拉普拉斯变换的过程进行了说明，表明了采用 $F(s)$的优点。但是，在现实世界中，希望知道对于时间 t 的变化，有必要把 $F(s)$变换为 $f(t)$的形式。此种变换称为**拉普拉斯逆变换**，如下式定义：

$$f(t)=\mathcal{L}^{-1}[F(s)] \tag{3.68}$$

具体内容在第 4 章根据实例进行详细说明，使用表 3.2 可以进行简单的拉普拉斯逆变换求解。

自动控制学习中拉普拉斯变换的重要性

　　本章的后半部分，$\sin\omega t$ 等的拉普拉斯变换出现较多。此类计算相当繁杂，可能会出现"自动控制是否真的很难理解?"。在初学阶段，$\sin\omega t$ 等的拉普拉斯变换的计算只能通过增强自身的计算能力来理解拉普拉斯变换前后对应的形式及组合，这非常重要（其中包含学习专业知识所感到的困难和挫折感）。

　　虽然拉普拉斯变换的计算不是自动控制的本质，但是理解使用由微分方程的拉普拉斯变换而得到的传递函数对系统的响应和特性进行分析的方法，极为重要。

　　第 4 章以后，具体的拉普拉斯变换的计算几乎没有出现，如何使用拉普拉斯变换表（见表 3.2）十分关键。因此，对拉普拉斯变换的计算感到困难，并由此而产生对本书内容感到很难理解的想法是不必要的。

本章总结

　　1. 使用拉普拉斯变换后，微分方程转化为关于 s 的代数方程，求解简便。

　　2. 传递函数直观表达了动态（静态）系统输入与输出的关系。

　　3. 虽然机械和电气系统是完全不相同的物理系统，但其数学模型可用同样形式的微分方程描述，作为数学式而言，两者是相似的。

　　4. 物理系统的特性差异往往体现在其传递函数的参数不同，如式（3.43）一阶延迟系统的 T 和 K。不必在意物理系统的差异，而采用一般形式（如式（3.43）的一阶延迟系统）来考虑系统的特性。

习题三

　　(1) 第 2 章的习题 2 采用的弹簧-质量-阻尼系统中，其中力 $f(t)$ 作为输入，位移 $x(t)$ 作为输出，求其传递函数。

　　(2) 图 2.13 所示 RC 回路中，输入为 $u(t)=v_{\text{in}}(t)$，输出为 $y(t)=v_{\text{out}}(t)$，求输入到输出的传递函数。当输出为 $y(t)=i(t)$ 时，求此种状况下的传递函数。

　　(3) 对于图 3.10a 所示的负反馈，证明式（3.35）成立。此外，图 3.10b 中正反馈的场合，求 U 到 Y_1 的传递函数。

　　(4) 通过计算确认 $\mathcal{L}\left[\mathrm{e}^{-at}\right]=\dfrac{1}{s+a}$，$\mathcal{L}\left[\cos\omega t\right]=\dfrac{s}{s^2+\omega^2}$。

　　(5) 通过计算确认 $\mathcal{L}\left[\sin\omega t\right]=\dfrac{\omega}{s^2+\omega^2}$。

（6）根据式（3.57）和式（3.58），证明（**LT3**）。

（7）对第 2 章中的习题 6，以电加热器施加的热量 $q(t)$ 为输入，液温 $\theta(t)$ 为输出，求传递函数。

（8）对第 2 章中的习题 7，对振动计施加的振动位移 $x(t)$ 为输入，质量为 M 的物体和振动计的相对位移 $y(t)$ 为输出，求传递函数。

（9）对图 3.25 所示的系统框图进行变换，用一个模块表示 R 到 Y 的关系。

（10）对图 3.26 的系统框图进行变换，用一个模块表示 R 到 Y 的关系。

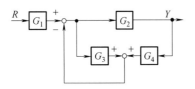

图 3.25　习题（9）的系统框图

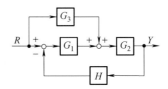

图 3.26　习题（10）的系统框图

（11）第 2 章习题 10 中，输入为转矩 $\tau_1(t)$，输出为旋转角速度 $\omega_2(t)$。首先，对运动方程进行拉普拉斯变换，基于此结果画出系统框图；其次，使用系统框图的等价变换进行简化；此外，基于进行拉普拉斯变换的运动方程，根据数学式的变形，求其传递函数。

第 4 章　动态系统的响应

在动态系统中，欲使被控对象的输出（被控量）达到预期的数值，必须对系统投入合适的输入。因此，了解系统的特性极为重要。对系统投入的试验信号，可以通过试验信号的变化了解被控量的变化，从而可以获得被控对象的特性。本章对用于测定系统特性的脉冲信号和阶跃信号的响应（脉冲响应和阶跃响应）进行说明，包括其含义及计算方法。

本章要点
1. 理解动态系统的响应。
2. 理解脉冲响应并掌握其求解方法。
3. 理解阶跃响应并掌握其求解方法

4.1　动态系统的响应

本章以后会经常使用动态系统的**响应**（response）这个专业词汇。系统的响应就是：给系统施加某种输入时，对应于输入随时间变化而变化的系统输出变化的状况。如可获得对于系统输入的响应，必然可知某种形式的系统特性。如果能很好地把握系统的特性，可以便捷地确定使输出（被控量）达到预期数值所需要的输入（操作量）。例如：在社交场合，如果充分了解对方的状况，就能进行很圆满的沟通。

4.2　脉冲响应及其计算

对于特性不明的系统进行控制的场合，需要施加何种程度的输入使系统动作变得不确定。例如：对如图 2.6 所示的物体施加外力使其运动，物体的重量、物体和地面间的摩擦未知，因此，使物体运动需要何种程度的力无法知晓。如对实际的系统用锤子进行敲击，对被控对象施加的瞬间输入的响应可以获得。此时，实际的系统会发生小幅度的移动，如不持续施加外力，系统的动作就会停止（如图 4.1 所示，以活动铅笔弹击橡皮为例）。

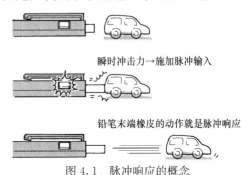

瞬时冲击力→施加脉冲输入

铅笔末端橡皮的动作就是脉冲响应

图 4.1　脉冲响应的概念

此外，用锤子进行敲击可能引起系统的损坏，如采用系统的数学模型，对系统施加瞬间输入的场合，进行响应的计算就不会引起系统的任何损伤。因此，瞬间信号的具体数学表达是非常必要的。

现在，对于图 4.2 左端的情况进行考虑，信号 $u_r(t)$：高度为 $h=\dfrac{1}{w}$，时间从 $t=0$ 到 $w(>0)$，$t=w$ 后数值为 0。此时 $u_r(t)$ 可用下式进行表述：

$$u_r(t)=\begin{cases} h=\dfrac{1}{w} & (0\leqslant t\leqslant w) \\ 0 & (t>w) \end{cases} \tag{4.1}$$

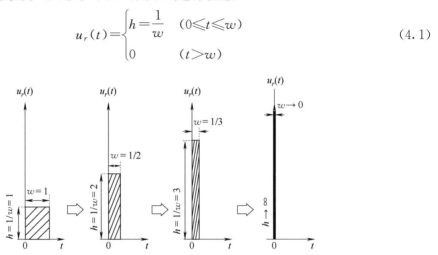

图 4.2 $w>0$ 情况下其值趋近于零...

此处，斜线阴影部分的面积 S 为 1，信号的高度 $h=1/w$ 与信号的时间幅度 w 成反比。式 (4.1) 的含义：用锤子敲击被控对象的瞬间为 $t=0$，在时间 w 的范围内锤子对被控对象施加一定力 $u_r(t)=h=1/w$，此后撤去施加的力($u_r(t)=0$)。其次，考虑信号的时间幅度 w 的取值逐渐变小的状况，变化的形状如图 4.2 所示。随着时间幅度 w 逐渐变小，信号高度 $h=1/w$ 逐渐变大，即信号 $u_r(t)$ 的瞬间取值越来越大。当 $w\to0$ 并达到极限值 0 时，$h=\lim\limits_{w\to0}\dfrac{1}{w}=\infty$。这就是**脉冲信号**（impulse signal）。脉冲信号是 3.53 节所述的 δ 函数，如下式所示：

$$\delta(t)=\begin{cases} \infty & (t=0) \\ 0 & (t\neq0) \end{cases} \tag{4.2}$$

在实际状况下，施加无穷大的输入是不可能的，上式只是基于数学方面的考虑。δ 函数具有如下的性质：

$$\int_{-\infty}^{\infty}\delta(t)\mathrm{d}t=1 \tag{4.3}$$

$$\int_{-\infty}^{\infty}g(t)\delta(t)\mathrm{d}t=g(0) \qquad g(t)\text{ 为任意的连续函数} \tag{4.4}$$

式（4.4）的性质用于下一节的脉冲响应的计算。

4.3　脉冲响应：微分方程

使用从式（4.4）获得的数学表达式，并将 $\delta(t)$ 代入微分方程的输入信号项（在 RL 回路中为 $v_{in}(t)$），求解此式可以获得脉冲响应（RL 回路中为 $i(t)$ 的响应）。

式（2.16）的 RL 回路中的一般特性用下述的微分方程进行描述（式（2.24）的电机特性也可使用同样的方程）。

$$\frac{\mathrm{d}y(t)}{\mathrm{d}t}+ay(t)=bu(t) \tag{4.5}$$

式（4.5）中的各个变量及系数如下：RL 回路中，$u(t)=v_{in}(t)$，$y(t)=i(t)$，$a=R/L$，$b=1/L$。首先，$u(t)$ 为不特定的脉冲信号，对式（4.5）进行求解，在式（4.5）的两边乘上指数函数 e^{at}，可得下式：

$$\mathrm{e}^{at}\frac{\mathrm{d}y(t)}{\mathrm{d}t}+\mathrm{e}^{at}ay(t)=\mathrm{e}^{at}bu(t) \tag{4.6}$$

此处，根据指数函数的微分公式，可得 $\dfrac{\mathrm{d}\mathrm{e}^{at}}{\mathrm{d}t}=a\mathrm{e}^{at}=\mathrm{e}^{at}a$。使用下式的积的微分公式：

$$\frac{\mathrm{d}}{\mathrm{d}t}(p(t)q(t))=\dot{p}(t)q(t)+p(t)\dot{q}(t)=p(t)\dot{q}(t)+\dot{p}(t)q(t) \tag{4.7}$$

对式（4.6）进行计算。即相当于式（4.7）中，$p(t)=\mathrm{e}^{at}$，$q(t)=y(t)$，则式（4.6）的左边如下式所示：

$$\mathrm{e}^{at}\frac{\mathrm{d}y(t)}{\mathrm{d}t}+\mathrm{e}^{at}ay(t)=\underbrace{\mathrm{e}^{at}}_{p(t)}\underbrace{\frac{\mathrm{d}y(t)}{\mathrm{d}t}}_{\dot{q}(t)}+\underbrace{\frac{\mathrm{d}\mathrm{e}^{at}}{\mathrm{d}t}}_{\dot{p}(t)}\underbrace{y(t)}_{q(t)}=\frac{\mathrm{d}}{\mathrm{d}t}\underbrace{(\mathrm{e}^{at}y(t))}_{p(t)q(t)} \tag{4.8}$$

因此，式（4.6）成为下式的形式：

$$\frac{\mathrm{d}}{\mathrm{d}t}(\mathrm{e}^{at}y(t))=\mathrm{e}^{at}bu(t) \tag{4.9}$$

对式（4.9）的两边，在 $0\sim t$ 的区间进行积分可得：

$$\mathrm{e}^{at}y(t)=\int_{0}^{t}\mathrm{e}^{a\tau}bu(\tau)\mathrm{d}\tau+C \tag{4.10}$$

式中，C 为对应初始条件的积分常数。

对右边进行积分时，为避免积分常数与积分上端的 t 一致，积分变量由 t 变更为 τ。式（4.10）的两边乘上 e^{-at}，解 $y(t)$ 如下所示：

$$y(t)=\mathrm{e}^{-at}\left\{\int_{0}^{t}\mathrm{e}^{a\tau}bu(\tau)\mathrm{d}\tau+C\right\}=\int_{0}^{t}\mathrm{e}^{-a(t-\tau)}bu(\tau)\mathrm{d}\tau+\mathrm{e}^{-at}C \tag{4.11}$$

$y(t)$ 解的第一项是对应于输入的响应，一般称为**输入响应**（input response）。现在加上简单的初始条件 $t=0$，$y(0)=0$ 和 $C=0$，对应于输入 $u(t)$ 的输出 $y(t)$ 如下式所示：

$$y(t) = \int_0^t \mathrm{e}^{-a(t-\tau)} b u(\tau) \mathrm{d}\tau \tag{4.12}$$

此时，可知输入信号 $u(t)$ 为脉冲信号 $\delta(t)$ 的响应，如下所示：

$$y(t) = \int_0^t \mathrm{e}^{-a(t-\tau)} b \delta(\tau) \mathrm{d}\tau \tag{4.13}$$

此处，用上节所示的 δ 函数的性质式（4.4），系统式（4.5）的脉冲响应 $y(t)$ 可用下式表述：

$$y(t) = \int_0^t \mathrm{e}^{-a(t-\tau)} b \delta(\tau) \mathrm{d}\tau = \mathrm{e}^{-a(t-0)} b = \mathrm{e}^{-at} b = b \mathrm{e}^{-at} \tag{4.14}$$

4.4 脉冲响应：传递函数

在此节中，不采用微分方程进行求解，而采用传递函数对脉冲响应进行求解。与上节相同，采用式（4.5）的微分方程表示的系统来进行考虑。式（2.24）用式（3.16）的方式进行表示，并按同样方法求解传递函数。式（4.5）的两边各时间变量的初始值都设为零，进行拉普拉斯变换后可得下式（式（2.24）是表述旋转运动的微分方程，各个变量及系数进行变换后则可成为式（4.5），这使用了系统相似的概念）：

$$(s+a)Y(s) = bU(s) \tag{4.15}$$

式中，$U(s)$ 和 $Y(s)$ 是 $u(t)$ 和 $y(t)$ 的拉普拉斯变换（$U(s) = \mathcal{L}[u(t)]$，$Y(s) = \mathcal{L}[y(t)]$）。

根据式（4.15），$U(s)$ 是输入信号，$Y(s)$ 是输出信号，因此下列的关系式成立：

$$Y(s) = G(s)U(s) , \quad G(s) = \frac{b}{s+a} \tag{4.16}$$

$G(s)$ 是系统的传递函数（系统输出的拉普拉斯变换 $Y(s)$ 是传递函数与系统输入拉普拉斯变换 $U(s)$ 的乘积）。

如式（3.70）所示，由拉普拉斯逆变换 s 的函数可以变换成时间变量 t 的函数。因此，在式（4.16）中，输出的时间变量 $y(t)$ 可用下式表述：

$$y(t) = \mathcal{L}^{-1}[Y(s)] = \mathcal{L}^{-1}[G(s)U(s)] \tag{4.17}$$

式（4.17）中，**系统的时间响应可以根据传递函数 $G(s)$ 和输入信号拉普拉斯变换 $U(s)$ 的乘积进行拉普拉斯逆变换求得**。此外，$G(s)$ 和输入信号 $U(s)$ 不是特定函数，在一阶延迟系统的脉冲响应计算以外也成立。使用表 3.2 的拉普拉斯变换表，可知脉冲信号的拉普拉斯变换为：$U(s) = \mathcal{L}[\delta(t)] = 1$。因此式（4.17）的 $y(t)$ 可用下式表述：

$$y(t) = \mathcal{L}^{-1}[G(s)U(s)] = \mathcal{L}^{-1}\left[\frac{b}{s+a} \times 1\right] = b\mathcal{L}^{-1}\left[\frac{1}{s+a}\right] = b\mathrm{e}^{-at} \tag{4.18}$$

式（4.18）的结果与用微分方程求解（见式（4.14））的结果完全一致，并且没有必要进行繁复的积分计算（也可能存在个人感觉的差异…）。此外，根据式（4.18）可知，脉冲响应的求解可以通过传递函数的拉普拉斯逆变换获得（此种方式并不仅限于被控对象为一阶延迟系统，在其他系统中也成立。）。

传递函数是微分方程进行拉普拉斯变换后输入与输出关系的表述方式的变换。因此，系统的脉冲响应用不同的方法进行求解，获得的结果是相同的。

综上所述，使用拉普拉斯变换表用传递函数可以较为简单地求得系统的响应。因此，用拉普拉斯变换可以简单地求解系统的输入响应，是使用系统传递函数表示的优点。

4.5　阶跃响应

对于检测系统特性的测试信号来说，除脉冲信号以外，还有阶跃信号。阶跃信号是在某时刻将其值改变一次，其后为一定值的信号。在控制工程中，下式表述的**单位阶跃信号**（unit step signal）是经常被使用的。

$$u_s(t) = \begin{cases} 1 & (t \geqslant 0) \\ 0 & (t < 0) \end{cases} \tag{4.19}$$

式（4.19）的图形如图 4.3 所示。以单位阶跃信号作为输入信号的系统响应称为**单位阶跃响应**（unit step response）。以下对单位阶跃响应的物理含义进行说明：例如图 2.2 的物体直线运动（数学模型为式（2.4））中，单位阶跃信号就是在 $t=0$ 时对物体施加 $f(t)=1\text{N}$ 的力（正确的理解是 $f(t)$ 在 0～1N 之间，在 0s 进行切换。）此后，一定大小的力（1N）持续施加。此时，物体运动的状况为物理系统的单位阶跃响应。

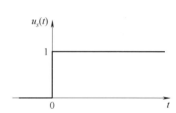

图 4.3　单位阶跃响应信号 $u_s(t)$

4.6　阶跃响应的计算方法

初始条件 $(t=0)y(t)=0$，式（4.12）中的 $u(t)=u_s(t)=1$，单位阶跃响应可用下式表述：

$$y(t) = \int_0^t \mathrm{e}^{-a(t-\tau)} b \times u_s(\tau) \mathrm{d}\tau = \frac{b}{a}(1 - \mathrm{e}^{-at}) \tag{4.20}$$

上式中的积分计算并不是太难，但是用传递函数来求解单位阶跃响应更为简单。

式（4.17）所表明的关系并不依赖于输入信号，因此，对单位阶跃信号 $u_s(t)=1$ 进行拉普拉斯变换，可得 $U(s)=\mathcal{L}[u_s(t)]=\dfrac{1}{s}$。使用此关系，单位阶跃响应如下所示：

$$y(t) = \mathcal{L}^{-1}\left[G(s) \times \frac{1}{s}\right] = \mathcal{L}^{-1}\left[\frac{b}{s(s+a)}\right] \tag{4.21}$$

根据拉普拉斯变换表可知，$\dfrac{b}{s(s+a)}$ 不能进行拉普拉斯逆变换，所以要考虑进行变形。

根据拉普拉斯变换表 $\dfrac{1}{s+a}$ 和 $\dfrac{1}{s}$ 可以简单计算出。因此，$\dfrac{b}{s(s+a)}$ 以下式的形式进行分解（此种数学计算的方法称为部分分数分解，即分数相加的逆运算。）

$$\frac{b}{s(s+a)}=\frac{k_1}{s}+\frac{k_2}{s+a} \tag{4.22}$$

此处 k_1，k_2 为常数，求出使式（4.22）成立的常数 k_1，k_2 的值就可以完成分解。式（4.22）的右边再进行整理（进行分数相加），可得下式：

$$\frac{b}{s(s+a)}=\frac{k_1}{s}+\frac{k_2}{s+a}=\frac{k_1(s+a)+k_2s}{s(s+a)}=\frac{(k_1+k_2)s+k_1a}{s(s+a)} \tag{4.23}$$

在此对式（4.23）两边的系数进行比较，可得下面的等式成立条件：

$$k_1+k_2=0,\ k_1a=b \tag{4.24}$$

对式（4.24）的 k_1 和 k_2 进行求解，可得：$k_1=\dfrac{b}{a}$，$k_2=-k_1=-\dfrac{b}{a}$。因此，式（4.22）可表述为下式形式：

$$\frac{b}{s(s+a)}=\frac{b}{a}\left(\frac{1}{s}-\frac{1}{s+a}\right) \tag{4.25}$$

最后，使用拉普拉斯变换表和拉普拉斯变换的线性，单位阶跃响应 $y(t)$ 可用以下的形式求得（输入信号的阶跃函数的数值不是 1 时，例如对于数值为 h（h 为常数）的阶跃响应，由拉普拉斯变换的线性可知得到的响应为单位阶跃响应的 h 倍。）

$$\begin{aligned}
y(t)&=\mathcal{L}^{-1}\left[\frac{b}{s(s+a)}\right]=\mathcal{L}^{-1}\left[\frac{b}{a}\left(\frac{1}{s}-\frac{1}{s+a}\right)\right]\\
&=\frac{b}{a}\left\{\mathcal{L}^{-1}\left[\frac{1}{s}\right]-\mathcal{L}^{-1}\left[\frac{1}{s+a}\right]\right\}=\frac{b}{a}(1-\mathrm{e}^{-at})
\end{aligned} \tag{4.26}$$

综上所述，使用系统的传递函数表示，通过较为简单的计算就可以求得单位阶跃响应。在对系统施加的检测信号中还有单位斜坡信号（$u_l(t)=t$，$U(s)=\dfrac{1}{s^2}$）、正弦信号（$u(t)=A\sin\omega t$，$U(s)=\dfrac{A\omega}{s^2+\omega^2}$）等。特别是使用正弦信号的场合，同本章的时间响应求法是不同的，从不同的角度进行系统性质的解析。具体内容在第 11 章进行叙述。

实际物理系统与数学模型的关系

在本章开始部分，叙述了被控对象系统特性未知的场合中，对系统施加检测信号来分析系统的特性；并且说明了使用数学模型求解脉冲响应和阶跃响应的方法。但是，与式（4.5）表示的系统相同，物理系统的数学模型已经建立完成，系统的特性已经了解，是否还有必要对系统进行分析？有此想法的读者应不在少数。从实际的系统来看，RL 回路和旋转运动的系统特性可以通过数学模型进行了解。但是具体的系统参数，如：回路中的电阻和电感的数值，惯性力矩和摩擦系数的数值，这些未知的情况还较多。因此，系统的数学模型可以获得的信息只是表述系统特性的微分方程的形式（见式（4.5）），微分方程中的系数（a，b 的数值）为未知的状况是极为普遍的。为此，必须用本章所学的脉冲信号和阶跃信号等检测信号施加于系统，进行其响应的分析来获得系统的具体特性。a，b 数值的差异会导致系统响应的差异，具体内容在第 5 章进行说明。

本章总结

1. 系统响应：系统施加某种输入时，对应于输入的时间变化的输出变化形式。作为检测信号广泛使用的有脉冲信号和阶跃信号，其响应被称为脉冲响应和阶跃响应。脉冲响应是对系统施加瞬时输入的响应；阶跃响应是对系统施加一定大小输入的响应。

2. 脉冲响应和阶跃响应：可以通过传递函数 $G(s)$ 和输入信号的拉普拉斯变换 $U(s)$ 的乘积的拉普拉斯逆变换求得。

3. 一阶延迟系统 $G(s)=\dfrac{b}{s+a}$ 的响应：

脉冲响应：$y(t)=be^{-at}$

阶跃响应：$y(t)=\dfrac{b}{a}(1-e^{-at})$

习题四

（1）系统的数学模型为 $\dot{y}(t)=-2y(t)+2u(t)$，$y(0)=0$，求其脉冲响应。

（2）为了确认式（4.5）的传递函数为 $G(s)=\dfrac{b}{s+a}$，求式（3.43）中的 T，K 和 a，b 的对应关系。此外，因为式（4.5）的响应通过式（4.11）可以求得，据此证明式（3.43）的响应为：$y(t)=e^{-\frac{1}{T}t}y(0)+\displaystyle\int_{0}^{t}e^{-\frac{1}{T}(t-\tau)}\dfrac{K}{T}u(\tau)\mathrm{d}\tau$。

（3）求题 1 的数学模型的传递函数、脉冲响应和阶跃响应。

（4）根据式（4.26）的推导，求对应于高度 h 的阶跃信号的响应。

（5）在描述物体运动的数学模型（见式（2.11））中，以速度 $v(t)$ 为变量进行变形可得 $M\dot{v}(t)+c_{v}v(t)=f(t)$，对输入 $f(t)$ 为脉冲信号时的现象进行说明。

（6）如图 4.4 所示，弹簧和减振器以并联形式固定在墙上，弹簧系数为 k [N/m]，阻尼系数为 d [N·s/m]。弹簧和减振器的一端受到 $f(t)$ [N] 的力，弹簧和减振器的位移用 $x(t)$ [m] 来表示。根据受力平衡的关系可得下式：

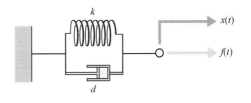

图 4.4 弹簧-减振器系统 1

$$kx(t)+\mathrm{d}\dot{x}(t)=f(t) \tag{4.27}$$

回答下列问题：

ⅰ）初始值为 0，$x(0)=0\mathrm{m}$，对微分方程式（4.27）的两边进行拉普拉斯变换，输入为 $F(s)=\mathcal{L}[f(t)]$，输出为 $X(s)=\mathcal{L}[x(t)]$，求传递函数 $G(s)$。

ⅱ）为了讨论受到冲击力的位移，令 $f(t)=\delta(t)$，求 $x(t)$（脉冲响应）。

ⅲ）为了讨论受到一定大小的力作用时的位移，求此系统的单位阶跃响应。

（7）如图 4.5 所示，弹簧和减振器以串联形式固定在墙上，弹簧系数为 $k[\mathrm{N/m}]$，阻尼系数为 $d[\mathrm{N\cdot s/m}]$。弹簧和减振器的一端受到 $f(t)[\mathrm{N}]$ 的力，减振器的右端和墙之间的相对位移用 $x(t)[\mathrm{m}]$ 来表示。根据受力平衡的关系可得下式：

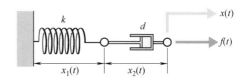

图 4.5　弹簧-减振器系统 2

$$kx_1(t)=d\dot{x}_2(t)=f(t)$$

因此可得下列等式

$$x_1(t)=\frac{1}{k}f(t),\ \dot{x}_2(t)=\frac{1}{d}f(t)$$

弹簧的位移和减振器的位移分别用 $x_1(t)$ 和 $x_2(t)$ 来表示。因此下式的关系成立：

$$x(t)=x_1(t)+x_2(t)$$

两边进行时间微分，可得 $\dot{x}(t)=\dot{x}_1(t)+\dot{x}_2(t)$，且 $\dot{x}(t)=\frac{1}{k}\dot{f}(t)$。$x(t)$ 和 $f(t)$ 的关系如下所示：

$$\dot{x}(t)=\frac{1}{k}\dot{f}(t)+\frac{1}{d}f(t) \tag{4.28}$$

回答下列问题：

ⅰ）初始值为 0，$x(0)=0\mathrm{m}, f(0)=0$，对微分方程式（4.28）的两边进行拉普拉斯变换，输入为 $X(s)=\mathcal{L}[x(t)]$，输出为 $F(s)=\mathcal{L}[f(t)]$，求传递函数 $G(s)$。

ⅱ）求此系统的单位阶跃响应。

（8）如图 4.6 所示，质量 $m[\mathrm{kg}]$ 的船以速度 $v(t)[\mathrm{m/s}]$ 行驶，船的推力 $T(t)[\mathrm{N}]$ 由螺旋桨的回转获得。螺旋桨的回转角速度 $\omega(t)[\mathrm{rad/s}]$ 根据发动机的节气门变化发生瞬时变化（没有延迟）。$\omega(t)$ 和 $T(t)$ 之间，设定存在 $T(t)=b\omega(t)$ 的关系。在此，$b[\mathrm{N\cdot s}]$ 是比例常数（常数 b 为（力）/（角速度）的有量纲量，其单位是 $\frac{\mathrm{N}}{\mathrm{rad/s}}=\mathrm{N\cdot s}$，rad 是量纲量），

图 4.6　以速度 $v(t)$ 行驶的船

航行中的船受到水的阻力 $R(t)[\mathrm{N}]$，采用速度 $v(t)$ 来进行表示，可得近似式 $R(t)=cv(t)$。其中，$c[\mathrm{N \cdot s/m}]$ 是比例常数。此时，船的运动方程如下式所示

$$m\dot{v}(t)=T(t)-R(t)=b\omega(t)-cv(t)\Rightarrow m\dot{v}(t)+cv(t)=b\omega(t) \tag{4.29}$$

回答以下问题：

ⅰ）初始时刻为 $0[\mathrm{s}]$，$v(0)=0[\mathrm{m/s}]$，对运动方程式（4.29）进行拉普拉斯变换，输入为 $\omega(s)=\mathcal{L}[\omega(t)]$，输出为 $V(s)=\mathcal{L}[v(t)]$，求传递函数 $G(s)$。

ⅱ）螺旋桨的回转角速度 $\omega(t)$ 为高度 W_0 的阶跃信号变化时，求船的速度 $v(t)$。

（9）如 1.5 节所述，对逐渐变冷的咖啡用加热器加热进行保温，根据牛顿冷却定律可得下式：

$$\dot{y}(t)=-a(y(t)-K)+bu(t) \tag{4.30}$$

式中，咖啡的温度为 $y(t)[\mathrm{K}]$，气温为 $K[\mathrm{K}]$，加热器给咖啡施加的热量为 $u(t)[\mathrm{J}]$，比例常数 $a(>0)[1/\mathrm{s}]$，$b(>0)[\mathrm{K/(J \cdot s)}]$。初始时刻为 $0\mathrm{s}$，$y(0)=T_0$。求 $U(s)=\mathcal{L}[u(t)]$ 和 $Y(s)=\mathcal{L}[y(t)]$ 的关系。并且求其阶跃响应（阶跃信号的大小为 d）。基于阶跃响应的形状，求经过充分的时间后（$t\rightarrow\infty$）的咖啡温度 y_∞。

提示：初始条件不为 0 的拉普拉斯变换可参照式（3.2）。

第 5 章 系统的响应特性

为了分析动态系统的特性，根据系统的传递函数 $G(s)$ 和输入信号的拉普拉斯变换 $U(s)$，第 4 章给出了求解脉冲响应及阶跃响应的方法。在本章中，将对根据响应分析系统特性的指标，以及根据响应确定系统特性的方法进行说明。

> **本章要点**
> 1. 瞬态特性和稳态特性的含义。
> 2. 由一阶延迟系统的脉冲响应和阶跃响应分析系统的瞬态特性和稳态特性的方法。
> 3. 系统的极点及求解方法。

5.1 瞬态特性和稳态特性

某动态系统的单位阶跃响应如图 5.1 所示，图中响应 $y(t)$ 不是立刻成为一个常数值，而是一边振荡一边向一个常数值收敛。阶跃响应（或者脉冲响应）能够对各种系统特性进行分析。在控制工程中，经历足够长的时间，响应是否向一个常数值收敛（对于任何系统，并不是都如图 5.1 所示的单位阶跃响应向一个常数值收敛的一种状况。）。以及系统的响应（无论收敛与否）是哪个，一般都着眼于经过某种过程到达最终状态的这两种特性。系统的响应 $y(t)$ 经历足够长的时间，响应是否向一个常数值收敛，收敛时向何数值收敛，这由系统自身的特性来决定，此种特性称为系统的**稳态特性**

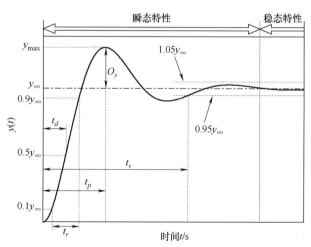

图 5.1 某动态系统的单位阶跃响应

（steady state characteristic）。此外，由初始值 $y(0)$ 到最终数值的过程中形成的波形也由系统自身的特性来决定，这种特性被称为系统的**瞬态特性**（transient characteristic）。严密地说，系统的**稳态值**（steady-state value）是 $t \to \infty$ 时 $y(t)$ 的极限值。稳态特性是响应向某常数值（图中为 y_∞）收敛，图 5.1 所示为稳态特性的部分。

　　根据响应的曲线形状，可以获得系统的各种特性。根据单位响应的基本形状，对图 5.1 标明的几个指标进行定义。在控制工程中，这几个指标是经常使用的，以下进行说明：

稳态值 y_∞：对应于阶跃输入的响应 $y(t)$ 最终收敛的数值。一般状况下，此数值并不一定为 1（数值为 1 的状况也存在，此数值依存于系统的特性）。此外，不向某一数值收敛的状况也存在（此种状况被称为发散）。

上升时间（rise tiem） t_r：响应 $y(t)$ 到达 y_∞ 的 $10\%\sim90\%$ 所经历的时间 t_r。上升时间 t_r 由响应 $y(t)$ 从初始值 0 趋向于 y_∞ 的倾斜程度来决定：上升时间 t_r 越小，线形的斜率越大，响应 $y(t)$ 趋向于稳态值的速度越快。此外反过来的情况也是成立的。上升时间 t_r 是评价系统**响应速度**（输出值相对于输入值变化的快慢）的指标。

延迟时间（delay time） t_d：响应 $y(t)$ 由初始值 0 到稳态值 y_∞ 的 50% 所经历的时间。延迟时间和上升时间的定义基本相同。

超调量（overshoot） O_s：响应 $y(t)$ 的最大值 $y_{\max}$ 和稳态值 y_∞ 的差值。一般用与稳态值相比的百分值表示，如下式所示：

$$O_s = \frac{y_{\max} - y_\infty}{y_\infty} \times 100\% \tag{5.1}$$

$y(t) = y_{\max}$ 时时间 t_p 被称为**峰值时间**（peak time）。一般状况下，超调量越大，响应值 $y(t)$ 向稳态值 y_∞ 收敛的时间越长，在收敛过程中，振荡持续的时间也越长。因此，超调量是评价系统**衰减性**（振荡收敛相对于输入值变化的状况）的指标。此处需注意并不是所有的系统都会发生超调的现象。

整定时间 t_s：响应 $y(t)$ 到达稳态值 y_∞ 的 $\pm5\%$ 以内（$0.95y_\infty \leqslant y(t) \leqslant 1.05y_\infty$），并停留在此区间的最小时间。整定时间是关系到响应速度和衰减性两方面的指标。对于不发生超调的系统来说，响应速度越慢，响应延迟也越大，整定时间也越大（见图 5.2）。对存在较大超调量的系统，响应速度虽然较快，但振荡较难收束，调整时间较大（见图 5.3）。

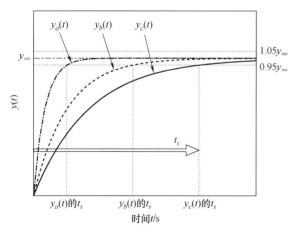

图 5.2　不发生超调的系统的响应
速度与整定时间的关系

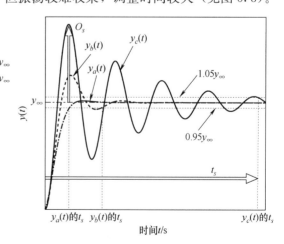

图 5.3　超调量较大的系统的整定
时间与衰减性的关系

5.2 一阶延迟系统的响应

在本节中，对一阶延迟系统的脉冲响应和阶跃响应进行说明。对于系统的数学模型用传递函数 $G(s)$ 给出的状况，在第 4 章中，对响应计算的步骤进行了以下说明：

1) 由拉普拉斯变换表求输入信号 $U(s)=\mathcal{L}[u(t)]$。输出信号 $Y(s)$ 用传递函数 $G(s)$ 和 $U(s)$ 的乘积即 $Y(s)=G(s)U(s)$ 来表示。

2) 对 $y(t)=\mathcal{L}^{-1}[G(s)U(s)]$ 进行求解（计算 $G(s)U(s)$ 的拉普拉斯逆变换）。

以下根据上述的步骤，求解脉冲响应和单位阶跃响应。一阶延迟系统传递函数 $G(s)$ 为式（4.16），此处为了便于系统特性的分析，传递函数采用下式的表述方式：

$$G(s)=\frac{b}{s+a}=\frac{K}{Ts+1}, \left(T=\frac{1}{a}>0, K=\frac{b}{a}>0\right) \tag{5.2}$$

上式与式（3.43）的传递函数相同，只是参数的命名形式有所区别，在考虑系统响应的时候，采用 $G(s)=\dfrac{K}{Ts+1}$ 的表现形式可以便利地进行系统特性分析。

5.2.1 脉冲响应

由脉冲信号 $u(t)=\delta(t)$ 的拉普拉斯变换可得 $U(s)=1$，因此，一阶延迟系统式（5.2）的脉冲响应可用下式求出：

$$y(t)=\mathcal{L}^{-1}[G(s)\times 1]=\mathcal{L}^{-1}\left[\frac{K}{Ts+1}\right]=\mathcal{L}^{-1}\left[\frac{\dfrac{K}{T}}{s+\dfrac{1}{T}}\right]=\frac{K}{T}e^{-\frac{1}{T}t} \tag{5.3}$$

上式中拉普拉斯逆变换使用了拉普拉斯变换表中的 $\mathcal{L}^{-1}\left[\dfrac{1}{s+a}\right]=e^{-at}$。由指数函数的性质可知：$y(t)$ 的初始值（$t=0$ 时的数值）为 $y(0)=K/T$。因为 $T>0$，指数函数的幂指数部分 $-t/T$ 必然为负值。因此，随着时间 t 的增加，响应 $y(t)$ 由初始值开始逐渐减小，$t\to\infty$ 时 $y(t)\to 0(\lim\limits_{t\to\infty}y(t)=0)$。

由于 $T(>0)$ 的取值不同（系统特性有差异），脉冲响应也存在差异。以下对脉冲响应进行定性的分析。为了使分析简单明了，无论 T 的取值如何变化，初始值都为 $y(0)=1$ 并且令 $K=T$。此处，指数函数 $e^{-\frac{1}{T}}$ 可以参照图 1.4 来进行考虑。图 1.4 中 $y(t)=e^{at}$，在此令 $a=-\dfrac{1}{T}$。由 a 和 T 的关系可知：$T(>0)$ 的取值变化时脉冲响应 $y(t)=e^{-\frac{1}{T}t}$ 的图形显而易（见如图 5.4）。由图 5.4 可知，随着 T 的增大，脉冲响应向 0 收敛的时间变长。

对于 RL 回路，系统特性表现为一阶延迟系统的特性。式（2.16）中，输入为 $v_{in}(t)$，输出为 $i(t)$ 的场合，传递函数可表示为下式的形式：

$$G(s) = \frac{1}{Ls+R} \qquad (5.4)$$

将式（5.4）与传递函数的一般形式式
（5.2）比较可知：

$$T = \frac{L}{R}, \quad K = \frac{1}{R}$$

因此，在 RL 回路中电阻 R 的数值越大
（或电感 L 的数值越小），T 的数值就
越小。也就是说，输入 $v_{in}(t)$ 为施加的
瞬间电压（可以看作脉冲输入），其影
响立刻消失，电流值变为 0。此外，电

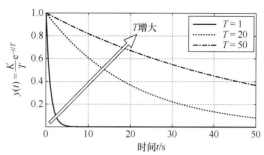

图 5.4 一阶延迟系统 $\frac{K}{Ts+1}$ 的脉冲响应

（$K = T$ 的场合）

阻 R 的数值越小（或电感 L 的数值越大），T 的数值就越大，根据脉冲响应的特性可知：回
路内的电流值变为 0 的时间变长。对于实际的系统，掌握一阶延迟系统的响应去应对系统变
化是极为重要的。

5.2.2　单位阶跃响应

单位阶跃信号 $u(t) = 1$ 经过拉普拉斯变换后可得 $U(s) = 1/s$。因此，一阶延迟系统式
（5.2）的单位阶跃响应可以通过下式求得：

$$y(t) = \mathcal{L}^{-1}\left[G(s)\frac{1}{s}\right] = \mathcal{L}^{-1}\left[\frac{K}{s(Ts+1)}\right] \qquad (5.5)$$

式中，$\dfrac{K}{s(Ts+1)}$ 无法通过拉普拉斯变换表直接求得，用第 4 章中所讲述的部分分式分解法
可求得。因此，单位阶跃响应如下式所示：

$$y(t) = \mathcal{L}^{-1}\left[\frac{K}{s(Ts+1)}\right] = K\mathcal{L}^{-1}\left[\frac{1}{s} - \frac{T}{Ts+1}\right]$$

$$= K\left\{\mathcal{L}^{-1}\left[\frac{1}{s}\right] - \mathcal{L}^{-1}\left[\frac{T}{Ts+1}\right]\right\} = K\left(1 - e^{-\frac{1}{T}t}\right) \qquad (5.6)$$

在此考虑一下式（5.6）中单位阶跃响应 $y(t)$ 应该如何变化？式中，最后等式的括号内如下
所示：

$$1 - e^{-\frac{1}{T}t} \qquad (5.7)$$

因此，随着时间 t 的变化，$e^{-\frac{1}{T}t}$ 的取值也发生变化。此种变化同一阶延迟系统的脉冲响应
［式（5.3）］在 $K = T$ 时的变化相同。根据指数函数的性质，$e^{-\frac{1}{T}t}$ 的初始值为 1，因此阶跃
响应的初始值 $y(0) = 0$。此外，因为 $T > 0$，指数函数的幂指数部分 $-\dfrac{1}{T}t$ 必然为负值。随着
时间 t 的增加，$e^{-\frac{1}{T}t}$ 的值逐渐向 0 收敛，式（5.7）的值向 1 收敛。综上所述，单位阶跃响

应的值向 K 收敛。

当 $K=1$ 时，考虑 T 取值 $T=1$，5，10 时的单位阶跃响应的变化。T 取值的变化会影响 $e^{-\frac{1}{T}t}$ 的值。也就是说，可以结合脉冲响应变化来进行考虑，如图 5.4 所示，随着 T 增大，脉冲响应向 0 收敛的时间变长，这意味着式（5.7）向 1 收敛的时间变长。因此，一阶延迟系统的单位阶跃信号最终向 K 收敛（稳态值 $y_\infty = K$）。同时，随着 T 取值的增大，向稳态值收敛的时间会越来越长

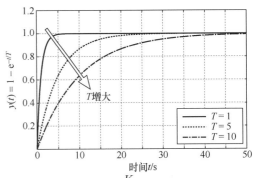

图 5.5 一阶延迟系统 $\dfrac{K}{Ts+1}$ 的单位阶跃响应 $K=1$

（此种特征可以通过式（5.6）理解）。不同取值变化的结果，如图 5.5 所示。以上分析可进行如下总结：在动态系统可表现为一阶延迟系统的状况下，其响应速度由传递函数系数 T 的取值来决定。

例 5.1

2.3 节的电枢线圈数学模型用式（2.24）进行表述，输入为扭矩 $\tau(t)$，输出为旋转角速度 $\omega(t)$，其传递函数表现如下所示：

$$\omega(s) = \frac{1}{J_c s + B}\tau(s) \tag{5.8}$$

上式与一阶延迟系统传递函数的一般形式式（5.2）进行比较可知：

$$T = \frac{J_c}{B}, \ K = \frac{1}{B}$$

因此，在电枢线圈中，惯性力矩 J_c 的值越小，T 的值也越小。也就是说，输入 $\tau(t)$ 用定值的扭矩施加（可看作阶跃输入）使线圈转动，立刻可以获得为定值的旋转角速度。此外，惯性力矩矩 J_c 的值增大，T 的值也会增大，线圈的旋转角速度成为定值的时间也会增加。

利用一阶延迟系统的响应可以判断实际系统的响应，此时，只需考虑一阶延迟系统的一般形式式（5.2）即可，此种考虑方式可适用于各种各样的系统。

其中，式（5.2）的 T 被称为**时间常数**（time constant），其含义为：一阶延迟系统的阶跃响应到达最终值的 63.2% 所需的时间。此结果可以根据式（5.6）进行推导，$t=T$ 时，可得 $K(1-e^{-\frac{1}{T}T}) = K(1-e^{-1}) \approx 0.632K$。最终值的 63.2% 在此处的含义不够明确，在第 11 章中，对于时间常数 T 会进行更详细的解释。用此结果来考虑下述例 5.2。

例 5.2

对 2.22 节的 RL 回路进行考虑，$v_{in}(t)=1V$，$t \geqslant 0$，单位阶跃响应 $i(t)[A]$ 可以通过图 5.6 得到。电阻 $R=100\Omega$ 为已知的场合，求线圈的电感 $L[H]$。如 5.2.1 节所述，RL 回路的 $V_{in}(s)=\mathcal{L}[v_{in}(t)]$ 到 $I(s)=\mathcal{L}[i(t)]$ 的传递函数 $G(s)$ 如下式所示：

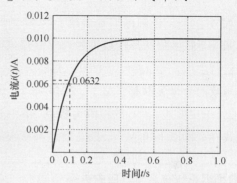

$$G(s)=\frac{1}{Ls+R}=\frac{\dfrac{1}{R}}{\dfrac{L}{R}s+1} \qquad (5.9)$$

上式与一阶延迟系统传递函数的一般形式式 (5.2) 进行比较可知：

$$T=\frac{L}{R}=\frac{L}{100\Omega}, \quad K=\frac{1}{R}=0.01\frac{1}{\Omega}$$

根据图 5.2 可知，$i(t)$ 的稳态值为 0.01A，稳态值的 63.2% 为 0.00632A，时间常数 T 约为 0.1s。因此，可用下式求得线圈电感 L 的近似值：

图 5.6　RL 回路中（$R=100\Omega$，L 未知）的单位阶跃响应

$$L=RT=100\times0.1H=10H$$

5.3　系统的极点

一阶延迟系统可如下式表述：

$$G(s)=\frac{b}{s+a}=\frac{K}{Ts+1} \qquad (5.10)$$

上式的脉冲响应，即单位阶跃响应可用下式描述：

$$y(t)=\frac{K}{T}e^{-\frac{1}{T}t}, \quad y(t)=K(1-e^{-\frac{1}{T}t})$$

对应于时间常数 T 的取值，收敛时间会发生变化，如图 5.4 和图 5.5 所示。此外，在这两种响应中，随时间 t 的变化，取值发生变化的部分是用指数函数表示的项 $e^{-\frac{1}{T}t}$。在指数函数的幂指数 $-t/T$ 中，t 为时间变量，因此指数函数取值的差异是由 $-1/T$ 部分引起的。也就是说，由于 T 的取值差异，会引起响应的差异，T 的取值是被控对象的系统特性差异的表现，例如：电枢线圈中，惯性力矩 J_c 和黏性摩擦系数 B 等发生变化，T 的值就会发生变化。系统特性由作为数学模型的微分方程和传递函数来进行表现。因此，响应特性与指数函数幂指数部分一定存在某种关系。

在此，对式（5.2）和式（5.3）进行比较，式（5.2）的分母如下式所示：

$$Ts+1=0 \tag{5.11}$$

对上式关于 s 进行求解，可得下式：

$$s=-\frac{1}{T} \tag{5.12}$$

式（5.3）的指数函数幂指数去掉 t 之后剩余的部分 $-1/T$，与上式相同。式（5.6）的阶跃响应指数函数的幂指数也为同样形式，即系统特性的差异通过式（5.2）传递函数的分母来进行表现，令［分母］＝0，然后关于 s 进行求解以得到响应特性的表现形式。在此，传递函数的分母可以看作关于 s 的多项式，称作**分母多项式**（denominator polynomial）。此外，［分母多项式］＝0 的根称为**极点**（pole）。在以后的章节中，往往考虑传递函数的分母多项式在 2 次以上的情况，则需要理解**系统的响应受到极点的影响**。

一阶延迟系统极点与响应的关系

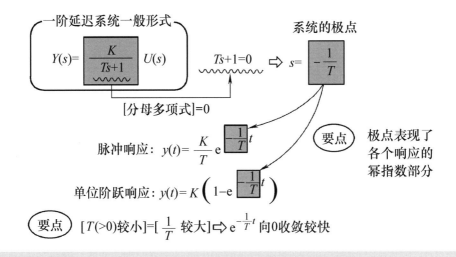

本章总结

1. 经历足够的时间，系统的输出会成为何种数值由系统的特性来决定，此种特性被称为系统的稳态特性。

2. 系统的输出从初始值到达稳态值所形成的波形由系统的特性来决定，此种特性被称为系统的瞬态特性。

3. 在一阶延迟系统的脉冲响应和阶跃响应中，响应的特性由被控对象的时间常数来决定。

4. 传递函数［分母多项式］＝0 的根被称为极点，极点会影响系统响应的特性。

习题五

（1）在电机线圈中瞬时施加转矩（脉冲输入），线圈会发生少许旋转后停下。线圈的特性可用数学模型式（2.24）来描述，输入为转矩 $\tau(t)$，输出为旋转角速度 $\omega(t)$，求传递函数并说明惯性力矩 J_c 和黏性摩擦系数 B 的取值与响应的关系。

（2）式（2.11）所表示的物体运动，设 $v(t)=\dot{x}(t)$，则 $M\dot{v}(t)+c_v v(t)=f(t)$，当 $f(t)=1$，$t\geqslant 0$ 时，求响应 $v(t)$（单位阶跃响应）。当此结果中的质量 M 和阻尼系数 c_v 数值变化后，对响应的变化用瞬态特性和稳态特性等两方面的观点来进行说明。

（3）一阶延迟系统 $G(s)=\dfrac{T}{Ts+1}$，求 $T=10$ 和 $T=30$ 时 $G(s)$ 的极点。然后，计算其脉冲响应，并对如图 5.4 的形式画出响应的大致形状。

（4）与第 3 题相同，一阶延迟系统 $G(s)=\dfrac{T}{Ts+1}$，求 $T=2$ 和 $T=20$ 时 $G(s)$ 的单位阶跃响应，并对如图 5.5 的形式画出响应的大致形状。

（5）一阶延迟系统 $G(s)=\dfrac{K}{Ts+1}$ 的脉冲响应设为 $y_i(t)$，单位阶跃响应设为 $y_s(t)$，证明 $y_i(t)=\dfrac{\mathrm{d}y_s(t)}{\mathrm{d}t}$。

（6）在第 4 章习题 6 的弹簧-减振器系统中，输入为 $F(s)=\mathcal{L}[f(t)]$，输出为 $X(s)=\mathcal{L}[x(t)]$，传递函数如下式所示：

$$G(s)=\frac{1}{ds+k}=\frac{K}{Ts+1},\ T=\frac{d}{k},\ K=\frac{1}{k}$$

此系统的单位阶跃响应为 $x(t)$，当 $k=100\mathrm{N/m}$，$t\rightarrow\infty$ 时，$x(t)$ 的最终值 x_∞ 满足 $x(0.1)=0.9x_\infty$，求此时的减振器黏性阻尼系数 $d[\mathrm{N\cdot s/m}]$。

（7）在第 4 章习题 7 的弹簧-减振器系统中，输入为 $X(s)=\mathcal{L}[x(t)]$，输出为 $F(s)=\mathcal{L}[f(t)]$，传递函数如下式所示：

$$G(s)=\frac{dsk}{ds+k}=\frac{Ks}{Ts+1},\ T=\frac{d}{k},\ K=d$$

求此系统的单位阶跃响应 $f(t)$，当 $k=1000\mathrm{N/m}$，$d=100\mathrm{N\cdot s/m}$ 时，求 $f(t)=0.01f(0)$ 的时间 $t[\mathrm{s}]$。

（8）在第 4 章的习题 8 中，船的螺旋桨的旋转角速度 $\omega(t)[\mathrm{rad/s}]$ 到速度 $v(t)[\mathrm{m/s}]$ 的传递函数为下式所示的一阶延迟系统：

$$G(s)=\frac{b}{ms+c}=\frac{K}{Ts+1},\ T=\frac{m}{c},\ K=\frac{b}{c}$$

以此类系统对于高度为 W_0 的阶跃信号的响应为参照，在 $t\rightarrow\infty$ 时，求速度 $v_\infty[\mathrm{m/s}]$ 达到目标速度 $v_r[\mathrm{m/s}]$ 所必需的旋转角速度 $\omega_0[\mathrm{rad/s}]$。此外，求此系统的整定时间 $t_s[\mathrm{s}]$。根据此

结果，说明阶跃响应与船设计之间的关系。

（9）第 3 章的习题 2 的 RC 回路中，输入 $u(t)=$ $v_{in}[V]$，输出 $y(t)=v_{out}[V]$，传递函数如下所示：

$$G(s)=\frac{1}{Ts+1},\ T=RC$$

对此回路施加如图 5.7 所示的输入电压，求输出响应 $v_{out}(t)$。

提示：根据拉普拉斯变换的性质（**LT5**）和拉普拉斯变换表，可得 $v_{in}(t)=u_s(t)-u_s(t-L)$，且 $u_s(t-L)=0$，$0{\leqslant}t{\leqslant}L$。

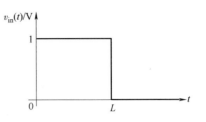

图 5.7　RC 回路的输入电压 $v_{in}(t)$

第6章　二阶延迟系统的响应

作为一阶延迟系统响应的延续，本章对二阶延迟系统响应进行讲解，特别要说明的是：系统参数的数值与响应的关系，以及传递函数的极点与响应的关系。

> **本章要点**
> 1. 二阶延迟系统的脉冲响应及阶跃响应的求解方法。
> 2. 理解二阶延迟系统的瞬态特性受系统参数取值不同的影响。
> 3. 理解极点与瞬态特性的关系。

6.1　二阶延迟系统的脉冲响应

6.1.1　脉冲响应的计算

式（3.17）所表示的系统就是一个二阶延迟系统。二阶延迟系统传递函数的一般形式用下式进行表述（在机械振动学中，ω_n 和 ζ 称为固有频率和阻尼比）：

$$G(s)=\frac{K\omega_n^2}{s^2+2\zeta\omega_n s+\omega_n^2}, \quad (\zeta>0, \ \omega_n>0, \ K \text{ 为常数}) \tag{6.1}$$

二阶延迟系统与一阶延迟系统存在差异，传递函数 $G(s)$ 的分母是关于 s 的 2 次多项式，在计算响应时，必须要注意。

脉冲响应的求解与一阶延迟系统相同，通过传递函数 $G(s)$ 的拉普拉斯逆变换求得。式（6.1）可如下式所示进行部分分数分解。

$$\frac{K\omega_n^2}{s^2+2\zeta\omega_n s+\omega_n^2}=\frac{K\omega_n^2}{(s-\alpha)(s-\beta)}=K\left(\frac{k_1}{s-\alpha}+\frac{k_2}{s-\beta}\right) \tag{6.2}$$

根据式（6.2），α 和 β 是方程的 $s^2+2\zeta\omega_n s+\omega_n^2=0$（$G(s)$ 的 ［分母多项式］$=0$）的根，即系统的极点。对方程求解可得

$$\alpha, \beta=-\zeta\omega_n\pm\sqrt{\zeta^2\omega_n^2-\omega_n^2}=-\zeta\omega_n\pm\sqrt{\zeta^2-1}\,\omega_n \tag{6.3}$$

根据 $\zeta>0$ 的取值，α 和 β 可分为以下三种情况：

- $0<\zeta<1$：α 和 β 为共轭复根
- $\zeta=1$：$\alpha=\beta$ 重根（实数）
- $\zeta>1$：α 和 β 为两不相等的实数根

因此，根据 ζ 的取值，需要分别进行考虑。首先，计算各种情况的脉冲响应；其次，考虑极点和响应的关系。

1. $0<\zeta<1$ 的情况

此时，α 和 β 与式（6.3）为同样形式，平方根内为负值。因此，二阶延迟系统的极点如下式所示：

$$\alpha,\beta=-\zeta\omega_n\pm\mathrm{j}\sqrt{1-\zeta^2}\,\omega_n \tag{6.4}$$

上式表述的是共轭复根，j 是虚数单位。

使用式（6.2）的部分分数分解，可以进行脉冲响应的计算。此处用别的方法来进行计算。

首先，对 $G(s)$ 用下式的方法进行变形：

$$G(s)=\frac{K\omega_n^2}{s^2+2\zeta\omega_n s+\omega_n^2}=\frac{K\omega_n^2}{(s+\zeta\omega_n)^2-\zeta^2\omega_n^2+\omega_n^2}$$

$$=\frac{K\omega_n^2}{(s+\zeta\omega_n)^2+(1-\zeta^2)\omega_n^2}$$

$$=\frac{K\omega_n}{\sqrt{1-\zeta^2}}\frac{\sqrt{1-\zeta^2}\,\omega_n}{(s+\zeta\omega_n)^2+(\sqrt{1-\zeta^2}\,\omega_n)^2} \tag{6.5}$$

式中，最后的变形是根据拉普拉斯变换表得到的 $\left(\mathcal{L}\left[\mathrm{e}^{-at}\sin\omega t\right]=\frac{\omega}{(s+a)^2+\omega^2}\right)$。使用拉普拉斯变换表可以使计算变得相对简单。

对式（6.5）拉普拉斯逆变换可以得到下式的脉冲响应 $y(t)$：

$$y(t)=\mathcal{L}^{-1}\left[\frac{K\omega_n}{\sqrt{1-\zeta^2}}\frac{\sqrt{1-\zeta^2}\,\omega_n}{(s+\zeta\omega_n)^2+(\sqrt{1-\zeta^2}\,\omega_n)^2}\right]$$

$$=\frac{K\omega_n}{\sqrt{1-\zeta^2}}\mathrm{e}^{-\zeta\omega_n t}\sin\sqrt{1-\zeta^2}\,\omega_n t \tag{6.6}$$

将式（6.4）和式（6.6）进行比较可知：极点的实部 $-\zeta\omega_n$ 是指数函数的幂指数部分；虚部 $\sqrt{1-\zeta^2}\,\omega_n$ 是正弦函数的角频率部分。

2. $0<\zeta=1$ 的情况

此时，$G(s)$ 可用下式进行表述：

$$G(s)=\frac{K\omega_n^2}{s^2+2\omega_n s+\omega_n^2}=\frac{K\omega_n^2}{(s+\omega_n)^2} \tag{6.7}$$

因此，二阶延迟系统的极点为 $\alpha=\beta=-\omega_n$，是重根的状况。根据拉普拉斯变换表（使用公式 $\mathcal{L}[t\mathrm{e}^{-at}]=\frac{1}{(s+a)^2}$），脉冲响应 $y(t)$ 如下式所示：

$$y(t) = \mathcal{L}^{-1}\left[\frac{K\omega_n^2}{(s+\omega_n)^2}\right] = K\omega_n^2 t e^{-\omega_n t} \tag{6.8}$$

此种场合，极点 $-\omega_n$ 表示指数函数的幂指数部分。

3. $\zeta > 1$ 的场合

此时，由于 $\zeta^2 - 1 > 0$，二阶延迟系统的极点为两个不相同的实数根。这里，令 $\alpha = -\zeta\omega_n + \sqrt{\zeta^2-1}\,\omega_n$ 和 $\beta = -\zeta\omega_n - \sqrt{\zeta^2-1}\,\omega_n$，式（6.2）可表示为下式的形式：

$$\frac{K\omega_n^2}{s^2+2\zeta\omega_n s+\omega_n^2} = K\left(\frac{k_1}{s+\zeta\omega_n-\sqrt{\zeta^2-1}\,\omega_n} + \frac{k_2}{s+\zeta\omega_n+\sqrt{\zeta^2-1}\,\omega_n}\right) \tag{6.9}$$

对式（6.9）的右边进行通分可得下式：

$$\frac{K\omega_n^2}{s^2+2\zeta\omega_n s+\omega_n^2} = \frac{K\left\{k_1(s+\zeta\omega_n+\sqrt{\zeta^2-1}\,\omega_n)+k_2(s+\zeta\omega_n-\sqrt{\zeta^2-1}\,\omega_n)\right\}}{s^2+2\zeta\omega_n s+\omega_n^2}$$

$$= \frac{K\left\{(k_1+k_2)s+k_1(\zeta\omega_n+\sqrt{\zeta^2-1}\,\omega_n)+k_2(\zeta\omega_n-\sqrt{\zeta^2-1}\,\omega_n)\right\}}{s^2+2\zeta\omega_n s+\omega_n^2} \tag{6.10}$$

根据式（6.10）可知：可列出未知常数 k_1 和 k_2 的联立方程：

$$\begin{cases} k_1+k_2=0 \\ k_1(\zeta+\sqrt{\zeta^2-1})+k_2(\zeta-\sqrt{\zeta^2-1})=\omega_n \end{cases} \tag{6.11}$$

根据式（6.11）可以求得未知常数，如下式所示：

$$k_1 = \frac{\omega_n}{2\sqrt{\zeta^2-1}}, \quad k_2 = -k_1 = -\frac{\omega_n}{2\sqrt{\zeta^2-1}} \tag{6.12}$$

因此，脉冲响应 $y(t)$ 可用下式表述：

$$y(t) = \frac{K\omega_n}{2\sqrt{\zeta^2-1}}\left\{e^{(-\zeta\omega_n+\sqrt{\zeta^2-1}\,\omega_n)t} - e^{(-\zeta\omega_n-\sqrt{\zeta^2-1}\,\omega_n)t}\right\} \tag{6.13}$$

式中，指数函数的幂指数部分与 α 和 β 相等。

此外，在练习题中有相关的内容可尝试用上述的方法进行 $G(s)$ 脉冲响应的求解。

6.1.2　脉冲响应的解析

如式（6.1）所示，此处只考虑 $\zeta > 0$ 和 $\omega_n > 0$ 的状况，无论式（6.6）、式（6.8），还是式（6.13），指数函数的幂指数部分都为负，脉冲响应也必然往 0 收敛。但是，系统参数 ζ 的取值不同，会如何影响脉冲响应？可以参考以下的示例，$\zeta = 0.1$（（$0 < \zeta < 1$）、$\zeta = 1$ 及 $\zeta = 2$（$\zeta > 1$）进行不同的系统参数取值，$\omega_n = 1$，$K = 1$ 固定不变，此时的脉冲响应如图 6.1 所示。

1. $0 < \zeta < 1$ 的情况

在此情况下，根据式（6.6）可知：脉冲响应以指数函数与正弦函数积的形式表现出来，在图 6.1 中，$\zeta=0.1$ 的波形就是此场合的响应波形。脉冲响应会发生振动，随着时间的流逝，振幅逐步减小，最终往 0 收敛。因此，$0<\zeta<1$ 的场合被称为**欠阻尼**（under-damping）。根据式（6.6）可以很明确地看到，极点的实部表现在指数函数的幂指数部分，极点的虚部表现在正弦函数的角频率部分。此处只考虑 $\zeta>0$ 和 $\omega_n>0$ 的场合，因此，极点的实部必然为负，指数函数的部分随着时间的流逝向 0 收敛。此外，虚部增大会使响应的振动周期变短。

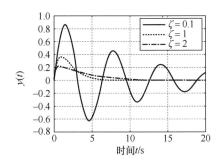

图 6.1　二阶延迟系统的脉冲响应
（$\omega_n=1$，$K=1$）

2. $\zeta=1$ 的情况

在此场合，根据式（6.8）可知：脉冲响应由时间变量 t 和指数函数 $e^{-\omega_n t}$ 的积来构成，不存在振动要素。随着 t 的增大，指数函数逐步趋近于 0，响应的变化由指数函数部分来支配（从严格意义上讲需要严密的数学证明，此处不再赘述）。在图 6.1 中，$\zeta=1$ 的波形是此场合的响应波形。此波形中，波形往正方向（脉冲信号的方向）瞬间增加，不产生振动的状况下向 0 收敛。$\zeta=1$ 是 $\zeta>1$ 的场合和 $0<\zeta<1$ 的场合的分界线（响应发生还是不发生振动的临界点），因此，这种状况被称为**临界阻尼**（critical damping）。此时，极点为 $\alpha=\beta=-\omega_n$（重根），表现在式（6.8）的指数函数幂指数部分 $e^{-\omega_n t}$。

3. $\zeta>1$ 的情况

在此场合，根据式（6.13）可知：脉冲响应由幂指数部分为负的指数函数的和构成，不发生振动。图 6.1 的 $\zeta=2$ 的波形是此场合的响应波形。此波形与临界阻尼（$\zeta=1$）的场合相比较可知：两者没有本质上的差异，仅仅是收敛的速度比临界阻尼的场合慢些。因此，（$\zeta>1$）的场合被称为**过阻尼**（over-damping）。与临界阻尼的场合相同，极点 α 和 β 表现在式（6.13）指数函数的幂指数部分。

在欠阻尼和过阻尼的场合，二阶延迟系统的参数（ω_n 和 ζ）发生变化，脉冲响应会发生何种变化？针对此问题，可以考虑采用以下的方法：先固定一个参数让另一个参数变化来找出响应的变化规律。欠阻尼的场合，ω_n 增大，响应向 0 的收敛速度变快，振动周期变短，如图 6.2 所示，此外，ζ（<1）增大时，振动周期不会发生大幅度的变化，但是响应向 0 收敛的速度会变快，如图 6.3 所示。特别是在临界阻尼（$\zeta=1$）及附近的 $\zeta=0.9$，响应的振动现象基本不存在。

过阻尼的场合，ω_n 增大，过渡状态的振幅会增大，响应向 0 收敛的速度会变快，如图 6.4 所示（临界阻尼时也会发生同样的现象）。此外，ζ（>1）增大时，过渡状态的振幅会变小，响应向 0 收敛的速度会变慢，如图 6.5 所示。

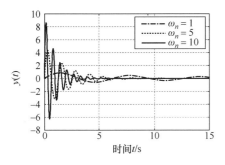

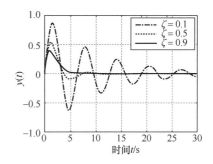

图 6.2　欠阻尼时 ω_n 发生变化的脉冲响应（$\zeta=0.1$）　　图 6.3　欠阻尼时 ζ 发生变化的脉冲响应（$\omega_n=1$）

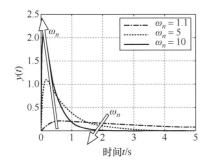

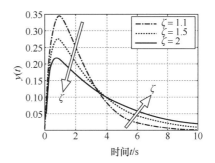

图 6.4　过阻尼时 ω_n 发生变化的　　　　　图 6.5　过阻尼时 ζ 发生变化的
脉冲响应（$\zeta=2$，$K=1$）　　　　　　脉冲响应（$\omega_n=1$，$K=1$）

6.2　二阶延迟系统的阶跃响应

6.2.1　单位阶跃响应的计算

二阶延迟系统的阶跃响应用下式的拉普拉斯逆变换可以进行计算：

$$y(t)=\mathcal{L}^{-1}\left[G(s)\frac{1}{s}\right]=\mathcal{L}^{-1}\left[\frac{K\omega_n^2}{s(s^2+2\zeta\omega_n s+\omega_n^2)}\right] \tag{6.14}$$

在拉普拉斯变换表内找不到式（6.14）括号内的内容，无法直接进行拉普拉斯逆变换。在此，按下式的方法进行部分分数分解：

$$\frac{K\omega_n^2}{s(s^2+2\zeta\omega_n s+\omega_n^2)}=\frac{K\omega_n^2}{s(s-\alpha)(s-\beta)}=K\left(\frac{k_1}{s}+\frac{k_2}{s-\alpha}+\frac{k_3}{s-\beta}\right) \tag{6.15}$$

α 和 β 由式（6.3）给出。与脉冲响应的情况相同，$\alpha=(-\zeta+\sqrt{\zeta^2-1})\omega_n$，$\beta=(-\zeta-\sqrt{\zeta^2-1})\omega_n$。基于此分解，使用拉普拉斯变换表对式（6.15）进行拉普拉斯逆变换，可得如下式所示的单位阶跃响应：

$$y(t) = \mathcal{L}^{-1}\left[K\left(\frac{k_1}{s} + \frac{k_2}{s-\alpha} + \frac{k_3}{s-\beta}\right)\right] = K(k_1 + k_2 e^{\alpha t} + k_3 e^{\beta t}) \tag{6.16}$$

以下，与脉冲响应的计算相同，对 ζ 的取值进行分类来计算单位阶跃响应以及获得极点与响应的关系。

1. $0 < \zeta < 1$（欠阻尼）的情况

此时，根据 $\alpha, \beta = -\zeta\omega_n \pm j\sqrt{1-\zeta^2}\,\omega_n$ 可得下式：

$$k_1 = 1, \quad k_2 = -\frac{\zeta + j\sqrt{1-\zeta^2}}{2j\sqrt{1-\zeta^2}}, \quad k_3 = \frac{\zeta - j\sqrt{1-\zeta^2}}{2j\sqrt{1-\zeta^2}} \tag{6.17}$$

将式（6.17）代入式（6.16），可得下式的单位阶跃响应（根据欧拉公式 $e^{j\theta} = \cos\theta + j\sin\theta$、三角函数和指数函数的性质导出）：

$$y(t) = K\left\{1 - \frac{1}{\sqrt{1-\zeta^2}}e^{-\zeta\omega_n t}\sin(\sqrt{1-\zeta^2}\,\omega_n t + \phi)\right\}, \quad \phi = \arctan\frac{\sqrt{1-\zeta^2}}{\zeta} \tag{6.18}$$

与脉冲响应的场合相同，极点的实部 $-\zeta\omega_n$ 对应指数函数的幂指数部分，极点的虚部 $\sqrt{1-\zeta^2}\,\omega_n$ 对应正弦函数的角频率部分。

2. $\zeta = 1$（临界阻尼）的情况

此时，由于 $\alpha = \beta = -\omega_n$，$G(s)\dfrac{1}{s}$ 按下式的方法进行部分分数分解：

$$\frac{K\omega_n^2}{s(s^2 + 2\omega_n s + \omega_n^2)} = \frac{K\omega_n^2}{s(s+\omega_n)^2} = K\left(\frac{k_1}{s} + \frac{k_2 s + k_3}{(s+\omega_n)^2}\right) \tag{6.19}$$

与脉冲响应的场合相同，通过计算可得下式：

$$k_1 = 1, \quad k_2 = -k_1 = -1, \quad k_3 = -2k_1\omega_n = -2\omega_n \tag{6.20}$$

将式（6.20）代入式（6.19）可得如下的单位阶跃响应：

$$y(t) = \mathcal{L}^{-1}\left[\frac{K\omega_n^2}{s(s+\omega_n)^2}\right] = K\mathcal{L}^{-1}\left[\frac{1}{s} - \frac{s+2\omega_n}{(s+\omega_n)^2}\right]$$

$$= K\mathcal{L}^{-1}\left[\frac{1}{s} - \frac{(s+\omega_n)+\omega_n}{(s+\omega_n)^2}\right] = K\mathcal{L}^{-1}\left[\frac{1}{s} - \frac{1}{s+\omega_n} - \frac{\omega_n}{(s+\omega_n)^2}\right]$$

$$= K(1 - e^{-\omega_n t} - \omega_n t e^{-\omega_n t}) = K\{1 - (1+\omega_n t)e^{-\omega_n t}\} \tag{6.21}$$

与脉冲响应相同，极点 $-\omega_n$ 对应响应的指数函数幂指数部分。

3. $\zeta > 1$（过阻尼）的场合

此时，由于 $\alpha = -\zeta\omega_n + \sqrt{\zeta^2-1}\,\omega_n$，$\beta = -\zeta\omega_n - \sqrt{\zeta^2-1}\,\omega_n$，部分分数分解的形式与式（6.15）相同，根据同样的计算可得下式：

$$k_1 = 1, \quad k_2 = -\frac{\zeta + \sqrt{\zeta^2-1}}{2\sqrt{\zeta^2-1}}, \quad k_3 = \frac{\zeta - \sqrt{\zeta^2-1}}{2\sqrt{\zeta^2-1}} \tag{6.22}$$

将式（6.22）代入式（6.16），可得如下单位阶跃响应：

$$y(t)=K(k_1+k_2 e^{at}+k_3 e^{\beta t})$$

$$=K\left\{1-\frac{\zeta+\sqrt{\zeta^2-1}}{2\sqrt{\zeta^2-1}}e^{(-\zeta\omega_n+\sqrt{\zeta^2-1}\omega_n)t}+\frac{\zeta-\sqrt{\zeta^2-1}}{2\sqrt{\zeta^2-1}}e^{(-\zeta\omega_n-\sqrt{\zeta^2-1}\omega_n)t}\right\} \tag{6.23}$$

此时，与脉冲响应相同，极点 $-\zeta\omega_n\pm\sqrt{\zeta^2-1}\omega_n$ 表现在响应的指数函数幂指数部分，在习题中，有按上述步骤进行响应计算的题目。

6.2.2　单位阶跃响应的解析

欠阻尼（$\zeta=0.1$）、临界阻尼（$\zeta=1$）和过阻尼（$\zeta=2$）的单位阶跃响应如图 6.6 所示（$\omega_n=1$，$K=1$）。对这几种响应，用响应的数学式来进行考虑，根据式（6.18）、式（6.21）和式（6.23），与脉冲响应的状况相同，在 $\zeta>0$，$\omega_n>0$ 的场合，指数函数幂指数必然为负，随着时间的流逝，逐渐向 0 收敛。据此可知，单位阶跃响应 $y(t)$ 向 K 收敛（这里 $K=1$）。向稳态值 K 收敛的过程，由于 ζ 的取值不同会形成差异。单位阶跃响应的状况与脉冲响应的状况基本相同，在欠阻尼 $0<\zeta<1$ 的状况下，响应会出现振荡及超调的现象；临界阻尼和过阻尼（$\zeta\geqslant1$）的状况下，响应不出现振荡及超调的现象。

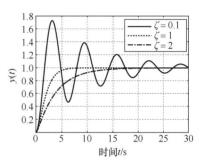

图 6.6　二阶延迟系统的单位
阶跃响应（$\omega_n=1$，$K=1$）

在欠阻尼或过阻尼的状况下，二阶延迟系统的参数（ζ 和 ω_n）发生变化时，单位阶跃响应会呈现何种变化（与脉冲响应相同，固定某一参数来考虑另一参数变化所引起的变动。）？

在欠阻尼的场合，随着 ω_n 的增大，响应速度会提升（见图 6.7）。此外，随着 ζ 的减小，超调量会增加，并且衰减振荡现象会越来越明显。相反，随着 ζ 取值的增大，超调量会减少，并且衰减振荡现象呈弱化的趋势。也就是说，过阻尼和临界阻尼的响应差异会变小，同时随着 ζ 的增大，上升时间和延迟时间也会适当增大，响应速度会相应减小（见图 6.8）。

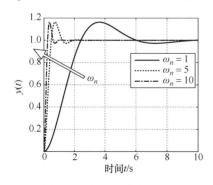

图 6.7　欠阻尼时变化 ω_n
的单位阶跃响应（$\zeta=0.5$，$K=1$）

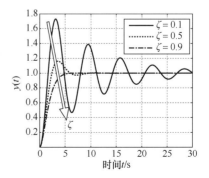

图 6.8　欠阻尼时变化 ζ 的
单位阶跃响应（$\omega_n=1$，$K=1$）

在过阻尼的场合，ω_n 的增大会使响应速度提升（见图 6.9），ζ 取值的增大会使响应速度降低（见图 6.10）。

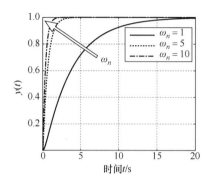

图 6.9 临界阻尼时变化 ω_n 的单位阶跃响应（$\zeta=2$，$K=1$）

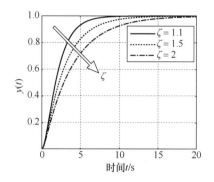

图 6.10 过阻尼时变化 ζ 的单位阶跃响应（$\omega_n=1$，$K=1$）

二阶延迟系统响应特性的总结

- 二阶延迟系统的传递函数

$$G(s)=\frac{K\omega_n^2}{s^2+2\zeta\omega_n+\omega_n^2}, \quad (\zeta>0，\omega_n>0，K \text{ 为常数})$$

- $G(s)$ 的极点

$$\alpha=-\zeta\omega_n+\sqrt{\zeta^2-1}\,\omega_n，\quad \beta=-\zeta\omega_n-\sqrt{\zeta^2-1}$$

根据根号内的正负，对响应进行分类如下：

1. 欠阻尼

$\zeta^2-1<0 \Rightarrow 0<\zeta<1 \Rightarrow$

$\alpha=-\zeta\omega_n+\mathrm{j}\sqrt{1-\zeta^2}\,\omega_n，\quad \beta=-\zeta\omega_n-\mathrm{j}\sqrt{1-\zeta^2}\,\omega_n$ （共轭复根）

1) 脉冲响应为：

$$y(t)=\frac{K\omega_n}{\sqrt{1-\zeta^2}}\mathrm{e}^{-\zeta\omega_n t}\sin\sqrt{1-\zeta^2}\,\omega_n t$$

2) 单位阶跃响应为：

$$y(t)=K\left\{1-\frac{1}{\sqrt{1-\zeta^2}}\mathrm{e}^{-\zeta\omega_n t}\sin(\sqrt{1-\zeta^2}\,\omega_n t+\phi)\right\}，\quad \phi=\arctan\frac{\sqrt{1-\zeta^2}}{\zeta}$$

（$-\zeta\omega_n$：α,β 的实部，$\sqrt{1-\zeta^2}\,\omega_n$：$\alpha,\beta$ 的虚部）

上述响应的指数函数幂指数部分为 α 和 β 的实部，正弦函数的角频率部分为 α 和 β 的虚部。

3）脉冲响应中：

$\lim\limits_{t\to\infty} y(t)=0 \Rightarrow$ 振荡衰减并趋近于 0（$\sqrt{1-\zeta^2}\,\omega_n$ 较大）。

4）单位阶跃响应中：

$\lim\limits_{t\to\infty} y(t)=K \Rightarrow$ 振荡衰减并趋近于 K（$\sqrt{1-\zeta^2}\,\omega_n$ 较大）。

2. 临界阻尼

$\zeta^2-1=0 \Rightarrow \zeta=1 \Rightarrow \alpha=\beta=-\omega_n$（重根），则

1）脉冲响应为：

$$y(t)=K\omega_n^2 t e^{-\omega_n t} \Rightarrow \lim\limits_{t\to\infty} y(t)=0(\omega_n>0)\text{。}$$

2）单位阶跃响应为：

$$y(t)=K\{1-(1+\omega_n t)e^{-\omega_n t}\} \Rightarrow \lim\limits_{t\to 0} y(t)=K(\omega_n>0)\text{。}$$

3. 过阻尼

$\zeta^2-1>0 \Rightarrow \zeta>1 \Rightarrow$

$\alpha=-\zeta\omega_n+\sqrt{\zeta^2-1}\,\omega_n$，$\beta=-\zeta\omega_n-\sqrt{\zeta^2-1}\,\omega_n$（两个不相等的实根）

1）脉冲响应为

$$y(t)=\frac{K\omega_n}{2\sqrt{\zeta^2-1}}(e^{\alpha t}-e^{\beta t}) \Rightarrow \lim\limits_{t\to\infty} y(t)=0(\alpha\text{ 和 }\beta\text{ 都为负})$$

2）单位阶跃响应为

$$y(t)=K(1-Ae^{\alpha t}+Be^{\beta t}), A=\frac{\zeta+\sqrt{\zeta^2-1}}{2\sqrt{\zeta^2-1}}, B=\frac{\zeta-\sqrt{\zeta^2-1}}{2\sqrt{\zeta^2-1}} \Rightarrow \lim\limits_{t\to\infty} y(t)=K(\alpha\text{ 和 }\beta\text{ 都为负})\text{。}$$

6.3 响应与极点的关系

根据第 5 章的一阶延迟系统响应和本章的二阶延迟系统响应可知：系统响应与其传递函数的极点有很大的关联性。在任何状况下，**极点的实数部分表现为指数函数的幂指数部分，极点的虚数部分表现为正弦函数的角频率部分**。在一阶延迟系统的场合中，只存在实数根，在二阶延迟系统的场合中，存在两个不相等的实数根、重根和共轭复根三种状况。为了更明确地理解响应和极点的关系，采用下例来进行说明：

例 6.1

在图 6.2 和图 6.3 所示的欠阻尼场合，考虑响应与极点的关系。为了便于比较，考虑以下三种状况，求极点 $\alpha=-\zeta\omega_n+\sqrt{\zeta^2-1}\,\omega_n$，$\beta=-\zeta\omega_n-\sqrt{\zeta^2-1}\,\omega_n$ 的数值可得下列结果：

$\zeta=2$，$\omega_n=1$ 的场合：$\alpha=-0.3$，$\beta=-3.7$

$\zeta=2$，$\omega_n=10$ 的场合：$\alpha=-3$，$\beta=-37$

$\zeta=1.1$，$\omega_n=1$ 的场合：$\alpha=-0.7$，$\beta=-1.6$

根据式（6.13）可知：响应指数函数幂指数部分差异会形成上述结果。因此，在 $\alpha>\beta$ 的场合（需注意两者都为负值），$e^{\beta t}$ 比 $e^{\alpha t}$ 会更快向 0 收敛。也就是说，随着时间的流逝，$e^{\alpha t}$ 数值的影响会残留在响应中。关注这一现象，再来观察其他结果，在 $\zeta=2$，$\omega_n=1$ 的场合，因为 $\alpha=-0.3$，与其他的结果相比较，由此项产生的影响使脉冲响应向 0 收敛的时间比较长，在单位阶跃响应中，向稳态值 K 收敛也需花费更多的时间。

如例 6.1 所示，系统响应与极点之间存在紧密的联系。系统存在两个以上极点的场合（所有的极点实部都假定为负），其实部离原点更近的极点称为**主导极点**（dominat pole）。换言之，系统的响应受主导极点的影响最大。对于脉冲响应来说，极点与响应的关系如图 6.11 所示，图中，Re 为实轴，Im 为虚轴。

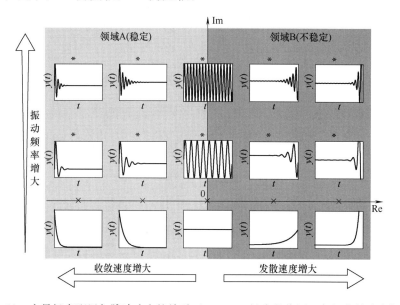

图 6.11　主导极点配置与脉冲响应的关系（×，＊：极点的位置，各极点的响应概况）

如主导极点为实数时，图 6.11 实轴上的响应是脉冲响应的大致形状。例如二阶延迟系统的过阻尼（$\zeta>1$）场合，根据式（6.2）和式（6.9）可得 $\alpha=-\zeta\omega_n+\sqrt{\zeta^2-1}\,\omega_n$，$\beta=-\zeta\omega_n-\sqrt{\zeta^2-1}\,\omega_n$，脉冲响应如下所示：

$$y(t)=\mathcal{L}^{-1}\left[K\left(\frac{k_1}{s-\alpha}+\frac{k_2}{s-\beta}\right)\right]=\mathcal{L}^{-1}\left[\frac{Kk_1}{s-\alpha}\right]+\mathcal{L}^{-1}\left[\frac{Kk_2}{s-\beta}\right]$$

$$= y_1(t) + y_2(t), \quad y_1(t) = K k_1 e^{at}, \quad y_2(t) = K k_2 e^{\beta t} \tag{6.24}$$

如 $\alpha, \beta < 0$, $t \to \infty$ 时, $y_1(t) = K k_1 e^{at}$ 和 $y_2(t) = K k_2 e^{\beta t}$ 两项向 0 收敛。考虑到收敛截止的过程，根据第 1 章所述的指数函数性质（见图 1.4），在 $y_1(t)$ 和 $y_2(t)$ 两项中，α 和 β 的数值越大（离原点越近）收敛越慢。换而言之，α 和 β 中，数值较大项的响应对二阶延迟系统整体的响应 $y(t)$ 的影响会较长时间留存。这是数值为最大（实部）的主导极点对系统的响应存在极强影响的原因。

二阶延迟系统的临界阻尼场合，2 个极点都为 $\alpha = \beta = -\omega_n < 0$，根据式 (6.8)，脉冲响应如下所示：

$$y(t) = \mathcal{L}^{-1} \left[\frac{K\alpha^2}{(s-\alpha)^2} \right] = K\alpha^2 t e^{at} \tag{6.25}$$

$y(t)$ 向 0 的收敛速度由 $\alpha < 0$ 的数值来决定。

二阶延迟系欠阻尼的场合，根据式 (6.4)，极点为 $s = a \pm j\omega$ 的形式，是实部 $a = -\zeta\omega_n < 0$，虚部 $\omega = \sqrt{1-\zeta^2}\,\omega_n$ 的共轭复数。此时，式 (6.5) 可用下式表现：

$$G(s) = \frac{K\omega_n^2}{s^2 + 2\zeta\omega_n + \omega_n^2} = \frac{K\omega_n}{\sqrt{1-\zeta^2}} \frac{\sqrt{1-\zeta^2}\,\omega_n}{(s+\zeta\omega_n)^2 + (\sqrt{1-\zeta^2}\,\omega_n)^2}$$

$$= \frac{K\omega_n}{\sqrt{1-\zeta^2}} \frac{\omega}{(s+a)^2 + \omega^2} \tag{6.26}$$

采用和式 (6.6) 相同的计算，脉冲响应 $y(t)$ 如下式所示：

$$y(t) = \mathcal{L}^{-1} \left[\frac{K\omega_n}{\sqrt{1-\zeta^2}} \frac{\omega}{(s+a)^2 + \omega^2} \right] = \frac{K\omega_n}{\sqrt{1-\zeta^2}} e^{-at} \sin\omega t \tag{6.27}$$

因此，欠阻尼的场合为 1 对共轭复数的 2 个极点，可以决定 1 个脉冲响应。脉冲相呼应 $y(t)$ 是单调递减的指数函数 $e^{at} = e^{-\zeta\omega_n(t)}$ $(a = -\zeta\omega_n < 0)$ 乘以振幅 $\dfrac{K\omega_n}{\sqrt{1-\zeta^2}}$ 和角频率 $\omega = \sqrt{1-\zeta^2}\,\omega_n$ 的正弦波 $\dfrac{K\omega_n}{\sqrt{1-\zeta^2}} \sin\sqrt{1-\zeta^2}\,\omega_n t$，振幅的大小单调递减时（$t \to 0$ 时向 0 收敛）产生振动的波形。这是图 6.11 所示含有虚部不为 0 主导极点系统的脉冲响应大致形状。极点的实部 $a = -\zeta\omega_n$ 变小时，$y(t)$ 的变化是更快向 0 收敛（指向领域 A 的左侧）；极点的虚部 $\omega = \sqrt{1-\zeta^2}\,\omega_n$ 增大时，由于角频率增大，响应变化是周期 $\dfrac{2\pi}{\omega} = \dfrac{2\pi}{\sqrt{1-\zeta^2}\,\omega_n}$ 变小（指向领域 A 的上侧）。

如图 6.11 所示，复平面中系统极点位置与脉冲响应概况的关系特别重要（阶跃响应也存在同样的特性），对此特性须加深理解。此外，图中还存在着领域 B，此处的响应向无限大发散，是不稳定的状态。此内容会在第 7 章说明。

正弦波的数学式与图形

以时间 t 作变量的正弦波 $x(t)$ 用如下式所示：

$$x(t) = A\sin(\omega t + \phi) \tag{6.28}$$

式中，A 是**振幅**（amplitude）；$\omega[\text{rad/s}]$ 是**角频率**（angular frequency）；$\phi[°]$ 是**相位**（phase）（也可称为初始相位或者相位差）。

$x(t)$ 的图形如图 6.12 所示，图中 $2\pi/\omega$ 是**周期**（period）。此外，随着角频率 ω 增大，$x(t)$ 呈现如图 6.13 所示的变化，即单位时间的振动次数增加。

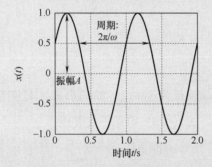
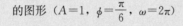
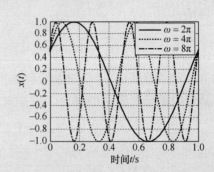

图 6.12　正弦波 $x(t) = A\sin(\omega t + \phi)$ 的图形（$A=1$，$\phi = \dfrac{\pi}{6}$，$\omega = 2\pi$）

图 6.13　正弦波 $x(t) = A\sin(\omega t + \phi)$ 的图形（$A=1$，$\phi = \dfrac{\pi}{6}$，$\omega = 2\pi$，4π，8π）

本章总结

1. 二阶延迟系统的差异与系统极点的取值相关联。

2. 极点为实数的场合，响应不发生振荡；存在虚部的场合，会发生振荡现象。

3. 为负值的极点实部减小（实部的绝对值增大），响应的收敛速度变快。

4. 极点虚部绝对值越大，响应的振荡频率越高。

5. 所有的极点实部为负的场合，系统的脉冲和阶跃响应受极点实部距原点最近的主导极点的影响最大。

习题六

（1）下列二阶延迟系统的传递函数 $G(s)$ 的分母多项式用 $s^2 + 2\zeta\omega_n + \omega_n^2$ 表示时，求 ζ，ω_n 的数值并计算其脉冲响应。

ⅰ）$G(s) = \dfrac{8}{s^2 + 4s + 8}$

ⅱ）$G(s) = \dfrac{4}{s^2 + 4s + 4}$

ⅲ）$G(s)=\dfrac{2}{s^2+4s+2}$

（2）对于习题 1 的 ⅰ）、ⅱ）、ⅲ）系统，计算单位阶跃响应。

（3）对图 2.12 所示的质量弹簧阻尼系统，回答下列问题：

ⅰ）力 $f(t)$ 的拉普拉斯变换 $F(s)$ 作为输入，小车的位移 $x(t)$ 的拉普拉斯变换 $X(s)$ 作为输出，求系统的传递函数（此题与第 3 章的习题 1 相同）。

ⅱ）在 $M=1\text{kg}$，$D=5\text{N}\cdot\text{s/m}$，$K=6\text{N/m}$ 以及 $M=1\text{kg}$，$D=2\text{N}\cdot\text{s/m}$，$K=6\text{N/m}$ 的状况下，$f(t)=\delta(t)$ 时，求 $x(t)$（脉冲响应）。

ⅲ）与 ⅱ）同样的状况下，$f(t)=1$，$t\geqslant 0$ 时，求 $x(t)$（单位阶跃响应）。

（4）推导欠阻尼的二阶延迟系统单位阶跃响应。

（5）式（6.1）的二阶延迟系统脉冲响应为 $y_i(t)$，单位阶跃响应为 $y_s(t)$，试使用**二阶延迟系统响应特性的总结**中所叙述的方法，证明：在欠阻尼的状况下，$y_i(t)=\dfrac{\mathrm{d}y_s(t)}{\mathrm{d}t}$ 成立。

（6）图 2.9 的 RLC 回路中，式（2.19）成立，回答以下问题：

ⅰ）输入 $V_{\text{in}}(s)=\mathcal{L}[v_{\text{in}}(t)]$，输出为 $V_{\text{out}}(s)=\mathcal{L}[v_{\text{out}}(t)]$，求与式（6.1）的形状一致的传递函数 $G(s)$。对 ζ，ω，K，用电阻 $R[\Omega]$，电容的电容量 $C[\text{F}]$，线圈的电感 $L[\text{H}]$ 来表示。

ⅱ）对此系统的单位阶跃响应产生超调的条件，用 R，C，L 来表示，并说明超调量的大小。

（7）2.3 节及 3.3 节中提及的直流电机，旋转负载的惯性力矩为 $J_l[\text{kg}\cdot\text{m}^2]$，其数学模型的微分方程如下所示：

$$L_a\frac{\mathrm{d}i_a(t)}{\mathrm{d}t}+R_ai_a(t)=v_a(t)-v_b(t),\ v_b(t)=K_b\omega(t)$$

$$\tau(t)=K_\tau i_a(t),\ J\frac{\mathrm{d}^2\theta(t)}{\mathrm{d}t^2}+B\frac{\mathrm{d}\theta(t)}{\mathrm{d}t}=\tau(t),\ \omega(t)=\frac{\mathrm{d}\theta(t)}{\mathrm{d}t}$$

在此，$J=J_c+J_l[\text{kg}\cdot\text{m}^2]$ 是电枢线圈和负载的惯性力矩之和，其他记号与 2.3 节直流电机模型相同。回答下列问题：

ⅰ）求与式（6.1）的形状一致的 $V_a(s)=\mathcal{L}[v_a(t)]$ 到 $\omega(s)=\mathcal{L}[\omega(t)]$ 的传递函数 $G(s)$。对 ζ，ω，K 用电机的物理参数来表示。

ⅱ）当 $L_a=1\text{mH}$，$R_a=1\Omega$，$K_b=0.5\text{V}\cdot\text{s}$，$K_\tau=0.5\text{N}\cdot\text{m/A}$，$J=5\times10^{-4}\text{kg}\cdot\text{m}^2$，$B=0.1\text{N}\cdot\text{m}\cdot\text{s}$ 时，单位阶跃响应不发生超调的场合，求其负载惯性力矩最小值 $(J_l)_{\min}[\text{kg}\cdot\text{m}^2]$。此外，求此时的单位阶跃响应并画出响应的大致形状。

（8）第 4 章习题 8 的船舶运动方程如下所示（各参数参照第 4 章习题 8）：

$$m\dot{v}(t)=T(t)-R(t)\Rightarrow m\dot{v}(t)+cv(t)=b\omega(t)$$

对于推力 $T(t)=b\omega(t)$（$\omega(t)$：螺旋桨的回转角速度 $[\text{rad/s}]$），在第 4 章的习题中，设定

$\omega(t)$ 根据节气门的变化可以直接进行变化，但是实际上由于发动机的特性，使节气门的操作量 $\theta(t)$ 对 $\omega(t)$ 存在延迟。这种延迟以 $\theta(s)=\mathcal{L}[\theta(t)]$ 为输入，以 $\omega(s)=\mathcal{L}[\omega(t)]$ 为输出。对下述的一阶延迟系统建立数学模型为

$$\omega(s)=\frac{K_d}{T_d s+1}，\text{时间常数 } T_d>0，K_d>0$$

求 $\theta(s)$ 到 $V(s)=\mathcal{L}(v(t))$ 的传递函数。当节气门的输入为高度 $\theta(s)$ 的阶跃信号时，求其响应。

（9）如图 6.14 所示，考虑装载车通过挖掘机装载沙土的运动过程，含有沙土的装载车如图 6.14a 所示，考虑为质量-弹簧-减振器系统（见图 6.14b。装载车的质量 $m_d[\mathrm{kg}]$，悬架的黏性阻尼系数和弹簧系数分别为 $d[\mathrm{N \cdot s/m}]$，$k[\mathrm{N/m}]$）。此时的运动方程如下所示：

$$m_d\ddot{x}(t)+d\dot{x}(t)+kx(t)=f(t)$$

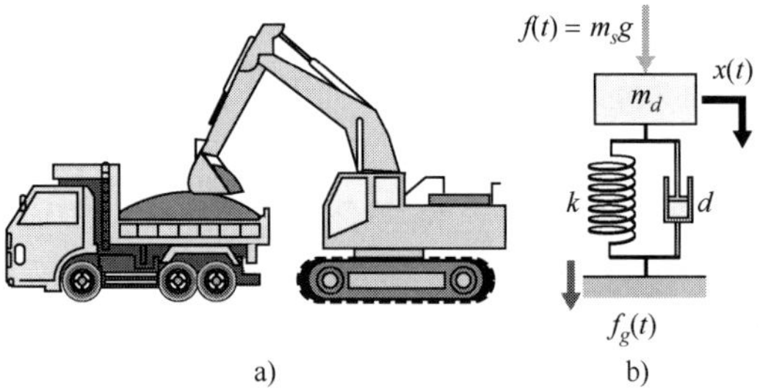

图 6.14　装载车的砂土装载

此处，$x(t)[\mathrm{m}]$ 为装载物的位移，$f(t)[\mathrm{N}]$ 是由于堆积沙土对装载物形成的负荷，沙土的质量为 $m_s[\mathrm{kg}]$，装载沙土的状况可考虑为质量-弹簧-减振器系统受到大小为 $m_s g$ 的阶跃力作用的模型。g 为重力加速度，在装载沙土时，传递到地面的力为 $f_g(t)$。回答下列问题：

ⅰ）$F(s)=\mathcal{L}[f(t)]$ 为输入，$X(s)=\mathcal{L}[x(t)]$ 为输出，求与式（6.1）的形状一致的传递函数 $G(s)$。

ⅱ）使用上述结果，$F(s)=\mathcal{L}[f(t)]$ 为输入，$F_g(s)=\mathcal{L}[f_g(t)]$ 为输出，求 $\zeta<1$ 时的传递函数 $H(s)$ 和阶跃响应 $f_g(t)$。

第7章　极点与稳定性

在第 6 章中，对系统的响应与极点的关系进行了叙述。在本章中，对控制工程中最为重要的特性——稳定性进行说明。

> **本章要点**
> 1. 掌握系统的稳态特性，理解使用终值定理求解稳态值的方法。
> 2. 掌握极点与瞬态特性的关系，理解系统稳定性的含义。
> 3. 掌握劳斯稳定判据的使用方法。

7.1　稳态特性

第 5 章对**稳态值**进行了讲解：经过足够长时间，系统响应趋近于一个常数（稳态值）。控制目的是希望系统输出（被控量）能达到所期望的数值，因此分析稳态值所能达到的数值非常重要。以下对基于系统传递函数的稳态值计算进行说明。

从数学的角度来看，稳态值是系统 $y(t)$ 响应在 $t \to \infty$ 的极限，用 $\lim\limits_{t \to \infty} y(t)$ 来进行计算。从工程实际的角度来看，$t \to \infty$ 的响应是无法等到的，所以此时的响应可以看作经过足够长的时间得到的稳定常数值。此数值可以作为稳态值。

> **例 7.1**
> 一阶延迟系统的单位阶跃响应的稳态值 y_∞，可根据式（5.6）求得：
> $$y_\infty = \lim_{t \to \infty} y(t) = \lim_{t \to \infty} K(1 - \mathrm{e}^{-\frac{t}{\tau}}) = K \tag{7.1}$$

如此，如果有系统响应的数学式，稳态值的计算就可以简单地进行。此外，**系统极点的实部都为负**（此性质与稳定性的关系相当紧密），根据拉普拉斯变换性质，不进行相应的计算也可求得稳态值。

系统的传递函数为 $G(s)$，响应为 $y(t)$，输入为 $u(t)$，$y(t)$ 进行拉普拉斯变换可得 $U(s) = \mathcal{L}[u(t)]$，$Y(s) = \mathcal{L}[y(t)]$。此时，把式（3.53）的 $f(t)$ 用 $y(t)$ 进行替换，可得下式：

$$\lim_{t \to \infty} y(t) = \lim_{s \to 0} sY(s) = \lim_{s \to 0} sG(s)U(s) \tag{7.2}$$

此性质就是**终值定理**（拉普拉斯变换的性质 LT6）。在最后的等式中，使用了基于传递函数的动态系统输入输出的关系式 $Y(s) = G(s)U(s)$。

例 7.2 与例 7.3

例 7.2：对于一阶延迟系统的阶跃响应，使用终值定理也可以求得式（7.1）的稳态值。由 $G(s)=\dfrac{K}{Ts+1}(T>0)$，$U(s)=\mathcal{L}[1]=\dfrac{1}{s}$ 和终值定理可知，稳态值 y_∞ 可用下式所示的方法求取。

$$y_\infty=\lim_{t\to\infty}y(t)=\lim_{s\to0}sY(s)=\lim_{s\to0}s\,\frac{K}{Ts+1}\frac{1}{s}=\lim_{s\to0}\frac{K}{Ts+1}=K \qquad (7.3)$$

上式所得的 y_∞ 与式（7.1）$t\to\infty$ 的极限值是一致的。

例 7.3：对于二阶延迟系统的阶跃响应，使用终值定理求取式（6.18）的欠阻尼状况的稳态值。由于 $\lim\limits_{t\to\infty}e^{-\zeta\omega_n t}=0$，式（6.18）的极限值如下式所示：

$$y_\infty=\lim_{t\to\infty}y(t)=\lim_{t\to\infty}K\left\{1-\frac{e^{-\zeta\omega_n t}}{\sqrt{1-\zeta^2}}\sin(\sqrt{1-\zeta^2}\,\omega_n t+\phi)\right\}=K \qquad (7.4)$$

由 $G(s)=\dfrac{K\omega_n^2}{s^2+2\zeta\omega_n s+\omega_n^2}(\zeta>0,\ \omega_n>0)$，$U(s)=\dfrac{1}{s}$ 和终值定理可得如下式所示的稳态值 y_∞。

$$y_\infty=\lim_{t\to\infty}y(t)=\lim_{s\to0}sY(s)=\lim_{s\to0}s\,\frac{K\omega_n^2}{s^2+2\zeta\omega_n s+\omega_n^2}\frac{1}{s}=K \qquad (7.5)$$

上式所得的 y_∞ 与式（7.1）$t\to\infty$ 的极限值是一致的。

根据终值定理，式（7.2）可使用终值定理的条件：系统 $sY(s)=sG(s)U(s)$ 的极点实部都为负值。系统输入 $u(t)$ 使用单位阶跃信号时，根据 $U(s)=\mathcal{L}[1]=\dfrac{1}{s}$ 可得 $sG(s)U(s)=sG(s)\dfrac{1}{s}=G(s)$。因此，使用终值定理的条件为 $G(s)$ 的极点实部都为负值。此时，阶跃响应的稳态值 y_∞ 可用下式进行计算：

$$y_\infty=\lim_{t\to\infty}y(t)=\lim_{s\to0}sG(s)U(s)=\lim_{s\to0}G(s) \qquad (7.6)$$

在例 7.2 和例 7.3 中，系统传递函数的分母多项式是关于 s 的 1 次或 2 次多项式，极点的数值通过求解一次或二次方程可以得到（在前述章节中已进行了阐述）。并且，系统的极点实部都为负值时，通过终值定理和响应计算所求得的稳态值是一致的。

$G(s)$ 分母多项式次数越高，极点的求解就越困难。此时，不对极点的数值进行确认，直接使用终值定理时，用下列的两个例子来考虑可能发生的状况。

例 7.4

求下列的传递函数 $G(s)$ 的单位阶跃响应：

$$G(s)=\frac{s+2}{s^3+2s^2+s+1} \qquad (7.7)$$

此单位阶跃响应的图形如图 7.1 所示，此响
应图是通过使用控制系统 CAD（computer
aided design）所得。CAD 是计算机辅助设
计，以机械设计和电气回路设计为主，在各
种设计中被广泛应用，在控制系统的解析和
设计中，也经常使用，例如 MATLAB 仿
真。如图 7.1 所示，响应向一常数值（稳态
值）收敛，图中的稳态值为 2。对于此系统，
使用终值定理对单位阶跃响应的稳态值 y_∞
进行计算可得下式结果：

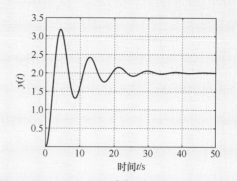

图 7.1　$G(s)=\dfrac{s+2}{s^3+2s^2+s+1}$ 的单位阶跃响应

$$y_\infty=\lim_{t\to\infty}y(t)=\lim_{s\to0}sY(s)=\lim_{s\to0}s\,\frac{s+2}{s^3+2s^2+s+1}\frac{1}{s}=2 \qquad (7.8)$$

此结果与例 7.1 的结果一致。据此可知：使用终值定理的方法是有效的。

例 7.5

对下列传递函数 $G_u(s)$ 的单位阶跃响应用终值定理求稳态值：

$$G_u(s)=\frac{s+2}{s^3+2s^2+s+3} \qquad (7.9)$$

上式中 $G_u(s)$ 与式 (7.7) 的 $G(s)$ 相比较，分母多项式的常数项由 1 变为 3，其他都相同。
因此，适用于终值定理，可得下式结果：

$$y_\infty=\lim_{t\to\infty}y(t)=\lim_{s\to0}sY(s)=\lim_{s\to0}s\,\frac{s+2}{s^3+2s^2+s+3}\frac{1}{s}=\frac{2}{3} \qquad (7.10)$$

通过计算得到的稳态值为 $\dfrac{2}{3}$，根据控制系统 CAD 得到的单位阶跃响应如图 7.2 所示，图
中响应出现振荡现象并且振幅越来越大，响应的数值向无穷大发散。因此，使用终值定
理求得的稳态值与实际不一致的情况也存在。

　　例 7.4 和例 7.5 中传递函数分母多项式是关于 s 的多项式，求解极点的数值必须解 3 次
方程。在上述两个例题中，例 7.4 通过终值定理与响应计算两种不同的方法求得的稳态值结
果一致；但是例题 7.5 两种方法求得的结果不一致。在此，通过例 7.5 考虑以下的问题：为
何终值定理与响应计算求得的稳态值会有差异？

　　首先，系统没有满足利用终值定理求取稳态值的条件，也就是说，系统的极点实部不为
负。在系统传递函数分母多项式为 s 的一次或两次多项式的场合，往往通过计算系统的极点
来判断是否适用终值定理。但是，如例 7.5 所示的系统（见图 3.21），分母多项式为 3 次或
3 次以上的场合，系统的极点很难通过计算求得。终值定理是否适用，只能通过控制系统

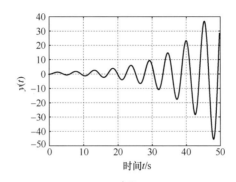

图 7.2 $G_u(s) = \dfrac{s+2}{s^3+2s^2+s+3}$ 的单位阶跃响应

CAD 的仿真来进行确认，恰如例 7.4 和例 7.5 所采用的方法。

其次，分母多项式为三次及三次以上多项式的场合，必须考虑以下问题：如极点的实部为负，系统的响应是否向稳态值收敛。

7.2 瞬态特性与稳定性

7.2.1 稳定性

通过 7.1 节的叙述可知，传递函数分母多项式的系数发生了少量变化，响应会发生巨大的差异。此种差异为何会发生？在此，导入系统的**稳定性**（stability）的概念来解释。

系统稳定性

对于有界（信号的大小在某个限值以下）的所有（不同种类）输入，系统的响应不发散（响应有界）的场合，可以称为**稳定**（stable）；此种状况以外的场合称为**不稳定**（unstable）。

因此，式（7.7）的 $G(s)$ 为稳定，式（7.9）的 $G_u(s)$ 为不稳定。在本书所涉及的系统中，如单位阶跃响应为有界，则系统为稳定（本书所涉及的系统为**线性时不变系统**（linear time invariant system））。

7.2.2 系统稳定性的判定：由单位阶跃响应的计算入手

一阶或二阶延迟系统等常见系统的稳定性不通过仿真也可以进行稳定性的判断，以下对此类稳定性的判断方法进行说明。首先，对一般系统传递函数的表现方式进行说明，普通的动态系统可以用下列的微分方程进行描述：

$$\frac{\mathrm{d}^n y(t)}{\mathrm{d}t^n}+a_{n-1}\frac{\mathrm{d}^{n-1}y(t)}{\mathrm{d}t^{n-1}}+a_{n-2}\frac{\mathrm{d}^{n-2}y(t)}{\mathrm{d}t^{n-2}}+\cdots+a_1\frac{\mathrm{d}y(t)}{\mathrm{d}t}+a_0y(t)$$

$$=b_m\frac{\mathrm{d}^m u(t)}{\mathrm{d}t^m}+b_{m-1}\frac{\mathrm{d}^{m-1}u(t)}{\mathrm{d}t^{m-1}}+b_{m-2}\frac{\mathrm{d}^{m-2}u(t)}{\mathrm{d}t^{m-2}}+\cdots+b_1\frac{\mathrm{d}u(t)}{\mathrm{d}t}+b_0u(t) \tag{7.11}$$

系统的传递函数是将表现系统特性的微分方程的初始值全部设为 0，对两边进行拉普拉斯变换而得到的。$U(s)=\mathcal{L}[u(t)]$ 和 $Y(s)=\mathcal{L}[y(t)]$，根据拉普拉斯变换的性质 **LT2**（$\mathcal{L}[f^{(n)}(t)]=s^n F(s)$），对式 (7.11) 的两边进行拉普拉斯变换可得以下关系式：

$$(s^n+a_{n-1}s^{n-1}+\cdots+a_1s+a_0)Y(s)=(b_ms^m+b_{m-1}s^{m-1}+\cdots+b_1s+b_0)U(s) \tag{7.12}$$

因此，一般动态系统传递函数 $G(s)$ 如下式所示：

$$G(s)=\frac{Y(s)}{U(s)}=\frac{b_ms^m+b_{m-1}s^{m-1}+\cdots+b_1s+b_0}{s^n+a_{n-1}s^{n-1}+a_{n-2}s^{n-2}+\cdots+a_1s+a_0} \tag{7.13}$$

虽然式 (7.11) 看上去较为复杂，但是，作为被控对象的动态系统，其变化的形式均以输出 $y(t)$ 的 $0, 1, \cdots, n$ 阶微分，输入 $u(t)$ 的 $0, 1, \cdots, m$ 阶微分的线性和表现出来。

例 7.6

对式 (7.11)，在 $n=1$，$m=0$ 的情况下，数学式如下式所示：

$$\frac{\mathrm{d}y(t)}{\mathrm{d}t}+a_0y(t)=b_0u(t) \tag{7.14}$$

上式为一阶延迟系统，令初始值为 0 并对两边进行拉普拉斯变换，可得 $(s+a_0)Y(s)=b_0U(s)$，因此其传递函数如下式所示：

$$G(s)=\frac{b_0}{s+a_0}=\frac{K}{1+Ts},\ \left(T=\frac{1}{a_0},\ K=\frac{b_0}{a_0}\right) \tag{7.15}$$

此外，式 (7.11)，在 $n=2$，$m=0$ 的情况下，数学式如下式所示：

$$\frac{\mathrm{d}^2 y(t)}{\mathrm{d}t^2}+a_1\frac{\mathrm{d}y(t)}{\mathrm{d}t}+a_0y(t)=b_0u(t) \tag{7.16}$$

上式为二阶延迟系统，其传递函数如下式所示：

$$G(s)=\frac{b_0}{s^2+a_1s+a_0}=\frac{K\omega_n^2}{s^2+2\zeta\omega_ns+\omega_n^2},\ \omega_n=\sqrt{a_0},\ \zeta=\frac{a_1}{2\omega_n}=\frac{a_1}{2\sqrt{a_0}},\ K=\frac{b_0}{\omega_n^2}=\frac{b_0}{a_0} \tag{7.17}$$

如例 7.6 所示，一般的传递函数可以用式 (7.13) 的表现方式来考虑。根据已列举的示例可知：在控制工程中涉及的大多数系统中，都如式 (7.11) 和式 (7.13) 所示，满足 $n\geqslant m$ 的关系（在特别的系统中，$n<m$ 的情况也存在，但这属于较难的命题，在此不作说明）。也就是说，一般的传递函数式 (7.13) 中，分母多项式 s 的最高次数要高于分子多项式 s 的最高次数。在此，$n\geqslant m$ 时，系统称为**真**（proper），$n>m$ 时，系统称为**严密真**（strictly proper）。

其次，为了分析式（7.13）的稳定性，对单位阶跃响应 $y(t)$ 进行求解。单位阶跃响应可用 $y(t)=\mathcal{L}^{-1}\left[G(s)\dfrac{1}{s}\right]$ 求得，对 $G(s)\dfrac{1}{s}$ 进行部分分式分解可得下式：

$$
\begin{aligned}
G(s)\frac{1}{s} &= \frac{b_m s^m + b_{m-1}s^{m-1}+\cdots+b_1 s+b_0}{s(s^n+a_{n-1}s^{n-1}+a_{n-2}s^{n-2}\cdots+a_1 s+a_0)} \\
&= \frac{b_m s^m + b_{m-1}s^{m-1}+\cdots+b_1 s+b_0}{s(s-\alpha_1)\cdots(s-\alpha_q)\{(s-\beta_1)^2+\omega_1^2\}\cdots\{(s-\beta_r)^2+\omega_r^2\}} \\
&= \frac{c_0}{s}+\frac{d_1}{s-\alpha_1}+\cdots+\frac{d_q}{s-\alpha_q}+\frac{e_1 s+f_1}{(s-\beta_1)^2+\omega_1^2}+\cdots+\frac{e_r s+f_r}{(s-\beta_r)^2+\omega_r^2} \\
&= \frac{c_0}{s}+\sum_{i=1}^{q}\frac{d_i}{s-\alpha_i}+\sum_{\ell=1}^{r}\left[\frac{g_\ell \omega_\ell}{(s-\beta_\ell)^2+\omega_\ell^2}+\frac{h_\ell(s-\beta_\ell)}{(s-\beta_\ell)^2+\omega_\ell^2}\right] \qquad (7.18)
\end{aligned}
$$

式中，α_i，β_ℓ，ω_ℓ（$i=1,\cdots,q;\ell=1,\cdots,r$）为常数，并且 $\omega_\ell>0$。在 $\alpha_i(i=1,\cdots,q)$，β_ℓ，$\omega_\ell(\ell=1,\cdots,r)$**取值互不相等的场合**，上式的部分分式分解可以求得（不属于此场合的部分分式分解的结果会不同，但本质上无差异）。因此，一般传递函数式（7.13）的分母多项式可以进行关于 s 的 1 次项（$s,s-\alpha_i$）和 2 次项（$(s-\beta_\ell)^2+\omega_\ell^2$）的因式分解。即，传递函数的极点为实极 $\alpha_i(i=1,\cdots,q)$ 和共轭复极 $\beta_\ell\pm j\omega_\ell(\ell=1,\cdots,r)$。此外，$c_0,d_i(i=1,\cdots,q),e_\ell,f_\ell$，$g_\ell,h_\ell(\ell=1,\cdots,r)$ 是部分分式分解时确定的常数。此处，系统传递函数式（7.13）为一般形式，因此，根据前述 6 章所述知识 α_i 和 β_ℓ 一定为负，但对于上式而言情况并非一直如此，也可能出现正值情况。

对式（7.18）进行拉普拉斯逆变换，可得如下式所示的单位阶跃响应：

$$
y(t)=c_0+\sum_{i=1}^{q}d_i \mathrm{e}^{\alpha_i t}+\sum_{\ell=1}^{r}\mathrm{e}^{\beta_\ell t}(g_\ell\sin\omega_\ell t+h_\ell\cos\omega_\ell t) \qquad (7.19)
$$

根据 6.2.1 节所述，上式为关于 s 的 2 次项，也就是说，对于二阶延迟系统的极点 $\beta_\ell\pm j\omega_\ell$，实部为指数函数的幂指数部分，虚部为正弦函数的角频率部分。图 7.3 是对上式的说明。

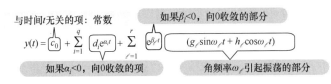

图 7.3　式（7.19）的说明

以下，对式（7.19）的单位阶跃响应 $y(t)$ 在时间 $t\rightarrow\infty$ 时，向有界的数值收敛，还是向无穷大发散进行分析。

如图 7.3 所示，第 1 项 c_0 为与时间 t 无关的常数，换而言之，常数 c_0 项当 $t\rightarrow\infty$ 时，对 $y(t)$ 的值不产生任何影响。此项是通过式（7.18）中 $\dfrac{c_0}{s}$ 的拉普拉斯逆变换得到的，根据

输入 $u(t)=1$ 而表现出来。

对响应第 2 项 $\sum_{i=1}^{q} d_i e^{\alpha_i t}$ 进行分析，根据指数函数的性质可知：$\alpha_i<0(i=1,\cdots,q)$ 时，$\lim_{t\to\infty} d_i e^{\alpha_i t}=0$。

该响应的第 3 项为指数函数 $e^{\beta_\ell t}(\ell=1,\cdots,r)$ 和三角函数 $g_\ell \sin\omega_\ell t + h_\ell \cos\omega_\ell t$ 的积。采用与 6.2 节相同的考虑方法可知：三角函数的合成波形为单自由度振动（在某振幅范围内，以相同的数值进行周期性的往复），因此，$\beta_\ell<0(\ell=1,\cdots,r)$ 时，$\lim_{t\to\infty} e^{\beta_\ell t}=0$，此项的数值一边振动一边向 0 收敛。

综上所述，如 $\alpha_i<0(i=1,\cdots,q)$ 且 $\beta_\ell<0(\ell=1,\cdots,r)$ 时，单位阶跃响应向一个有界的常数收敛。也就是说，$\alpha_i<0(i=1,\cdots,q)$ 且 $\beta_\ell<0(\ell=1,\cdots,r)$ 时，传递函数 $G(s)$ 所表示的动态系统稳定。因此，**传递函数的极点实部全都为负，系统为稳定**。

在此，式（7.19）右边的第 2 和第 3 项往往由多种函数组合而成，因此，所有的 α_i，β_ℓ 为负值时，所有的指数函数部分都向 0 收敛；如 α_i，β_ℓ 中存在正值，此项就会向无穷大发散（$\alpha_i=0$，$\beta_\ell=0$ 的场合被称为稳定界限，此内容在第 13 章中有详细阐述）。对以上内容可以得到下述结论：

传递函数 $G(s)$ 的稳定性条件
$G(s)$ 为稳定的条件：$G(s)$ 的极点实部都小于 0。不满足此条件的场合，$G(s)$ 为不稳定。

系统的极点（传递函数"分母多项式"$=0$ 的根）可以决定系统的稳定性，求系统的极点是对系统特性进行分析时必不可少的重要工作。此外，传递函数"分子多项式"$=0$ 的根，按式（7.13）的表述方式，为下述方程的根。

$$b_m s^m + b_{m-1} s^{m-1} + \cdots + b_1 s + b_0 = 0 \qquad (7.20)$$

上述方程的根被称为**系统的零点**（zero）。零点不影响系统的稳定性，但可以确定式（7.18）的部分分式分解时各要素的分子系数的值，可以影响系统的瞬态特性和稳态特性。

7.2.3 瞬态特性与极点的关系

传递函数 $G(s)$ 稳定的场合（所有极点实部为负，即 $\alpha_i<0(i=1,\cdots,q)$，$\beta_\ell<0(\ell=1,\cdots,r)$），系统也稳定，根据式（7.19）可知，单位阶跃响应向常数 c_0 收敛。一般的系统传递函数 $G(s)$ 的单位阶跃响应（式（7.19））由常数项、一阶延迟系统及二阶延迟系统的响应组合而成。如 6.3 节所述，主导极点对该响应的影响最为关键。

图 6.11 说明了系统的极点与脉冲响应的关系。单位阶跃响应最终向一个常数 c_0 收敛，其极点的位置与响应的关系也可以通过图 6.11 来理解。

例 7.7

稳定系统 $G(s)$ 的单位阶跃响应中，如果 $\alpha_1 < 0$ 为主导极点的场合，$y(t)$ 可用下式的形式进行近似：

$$y(t) \approx c_0 + d_1 e^{\alpha_1 t} \tag{7.21}$$

因此，此时的响应有不发生振荡的趋势。此外，$\beta_1 \pm j\omega_1$ 为主导极点的场合，响应可用下式进行近似：

$$y(t) \approx c_0 + e^{\beta_1 t}(g_1 \sin \omega_1 t + h_1 \cos \omega_1 t) \tag{7.22}$$

此时可以预见，响应会出现振荡现象。但是，β_1 向负方向取值时绝对值越大，响应向 c_0 收敛时发生振荡现象的可能性越小。β_1 向负方向取值时绝对值较小，ω_1 取值较大，响应向 c_0 收敛时会发生明显的振荡现象。

7.2.4　劳斯稳定判别法

由于系统的稳定性与响应有非常紧密的关联，因此，判断系统的稳定性须对传递函数 $G(s)$ 的"分母多项式"$=0$ 进行极点的求解，并且对其实部的数值进行分析。如果已知极点（特别是实部为最大值的主导极点）的具体数值，响应的大致形状可以推测出来。

$G(s)$ 的分母多项式如果为关于 s 的 1 次或 2 次多项式，对方程式（"分母多项式"$=0$）直接求解可得系统的极点，并且可以判断其稳定性。但是，分母多项式为 3 次以上的场合，通过计算进行求解相当困难（3 次和 4 次方程式存在求解公式，但是一般情况下过于复杂而避免使用）。在这种场合下，作为进行稳定性判定的方法，不采用对"分母多项式"$=0$ 进行具体求解，而是对分母多项式的系数进行解析，进而判断任意次数传递函数的稳定性，并且在不稳定的场合中可以求得不稳定极点（实部大于 0 的极点）个数。此方法在 1874 年由英国数学家劳斯（Edward Routh，1831～1907）提出，因此被称为**劳斯稳定判别法**（Routh's stability criterion）。现在由于计算机的广泛应用，高次方程可以通过数值解析软件方便地求解，劳斯稳定判别法的使用价值有所削弱，但作为控制工程的重要知识点，希望大家能理解其原理。以下对具体的方法进行说明：

从传递函数 $G(s)$ 可以得到下述关于 s 的 n 次分母方程式。

$$s^n + a_{n-1}s^{n-1} + \cdots + a_1 s + a_0 = 0 \tag{7.23}$$

式中，s 的 n 次方项系数为 1，如果不为 1 的场合，例如：系数为 a_n 且 $a_n \neq 0$，传递函数分子与分母多项式都必须同时除以 a_n，保证分母多项式成为式（7.23）左边的形式。此时，通过下列两个条件的判断，根据劳斯稳定判断法可以确定 $G(s)$ 的稳定性。

条件 1：式（7.23）中，系数 a_0，a_1，$\cdots$，a_{n-1} 都为正值。

条件 2：根据下列步骤做成如表 7.1 所示的**劳斯表**。

表 7.1 劳斯表

s^n	T_{11}	T_{12}	T_{13}	...
s^{n-1}	T_{21}	T_{22}	T_{23}	...
s^{n-2}	T_{31}	T_{32}	T_{33}	...
s^{n-3}	T_{41}	T_{42}	T_{43}	...
$\vdots$	$\vdots$	$\vdots$	$\vdots$	...
s^2	$T_{(n-1)1}$	$T_{(n-1)2}$	0	
s^1	T_{n1}	0		
s^0	$T_{(n+1)1}$	0		

步骤 1：确定劳斯表的行和列（第 1 列对应式（7.23）的次数 n 写入）。表中由上往下第 2 行为止的元素可用式（7.23）左边 s 的系数填入，从 s 的 n 次项（最高次）的系数 1 开始，依次填入 $n-1$ 次项系数 a_{n-1}，$n-2$ 次项系数 a_{n-2}，$\cdots$，a_1，到常数项 a_0 为止，如下所示：

$$T_{11}=1, \qquad T_{12}=a_{n-2}, \quad T_{13}=a_{n-4}\cdots$$
$$T_{21}=a_{n-1}, \quad T_{22}=a_{n-3}, \quad T_{23}=a_{n-5}\cdots$$

步骤 2：劳斯表的第 3 行以后的元素 T_{pq}，$p=3$，$\cdots$，$n+1$；$q=1$，$\cdots$按下式进行计算后填入数值。

$$T_{pq}=\frac{T_{(p-1)1}\times T_{(p-2)(q+1)}-T_{(p-2)1}\times T_{(p-1)(q+1)}}{T_{(p-1)1}} \tag{7.24}$$

例如：T_{31}，T_{32}，T_{41}，T_{42}，按下述的方法进行计算为

$$T_{31}=\frac{a_{n-1}\times a_{n-2}-1\times a_{n-3}}{a_{n-1}}, \quad T_{32}=\frac{a_{n-1}\times a_{n-4}-1\times a_{n-5}}{a_{n-1}}$$
$$T_{41}=\frac{T_{31}\times a_{n-3}-a_{n-1}\times T_{32}}{T_{31}}, \quad T_{42}=\frac{T_{31}\times a_{n-5}-a_{n-1}\times T_{33}}{T_{31}}$$

按此方法对 3 行以后元素进行计算，直到数值成为 0 为止。

步骤 3：所有的元素计算完成后，劳斯表的第一列自上而下按下列顺序进行排列 $\{T_{11}$，T_{21}，T_{31}，$\cdots$，$T_{(n+1)1}\}$，形成的数列称为**劳斯数列**。劳斯数列全部为正值时，$G(s)$ 为稳定。不符合此状况为不稳定。**劳斯数列的正负号变换次数与 $G(s)$ 的不稳定极点（实部为正）个数一致。**

因此，式（7.23）不满足**条件 1** 时，立刻可以判定 $G(s)$ 为不稳定。如满足条件 1 的场合，需根据**条件 2** 做成劳斯表来进一步分析。此外，对于符号反转的次数进行举例说明：如劳斯数列为 $\{1,2,-2,1,1\}$，2 到 -2 为 1 次符号反转，-2 到 1 为 1 次符号反转，合计符号反转次数为 2，因此，$G(s)$ 不稳定极点个数为 2。

本章总结

1. 系统响应 $y(t)$ 在 $t \to \infty$ 时的数值为稳态值。阶跃响应的场合，系统为稳定时，可用终值定理较为简单地求得稳态值（不稳定的场合不可使用终值定理）。

2. 对于有界的各种输入，响应不发散的场合，系统为稳定。此场合以外状况，系统为不稳定。

3. 通过单位阶跃响应的解析可以分析系统是否稳定，传递函数的所有极点的实部为负，系统为稳定。

4. 对于极点的具体数值较难求得的状况，可以使用劳斯稳定判别法来判断系统的稳定性。

习题七

（1）对于传递函数为 $G(s) = \dfrac{2}{s^2 + s + 5}$ 的系统，回答下列问题：

ⅰ）求系统的极点，并判断系统的稳定性。

ⅱ）稳定的场合，用终值定理求输入 $u(t) = 1$，$t \geq 0$ 时，输出 $y(t)$ 的稳态值（$y_\infty = \lim\limits_{t \to \infty} y(t)$）。

（2）对于下列给出的传递函数，用劳斯稳定判别法判断系统的稳定性。对于不稳定的场合，求不稳定极点的个数。

ⅰ）$G(s) = \dfrac{1}{s^2 + 3s - 2}$

ⅱ）$G(s) = \dfrac{5}{s^3 + 5s^2 + 2s + 20}$

ⅲ）$G(s) = \dfrac{1}{s^4 + 8s^3 + 32s^2 + 80s + 100}$

（3）某系统的传递函数为 $G(s) = \dfrac{1}{s^4 + 2s^3 + 5s^2 + s + K}$，$K$ 为常数。求系统为稳定时 K 的取值范围。

（4）系统的传递函数 $G(s)$ 如下所示。求极点和单位阶跃响应，并对 $t \to \infty$ 时的值与极点的值之间的关系进行说明。

ⅰ）$G(s) = \dfrac{4}{(s+1)(s^2 + 2s + 4)}$

ⅱ）$G(s) = \dfrac{18}{(s-3)(s^2 + 5s + 6)}$

ⅲ）$G(s) = \dfrac{12}{(s+2)(s^2-2s+6)}$

（5）图 7.4 所示系统框图中，$C(s) = K$（常数），
$P(s) = \dfrac{1}{s^2+s+1}$。求使 $R(s)$ 到 $Y(s)$ 的传递函数稳定的 K
取值范围。

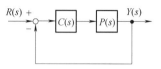

（6）图 7.4 所示系统框图中，$C(s) = K$（常数），
$P(s) = \dfrac{1}{s^3+2s^2+2s+1}$。求使 $R(s)$ 到 $Y(s)$ 的传递函数稳
定的 K 取值范围。

图 7.4 习题（5）～
习题（9）的系统框图

（7）图 7.4 所示系统框图中，$C(s) = K$（常数），$P(s) = \dfrac{s-1}{s^3+2s^2+2s+1}$。求使 $R(s)$ 到
$Y(s)$ 的传递函数稳定的 K 取值范围。

（8）图 7.4 所示系统框图中，$C(s) = K_1 + \dfrac{K_2}{s}$（$K_1, K_2$ 为常数），$P(s) = \dfrac{1}{s^2+s-1}$。求
使 $R(s)$ 到 $Y(s)$ 的传递函数稳定的 K_1 和 K_2 取值范围。

（9）图 7.4 所示 $C(s) = K_1 + K_2 s$（K_1, K_2 为常数），$P(s) = \dfrac{1}{(s-2)(s+3)(s+5)}$。求使
$R(s)$ 到 $Y(s)$ 的传递函数稳定的 K_1 和 K_2 取值范围。

（10）如图 7.5 所示，机械臂的旋转角为 $\theta(t)$[rad]，由电机
产生转矩 $\tau(t)$[N·m]对旋转关节部位进行控制。关节的摩擦很
小可以忽略不计，因此，根据力矩平衡的关系，可以得到以下运
动方程。

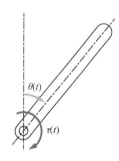

$$J\ddot{\theta}(t) = \tau(t)$$

式中，J[kg·m^2]是以机械臂的支点为回转中心的惯性力矩。

此外，电机的控制指令 $u(t)$ 和转矩 $\tau(t)$ 之间存在延迟，此
延迟的模型为下式所示的一阶延迟系统。

图 7.5 机械臂

$$\tau(s) = \frac{1}{Ts+1}U(s)，时间常数 \ T > 0$$

式中，$\tau(s) = \mathcal{L}[\tau(t)]$，$U(s) = \mathcal{L}[u(t)]$。回答以下问题：

ⅰ）求 $U(s)$ 到 $\theta(s) = \mathcal{L}(\theta(t))$ 的传递函数 $G(s)$。

ⅱ）对于机械臂，如图 7.6 所示，可以构筑反馈控制系统（K 为常数）对回转角度进行控
制，但无法让此反馈控制系统稳定，对此状况进行说明。然后，令 $R(s)$ 为目标角度 $r(t)$[rad]
的拉普拉斯变换后得到的函数，反馈控制系统如图 7.7 所示进行变更，求使反馈控制系统稳定
的 K_1 和 K_2 取值范围。

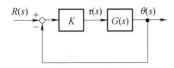

图 7.6 反馈控制系统的构筑方案 1

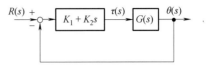

图 7.7 反馈控制系统的构筑方案 2

第 8 章　控制系统的构成及其稳定性

到目前为止，本书内容主要说明：通过引入传递函数概念而建立了描述被控对象的系统数学模型，并使用传递函数和各种响应对系统特性进行分析。在本章中，为实现预期的控制目标，就如何进行控制系统的构筑，以及如何满足控制系统中最基本的特性——稳定性，进行说明。

> **本章要点**
> 1. 加深理解前馈控制和反馈控制，理解控制系统的设计。
> 2. 理解控制系统内部稳定性。
> 3. 控制器的设计参数的取值不同会使控制性能发生变化，在理解此要点的基础上进行简单的控制系统设计。
> 4. 理解前馈控制和反馈控制的特征。

8.1　控制器的设计

在第 1 章中，对控制作了如下定义：为了达成某种目标，施加于对象的必要操作。在此，"某种目标"可理解为：通过控制系统进行控制的效果、系统整体的稳定性，以及对于被控对象输出被控量的瞬态特性要求（如上升时间未满 1s，超调量未满 20%）和稳态特性要求（如输出的稳态值与目标值一致）。此类特性可以统称为**控制设定**（control specification）。关于控制系统的构筑，在第 1 章中已进行了相关的叙述，控制系统可分为两大类：图 1.10 所示的前馈控制系统和图 1.9 所示的反馈控制系统。在这些图中，将表示被控对象或控制器特性的传递函数填入图框中，并用箭头连接图框及合成点表示输入信号或输出信号。然后，对图 1.10 的前馈控制系统和图 1.9 的反馈控制系统的操作量部分添加外界干扰的描述，前馈控制系统和反馈控制系统可以改写成如图 8.1 和图 8.2 所示的系统。两图中，$P(s)$ 是被控对象的传递函数，$C(s)$ 是决定操作量数值的控制器。

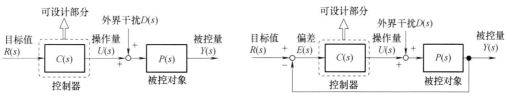

图 8.1　前馈控制系统　　　　　　图 8.2　反馈控制系统

　　一般情况下，被控对象是先行给出的，不是设计的对象（因为被控对象的参数不可能进行变更。如调整电机的电压来控制电机旋转角速度的场合，电机内电枢线圈的惯性力矩 J_c 等参数不可能进行调整。）无论是前馈控制系统，还是反馈控制系统，工程师能自由地进行调整的部分是控制器 $C(s)$ 的构成。因此，"控制系统的设计"可理解为**为了满足控制设定，确定控制器 $C(s)$ 的输入输出关系**。

例 8.1

　　将图 3.20c 所示的电机特性与图 8.1 和图 8.2 所示控制系统构成进行对照，可得下列内容：

$P(s)$：电机中，是电枢回路施加电压 $V_a(s)$ 到电枢旋转角速度 $\omega(s)$ 的传递函数（见式 (3.38)）。

$Y(s)$：**被控量**，对被控对象而言，是进行控制的信号（输出）。在电机中，为电枢旋转角速度 $\omega(s)$。

$U(s)$：**操作量**，是对被控对象的输入。在电机中，为对电枢回路施加的电压 $V_a(s)$。

$R(s)$：**目标值**（reference），是被控量所要达到的目标信号。

$D(s)$：**外界干扰**（disturbance），目标值以外从外界混入操作量的信号，在电机中，表现为混入电压 $V_a(s)$ 的外界干扰。

$E(s)$：**偏差**（error），反馈系统中，为控制器的输入，是目标值 $R(s)$ 与被控量 $Y(s)$ 的差（即 $E(s)=R(s)-Y(s)$）。

　　控制设定可以按照各种各样的技术规范来确定，但其中最重要的是**控制系统必须为稳定**。此处需注意的问题是**不仅被控对象具有稳定性，控制系统也必须稳定**。这种特性被称为**控制系统的稳定性**，特别在反馈系统场合被称为**闭环系统的稳定性**（反馈系统场合，反馈信号的回路为封闭）。关于单独的系统稳定性，在第 7 章中已作了详细的叙述。控制系统（包括反馈系统和前馈系统）由被控对象和控制器两个要素构成，因此，对于各个要素和系统整体的稳定性需要认真考虑。在 8.2 节中对控制系统的稳定性进行说明。

　　综上所述，对于控制系统的设计可以做出以下总结。

设计控制系统的要点

　　对于需进行设计的控制系统，须选择合适的控制方式（前馈控制、反馈控制或两者并用），根据选择的控制方式，设计尽可能满足控制设定目标的控制器传递函数。

8.2　控制系统的稳定性

　　在控制系统设计的最初阶段，明确控制器对控制系统整体会产生何种影响相当重要，换而言之，即控制器的传递函数 $C(s)$ 以何种形式在控制系统整体传递函数中表现出来。在本节中，使用控制系统的传递函数，对控制系统最基本的要求——控制系统的稳定性进行讨论和分析。在此基础上，亦对与控制设定相关的传递函数和控制器 $C(s)$ 的关系进行说明。

8.2.1 前馈控制系统

由图 8.1 可知，前馈控制系统各信号满足下列关系：

$$\begin{cases} U(s)=C(s)R(s) \\ Y(s)=P(s)(U(s)+D(s)) \end{cases} \tag{8.1}$$

因此，在前馈控制系统中，作为外部输入的目标值 $R(s)$ 与外界干扰 $D(s)$，操作量 $U(s)$ 及被控量 $Y(s)$，存在下列关系：

$$U(s)=G_{ur}(s)R(s)+G_{ud}(s)D(s) \tag{8.2}$$

$$Y(s)=G_{yr}(s)R(s)+G_{yd}(s)D(s) \tag{8.3}$$

式中，各信号间的传递函数 $G_{ur}(s)$，$G_{ud}(s)$，$G_{yr}(s)$，$G_{yd}(s)$ 如下所示：

$$G_{ur}(s)=C(s),\ G_{ud}(s)=0 \tag{8.4}$$

$$G_{yr}(s)=P(s)C(s),\ G_{yd}(s)=P(s) \tag{8.5}$$

如第 7 章所述，系统的稳定性是：对于有界数值的所有输入，输出为有界。因此，前馈控制系统的稳定条件为：对于有界数值的所有目标值 $R(s)$ 与外界干扰 $D(s)$，操作量 $U(s)$ 及被控量 $Y(s)$ 为有界。

> **补充说明：有界性与系统稳定性**
>
> 对于有界的目标值 $R(s)$ 与外界干扰 $D(s)$，仅有被控量 $Y(s)$ 为有界是不充分的。操作量 $U(s)$ 为有界对控制设定来说也相当重要。对某有界的目标值 $R(s)$ 与外界干扰 $D(s)$，如果对被控量 $Y(s)$ 为有界和操作量 $U(s)$ 不为有界的控制系统进行设计，对于目标值和外界干扰而言，被控量 $y(t)=\mathcal{L}^{-1}[Y(s)]$ 的稳态值能向一个有限值收敛，但操作量 $u(t)=\mathcal{L}^{-1}[U(s)]$ 在 $t\to\infty$ 时，会呈现发散状态。此种状况，用第 2 章直流电机模型来进行考虑：作为被控量的角速度向一常数值收敛，作为操作量的输入电压趋向于无穷大。该控制系统在实际生产中无法正常使用。

因此，前馈控制系统的稳定条件可理解为：传递函数 $G_{ur}(s)=C(s)$，$G_{yr}(s)=P(s)C(s)$，$G_{yd}(s)=P(s)$ 为稳定。这里需要说明的是：四个传递函数 $G_{ur}(s)$，$G_{ud}(s)$，$G_{yr}(s)$，$G_{yd}(s)$ 对于所有的有界输入，输出为有界。这是前馈控制系统稳定的充要条件。但是，对于 $G_{ud}(s)=0$ 来说，显而易见，对于所有有界的外界干扰输入，输出为 0。因此，只考虑 $G_{ud}(s)$ 以外的三个传递函数。在三个传递函数为稳定的条件下，对 $G_{yr}(s)=P(s)C(s)$ 和 $G_{ur}(s)=C(s)$ 进行解析，可以获得对于目标值的被控量响应和操作量是否满足控制设定的要求。此外，外界干扰

$D(s)$ 对被控量 $Y(s)$ 可以通过分析 $G_{yd}(s)=P(s)$ 而获得。

8.2.2 反馈控制系统

根据图 8.2 可知，反馈控制系统各信号满足下列关系：

$$\begin{cases} E(s)=R(s)-Y(s) \\ U(s)=C(s)E(s) \\ Y(s)=P(s)(U(s)+D(s)) \end{cases} \tag{8.6}$$

与前馈控制系统相同，目标值 $R(s)$、外界干扰 $D(s)$、操作量 $U(s)$ 和被控量 $Y(s)$ 满足下列关系（本章习题（3）为推导过程）：

$$U(s)=G_{ur}(s)R(s)+G_{ud}(s)D(s) \tag{8.7}$$

$$Y(s)=G_{yr}(s)R(s)+G_{yd}(s)D(s) \tag{8.8}$$

式中，各信号间的传递函数 $G_{ur}(s)$，$G_{ud}(s)$，$G_{yr}(s)$，$G_{yd}(s)$ 如下式所示：

$$G_{ur}(s)=\frac{C(s)}{1+P(s)C(s)}, \quad G_{ud}(s)=-\frac{P(s)C(s)}{1+P(s)C(s)} \tag{8.9}$$

$$G_{yr}(s)=\frac{P(s)C(s)}{1+P(s)C(s)}, \quad G_{yd}(s)=\frac{P(s)}{1+P(s)C(s)} \tag{8.10}$$

因此，控制系统稳定的条件为：式（8.9）和式（8.10）所示的四个传递函数 $G_{ur}(s)$，$G_{ud}(s)$，$G_{yr}(s)$，$G_{yd}(s)$ 都为稳定。四个传递函数都为稳定的状况，反馈控制系统为**内部稳定**（internally stable）。**内部稳定性**（internal stability）**在反馈控制系统设计中极为重要**。反馈控制系统的内部稳定性未满足的场合，虽然目标值 $R(s)$ 到被控量 $Y(s)$ 的传递函数 $G_{yr}(s)$ 为稳定，但外界干扰 $D(s)$ 到被控量 $Y(s)$ 的传递函数 $G_{yd}(s)$ 存在不稳定的可能性。在此种状况下，外界干扰不存在的场合，$G_{yr}(s)$ 为稳定，对于阶跃信号等类型的目标值，被控量为有界；外界干扰存在的场合，$G_{yd}(s)$ 为不稳定，被控量向无穷大发散。从实际的系统考虑，控制系统存在外界干扰为一般现象，内部稳定性未满足的场合，作为控制系统显然无法实际使用。关于反馈系统的内部稳定性，在第 13 章会进行详细叙述。

8.3 控制系统的设计

以下对简单的被控对象进行较简单的控制器设计，从而说明控制系统的设计方法。对于两种类型的控制系统，被控对象和控制器的传递函数都如下式所示：

$$P(s)=\frac{b}{s+a}, \quad C(s)=K_p \tag{8.11}$$

式中，a，b，K_p 都为常数。

此种状况下，控制器是最为简单的**比例控制**，操作量 $U(s)$ 为目标值 $R(s)$ 或偏差 $E(s)$

的 K_p 倍。用数学式进行表达：$U(s)=K_pR(s)$（前馈控制），$U(s)=K_pE(s)$（反馈控制）。控制设定为：控制系统为稳定，并且以阶跃信号为目标值，被控量的稳态值与目标值的偏差为 0。在此系统中，可进行调整的设计参数只有控制器的常数 K_p。

8.3.1　前馈控制系统的设计

1. 控制系统的稳定性

在此对前馈控制系统稳定性进行确认。根据式（8.4）、式（8.5）和式（8.11）可知：前馈控制系统的传递函数如下式所示：

$$G_{ur}(s)=C(s)=K_p,\ G_{ud}(s)=0$$

$$G_{yr}(s)=P(s)C(s)=\frac{bK_p}{s+a},\ G_{yd}(s)=P(s)=\frac{b}{s+a}$$

根据上式可知：前馈控制系统的极点为方程 $s+a=0$ 的根 $s=-a$，与被控对象 $P(s)=\dfrac{b}{s+a}$ 的极点相同。因此，如 $a>0$，则前馈控制系统为稳定；如 $a<0$，则前馈控制系统为不稳定。此外，在 $a<0$ 的场合，调整设计参数 K_p 的数值也不能使控制系统具有稳定性。在此系统中，满足控制设定的最低条件是 $a>0$，即被控对象 $P(s)$ 为稳定。

2. 控制系统的稳态特性

对图 8.1 所示的前馈控制系统，首先，考虑外界干扰 $D(s)$ 不存在的状况。在 $a>0$ 时，目标值为 $r(t)=1\left(\mathcal{L}[r(t)]=R(s)=\dfrac{1}{s}\right)$，被控量 $y(t)(\mathcal{L}[y(t)]=Y(s))$ 的稳态值（$y_\infty=\lim\limits_{t\to\infty}y(t)$）的计算结果如下式所示：

$$Y(s)=G_{yr}(s)R(s)=\frac{bK_p}{s+a}\frac{1}{s} \tag{8.12}$$

稳态值 y_∞ 是通过 $Y(s)$ 的拉普拉斯逆变换 $y(t)=\mathcal{L}^{-1}\left[\dfrac{bK_p}{s+a}\dfrac{1}{s}\right]$，求取 $t\to\infty$ 的极限而获得（参照 5.2.2 节）。但是，在此用终值定理来进行稳态值 y_∞ 的求解。为了使用终值定理式（3.53），对系统进行解析可得下式：

$$sF(s)=sY(s)=sG_{yr}(s)R(s)=s\frac{bK_p}{s+a}\frac{1}{s}=\frac{bK_p}{s+a} \tag{8.13}$$

根据上式可知：传递函数 $sF(s)$ 为稳定，满足使用终值定理的条件。因此，稳态值 y_∞ 可如下式进行计算：

$$y_\infty=\lim_{t\to\infty}y(t)=\lim_{s\to 0}sY(s)=\lim_{s\to 0}s\frac{bK_p}{s+a}\frac{1}{s}=\frac{bK_p}{a} \tag{8.14}$$

此处，需注意：通过终值定理求取稳态值的方法较为简单，对控制系统设计而言是非常有用的，关于基于终值定理的控制系统稳态特性解析在第 10 章中会作详细叙述。为了达到被控量的稳态值与单位阶跃信号的目标值之间的偏差为 0，$y_\infty = 1$，即 $\dfrac{bK_p}{a} = 1$，设计参数 K_p 的取值如下式所示：

$$K_p = \frac{a}{b} \tag{8.15}$$

其次，还要考虑外界干扰 $D(s)$ 存在的状况。为了获得较好的稳态特性，控制器 $C(s)$ 设定为 $C(s) = K_p = \dfrac{a}{b}$。根据式（8.3）、式（8.5）和式（8.11）可知：

$$
\begin{aligned}
Y(s) &= G_{yr}(s)R(s) + G_{yd}(s)D(s) = \frac{b}{s+a}\frac{a}{b}R(s) + \frac{b}{s+a}D(s) \\
&= \frac{a}{s+a}R(s) + \frac{b}{s+a}D(s)
\end{aligned} \tag{8.16}
$$

此时，目标值为 $r(t)=1\left(\mathcal{L}[r(t)]=R(s)=\dfrac{1}{s}\right)$，外界干扰为阶跃信号 $d(t)=d\left(\mathcal{L}[d(t)]=D(s)=\dfrac{d}{s}\right)$。

传递函数 $s\dfrac{a}{s+a}\dfrac{1}{s}=\dfrac{a}{s+a}$，$s\dfrac{b}{s+a}\dfrac{d}{s}=\dfrac{bd}{s+a}$ 都为稳定，$y(t)$ 的稳态值 y_∞ 可用终值定理求得，结果如下式所示：

$$y_\infty = \lim_{t\to\infty} y(t) = \lim_{s\to 0} sY(s) = \lim_{s\to 0}\left(s\frac{a}{s+a}\frac{1}{s} + s\frac{b}{s+a}\frac{d}{s}\right) = 1 + \frac{bd}{a} \tag{8.17}$$

由上式可知：稳态值 y_∞ 与目标值 $r(t)=1$ 不一致，会产生一定数值的误差 $\dfrac{bd}{a}$。误差的大小与外界干扰成比例，使用控制器 $C(s)=\dfrac{a}{b}$ 不可能使误差减小（$1+\dfrac{bd}{a}$ 中 $\dfrac{b}{a}$ 在数学式的形式上与 $\dfrac{1}{K_p}$ 相类似，但根据式（8.15）得到的 K_p 进行变动后，式（8.17）最右边的第一项就不可能再为 1。此外，$G_{yd}(s)$ 不包含 K_p。）因此，前馈控制系统要消除外界干扰对被控量的影响是不可能实现的。

3. 被控对象变动时对控制系统整体的影响

如第 4 章所述，被控对象的数学模型可使用微分方程了解其大致的形状，主要原因是无法获得微分方程的系数的准确数值。此外，被控对象的特性也会随时间的变化而产生变动。因此，被控对象的传递函数会产生不可预测的变动，但在控制器设计时，其对控制系统的影响不应显现出来。此项要求对控制系统的实际应用是极为重要的。

前馈控制系统中，被控对象的传递函数 $P(s)=\dfrac{b}{s+a}$ 中 a 和 b 的数值与设计时设定的数值产生少量偏差时，考虑其影响会以何种程度表现出来（如式（3.25）的惯性力矩 J_c 和黏性摩擦系数 B 不能获得准确数值的状况较多）。为了便于理解，假定 a 和 b 数值变动时控制系统的稳定性可以保持，在此，$P(s)$ 的系数 a 和 b 变动时，传递函数由 $P(s)$ 变化为 $P'(s)$。

$P(s)$ 和 $P'(s)$ 的关系如下式所示：

$$P'(s) = P(s) + \Delta(s) \tag{8.18}$$

式中，$\Delta(s) = P'(s) - P(s)$ 表示传递函数的变动量。

$P(s)$ 变化为 $P'(s)$ 后，目标量 $R(s)$ 和被控量 $Y(s)$ 的关系如下式所示：

$$Y(s) = G'_{yr}(s)R(s) = P'(s)C(s)R(s) = (P(s) + \Delta(s))C(s)R(s)$$
$$= P(s)C(s)R(s) + \Delta(s)C(s)R(s) \tag{8.19}$$

现在，$P(s)$ 的相对变化如下式所示：

$$\Delta_o(s) = \frac{P'(s) - P(s)}{P(s)} = \frac{\Delta(s)}{P(s)} \tag{8.20}$$

伴随着此变化，$G_{yr}(s)$ 的相对变化如下所示：

$$\Delta_c(s) = \frac{G'_{yr}(s) - G_{yr}(s)}{G_{yr}(s)} = \frac{\Delta(s)C(s)}{P(s)C(s)} = \frac{\Delta(s)}{P(s)} \tag{8.21}$$

因此，$\Delta_o(s) = \Delta_c(s)$，即 $\dfrac{\Delta_c(s)}{\Delta_o(s)} = 1$。**前馈控制系统中，被控对象的变动在由控制系统的目标值到被控量为止的传递函数中直接表现出来**。控制器 $C(s)$ 无论进行何种调整，此结果都不会发生变化。因此，在前馈控制系统中，无论控制器进行何种设计，都不可能抑制被控对象特性变动的影响。

8.3.2　前馈控制系统的特征

综上所述，对前馈控制系统的设计进行总结，前馈控制系统有下列特征：

> **前馈控制系统的特征**
> （1）只使用前馈控制的场合，控制系统整体具有稳定性的条件是被控对象稳定。
> （2）控制系统存在外界干扰的场合，其影响在被控量中直接体现。
> （3）控制对象存在参数变化的场合，其影响在控制系统中直接体现。

由以上特征可知：被控对象为稳定，并且不存在外界干扰或者外界干扰的影响可以忽略不计，前馈控制系统可以达到良好的控制性能。在前馈控制中，不需要检测被控量的传感器，在构筑控制系统时，可节约传感器所占成本。

8.3.3　反馈控制系统的设计

1. 控制系统的稳定性

由式（8.9）～式（8.11）式可知，反馈控制系统的传递函数如下式所示：

$$G_{ur}(s) = \frac{C(s)}{1 + P(s)C(s)} = \frac{K_p}{1 + \dfrac{bK_p}{s + a}} = \frac{K_p(s + a)}{s + a + bK_p}$$

$$G_{ud}(s) = -\frac{P(s)C(s)}{1+P(s)C(s)} = -\frac{\dfrac{bK_p}{s+a}}{1+\dfrac{bK_p}{s+a}} = -\frac{bK_p}{s+a+bK_p}$$

$$G_{yr}(s) = \frac{P(s)C(s)}{1+P(s)C(s)} = -G_{ud}(s) = \frac{bK_p}{s+a+bK_p}$$

$$G_{yd}(s) = \frac{P(s)}{1+P(s)C(s)} = \frac{\dfrac{b}{s+a}}{1+\dfrac{bK_p}{s+a}} = \frac{b}{s+a+bK_p}$$

上述四个传递函数的极点都相同，为方程 $s+a+bK_p=0$ 的根 $s=-(a+bK_p)$。据此可知：反馈控制系统的极点由控制器的设计参数 K_p 的取值来确定。反馈控制系统的（内部）稳定条件如下所示：

$$-(a+bK_p) < 0 \Leftrightarrow K_p > -\frac{a}{b} \tag{8.22}$$

被控对象 $P(s)$ 为不稳定（$a<0$）的状况时，只要满足式（8.22），反馈控制系统具有稳定性。因此，反馈控制系统的极点可以随控制器设计参数 K_p 的数值变化而发生变化。

例 8.2

式（8.11）中，$a=-2$，$b=1$ 时，被控对象的传递函数如下式所示：

$$P(s) = \frac{1}{s-2} \tag{8.23}$$

被控对象的极点 $s=2$，为不稳定极点。由式（8.22）可得下式：

$$K_p > -\frac{(-2)}{1} = 2 \tag{8.24}$$

选择设计参数 K_p 的数值满足上式的反馈控制系统为稳定。考虑实际应用，$K_p=3>2$ 时，$G_{yr}(s)$ 如下式所示：

$$G_{yr}(s) = \frac{bK_p}{s+a+bK_p} = \frac{1\times3}{s-2+1\times3} = \frac{3}{s+1} \tag{8.25}$$

此时，反馈控制系统的极点 $s=-1$，反馈控制系统为稳定。因此，**合理构筑反馈控制系统可以使含有不稳定被控对象的控制系统趋于稳定。**

2. 控制系统的稳态特性

在此根据图 8.2 进行分析。首先，考虑外界干扰不存在的场合，此时式（8.2）的条件被满足，即假定设计的控制器 $C(s)=K_p$ 可以使反馈控制系统具有内部稳定性。此时，目标

值为 $r(t)=1\left(\mathcal{L}[r(t)]=R(s)=\dfrac{1}{s}\right)$ 时，计算被控量 $y(t)\left(\mathcal{L}[y(t)]=Y(s)\right)$ 的稳态值 $\left(y_\infty=\lim\limits_{t\to\infty}y(t)\right)$。与前馈控制系统的情况相同，计算 $sY(s)$，由式 (8.8) 可得下式：

$$sY(s)=sG_{yr}(s)R(s)=s\,\frac{bK_p}{s+a+bK_p}\frac{1}{s}=\frac{bK_p}{s+a+bK_p} \tag{8.26}$$

根据假定可知，$sY(s)$ 稳定，可适用终值定理，稳态值 y_∞ 如下式所示：

$$y_\infty=\lim_{t\to\infty}y(t)=\lim_{s\to0}sY(s)=\lim_{s\to0}s\,\frac{bK_p}{s+a+bK_p}\frac{1}{s}=\frac{bK_p}{a+bK_p} \tag{8.27}$$

此时，K_p 取值应满足下式：

$$\frac{bK_p}{a+bK_p}=1 \tag{8.28}$$

满足上式时，被控量的稳态值为 $\lim\limits_{t\to\infty}y(t)=1$。在此可对式 (8.28) 进行 $bK_p=a+bK_p$ 的变形，但是 K_p 的具体数值无法确定。因此设 K_p 为 $K_p\to\infty$ 可得下式：

$$\lim_{K_p\to\infty}\frac{bK_p}{a+bK_p}=\lim_{K_p\to\infty}\frac{b}{\dfrac{a}{K_p}+b}=\frac{b}{b}=1 \tag{8.29}$$

$K_p\to\infty$ 时，被控量 $y(t)$ 在 $t\to\infty$ 时，可以无偏差地追踪单位阶跃信号的目标值。根据式 (8.29) 可知，此性质对于 a 和 b 的取值来说，对 $b\ne0$ 的任何数值都成立。但是，控制器为 $K_p\to\infty$ 时，对于零以外的偏差 $e(t)$ 的操作量为 $u(t)=K_p e(t)\to\infty$。因此，此种状况时无法在实际系统中实现。

在实际系统中，对控制器 $C(s)=K_p$ 用常数进行限定，当 K_p 为足够大的数值时，单位阶跃信号的目标值的偏差的稳态值大致趋向于 0。此结果与前馈控制进行比较：在前馈控制中，在外界干扰不存在的场合，控制器 $C(s)$ 为 $C(s)=K_p=\dfrac{a}{b}$，目标值与被控量的偏差稳态值为零；相比之下反馈控制系统的控制性能较差。但是，对控制器的形状做少许改变，在使用反馈控制的状况下，选取有界的数值作为设计参数，可以使目标值和被控量之间的偏差稳态值完全趋向于零（在第 10 章中做详细叙述）。

其次，考虑外界干扰 $D(s)$ 存在的状况。由式 (8.8)、式 (8.10) 和式 (8.11) 可得下式：

$$\begin{aligned}Y(s)&=G_{yr}(s)R(s)+G_{yd}(s)D(s)\\&=\frac{bK_p}{s+a+bK_p}R(s)+\frac{b}{s+a+bK_p}D(s)\end{aligned} \tag{8.30}$$

与前馈控制系统同样，$r(t)=1\left(\mathcal{L}[r(t)]=R(s)=\dfrac{1}{s}\right)$，$d(t)=d\left(\mathcal{L}[d(t)]=D(s)=\dfrac{d}{s}\right)$。此时，对控制系统设计具有内部稳定性的控制器 $C(s)=K_p$，由终值定理可以求得如下式所示 $y(t)$ 的稳态值 y_∞。

$$y_\infty = \lim_{t \to \infty} y(t) = \lim_{s \to 0} sY(s) = \lim_{s \to 0} s \left\{ \frac{bK_p}{s+a+bK_p} \frac{1}{s} + \frac{b}{s+a+bK_p} \frac{d}{s} \right\}$$

$$= \frac{bK_p}{a+bK_p} + \frac{bd}{a+bK_p} \tag{8.31}$$

式（8.31）最右边的数学式可以表现为受目标值影响的项和受外界干扰影响的项，如下式所示：

$$y_\infty^r = \frac{bK_p}{a+bK_p}, \quad y_\infty^d = \frac{bd}{a+bK_p} \tag{8.32}$$

与前馈控制系统相同，y_∞^d 的大小与外界干扰 d 的大小成比例。控制器的设计参数 K_p 是式（8.32）的分母，选择较大的 K_p 取值，可以使 y_∞^d 变小。因此，**在反馈控制系统中，对控制器的设计参数进行合理的设定，可以抑制外界干扰的影响。** 此种状况与前馈控制系统完全不同。特别是在 $K_p \to \infty$ 的极限状况下，$y_\infty^r \to 1$，$y_\infty^d \to 0$，从而外界干扰的影响完全被消除。此外，在后续章节中会进行说明：将控制器 $C(s)$ 进行变形，可以选取有界数值的设计参数，来实现 $y_\infty^r = 1$，$y_\infty^d = 0$。

3. 被控对象变动时对控制系统整体的影响

与前馈控制系统的设计相同，考虑下式的含有变动的被控对象传递函数对控制系统的影响。

$$P'(s) = P(s) + \Delta(s) \tag{8.33}$$

$P(s)$ 向 $P'(s)$ 变化时，目标值 $R(s)$ 和被控量 $Y(s)$ 的关系如下所示：

$$Y(s) = G_{yr}'(s)R(s) = \frac{P'(s)C(s)}{1+P'(s)C(s)} R(s)$$

$$= \frac{(P(s)+\Delta(s))C(s)}{1+(P(s)+\Delta(s))C(s)} R(s) \tag{8.34}$$

对于 $P(s)$ 的相对变化 $\Delta_o(s) = \dfrac{P'(s)-P(s)}{P(s)} = \dfrac{\Delta(s)}{P(s)}$，$G_{yr}(s)$ 的相对变化如下式所示：

$$\Delta_c(s) = \frac{G_{yr}'(s) - G_{yr}(s)}{G_{yr}(s)}$$

$$= \frac{\dfrac{(P(s)+\Delta(s))C(s)}{1+(P(s)+\Delta(s))C(s)} - \dfrac{P(s)C(s)}{1+P(s)C(s)}}{\dfrac{P(s)C(s)}{1+P(s)C(s)}}$$

$$= \frac{\Delta(s)}{1+(P(s)+\Delta(s))C(s)} \frac{1}{P(s)} \tag{8.35}$$

因此，$\Delta_c(s)$ 和 $\Delta_o(s)$ 的比值如下所示：

$$\frac{\Delta_c(s)}{\Delta_o(s)} = \frac{\dfrac{\Delta(s)}{1+(P(s)+\Delta(s))C(s)} \dfrac{1}{P(s)}}{\dfrac{\Delta(s)}{P(s)}}$$

$$= \frac{1}{1+(P(s)+\Delta(s))C(s)}$$

$$\approx \frac{1}{1+P(s)C(s)} \tag{8.36}$$

由于 $\Delta(s)$ 较小，根据微小量忽略不计的原则，最后的近似式可以成立。传递函数 $\Delta(s)$ 和 $\frac{1}{1+P(s)C(s)} = \frac{s+a}{s+a+bK_p}$ 是关于独立变量 s 的函数，其大小与通常用分式表示的数值无法类比讨论。正确的方法是：使用在后续章节中导入的增益的概念，来测定传递函数的大小。例如：K_p 增大，$\frac{1}{1+P(s)C(s)} = \frac{s+a}{s+a+bK_p}$ 会减小（与分数表示的数值采用同样的方法来考虑），与其增益减小为等价。具体细节在第 11 章和第 12 章中叙述。

与前馈控制系统不同，在反馈控制系统中，$\Delta_c(s)$ 和 $\Delta_o(s)$ 的比值的分母中含有控制器 $C(s)$。因此，选择使 $\frac{1}{1+P(s)C(s)}$ 减小的 $C(s)$ 时，$P(s)$ 的变动对被控量的影响可以通过反馈控制系统进行抑制。根据式（8.11），将 $P(s)$，$C(s)$ 代入式（8.36），可得：

$$\frac{1}{1+P(s)C(s)} = \frac{1}{1+\dfrac{bK_p}{s+a}} = \frac{s+a}{s+a+bK_p} \tag{8.37}$$

在此传递函数中，控制器 $C(s)=K_p$ 增大，可以使传递函数减小。反馈控制系统与前馈控制系统不同，**通过对控制器的调整，可以抑制被控对象的变动对控制系统的影响。**

灵敏度函数

在反馈系统中，式（8.36）的 $\frac{1}{1+P(s)C(s)}$ 定义为 $S(s)$，表明被控对象 $P(s)$ 的变动与目标值 $R(s)$ 到被控量 $Y(s)$ 的传递函数 $G_{yr}(s)$ 的变动的比值。换而言之，传递函数 $S(s)$ 表明了对于被控对象 $P(s)$ 的变动，$G_{yr}(s)$ 变化的程度（灵敏度）。$S(s)$ 被称为**灵敏度函数**（sensitivity function）。灵敏度函数 $S(s)$ 与反馈控制系统的目标值 $R(s)$ 到偏差 $E(s)$ 的传递函数一致。在第 10 章对采用灵敏度函数 $S(s)$ 的反馈控制系统的稳态特性作详细说明。此外，传递函数 $\frac{P(s)C(s)}{1+P(s)C(s)}$ 定义为 $T(s)$。$T(s)$ 满足 $S(s)+T(s)=1$，被称为**互补灵敏度函数**（complementary sensitivity function）。并且，$T(s)=G_{yr}(s)$。

8.3.4 反馈控制系统的特征

综上所述，反馈控制系统具有下列特征：

反馈控制系统的特征

（1）被控对象为不稳定的状况，通过选择合适的控制器设计参数，可以使控制系统具有稳定性。

（2）控制系统存在外界干扰的场合，通过选择合适的控制器设计参数，可以抑制外界干扰对被控量的影响。

（3）被控对象变动对控制系统整体的影响可以通过控制器的调整来抑制。

以上三个特征是反馈控制系统所特有的，表明了反馈控制系统的实用性，在前馈控制系统中是不可能实现的。但是，与前馈控制系统不同，反馈控制系统在实际应用中必须使用传感器对被控量进行检测，花费的成本较高。

此外，在前馈控制系统中，要求控制对象和控制器都须具有稳定性，这样才可能使控制系统整体具有稳定性；但是，在反馈控制系统中不需要如此要求，只需注意控制器的设计。具体可参考以下的例题。

例 8.3

考虑下式的被控对象 $P(s)$ 和控制器 $C(s)$。

$$P(s) = \frac{1}{s+1}, \quad C(s) = \frac{-5}{s+2} \tag{8.38}$$

$P(s)$ 的极点为 $s=-1$，$C(s)$ 的极点为 $s=-2$，系统为稳定。在此，如图 8.2 构成的反馈控制系统，由式（8.7）～式（8.10）可得下式：

$$G_{ur}(s) = \frac{C(s)}{1+P(s)C(s)} = \frac{-\dfrac{5}{s+2}}{1+\left(\dfrac{1}{s+1}\right)\left(-\dfrac{5}{s+2}\right)} = -\frac{5(s+1)}{s^2+3s-3}$$

$$G_{ud}(s) = -\frac{P(s)C(s)}{1+P(s)C(s)} = -\frac{\left(\dfrac{1}{s+1}\right)\left(-\dfrac{5}{s+2}\right)}{1+\left(\dfrac{1}{s+1}\right)\left(-\dfrac{5}{s+2}\right)} = \frac{5}{s^2+3s-3}$$

$$G_{yr}(s) = \frac{P(s)C(s)}{1+P(s)C(s)} = \frac{\left(\dfrac{1}{s+1}\right)\left(-\dfrac{5}{s+2}\right)}{1+\left(\dfrac{1}{s+1}\right)\left(-\dfrac{5}{s+2}\right)} = -\frac{5}{s^2+3s-3}$$

$$G_{yd}(s) = \frac{P(s)}{1+P(s)C(s)} = \frac{\dfrac{1}{s+1}}{1+\left(\dfrac{1}{s+1}\right)\left(-\dfrac{5}{s+2}\right)} = \frac{s+2}{s^2+3s-3}$$

此四个传递函数的极点通过方程 $s^2+3s-3=0$ 求解，可得 $s=\dfrac{-3\pm\sqrt{3^2+4\times(-3)}}{2}=$ $\dfrac{-3\pm\sqrt{21}}{2}$。其中一个极点为 $s=\dfrac{-3+\sqrt{21}}{2}>0$，反馈系统为不稳定。因此，虽然反馈控制系统可以对不稳定的被控对象进行稳定的控制，但是一旦设计出现失误，稳定的被控对象构成的反馈控制系统会丧失稳定性。

如何建立被控对象的模型

本章中，被控对象是一阶延迟系统，对控制系统的设计采用了比例控制的控制器。在此，对于船舶的速度控制的第 4 章习题 8 和第 6 章习题 8 进行再次分析。

质量 $m[\mathrm{kg}]$ 的船舶，在推力为 $T(t)=b\omega(t)[\mathrm{N}]$，水中行驶阻力 $R(t)=cv(t)[\mathrm{N}]$ 时，以速度 $v(t)[\mathrm{m/s}]$ 进行行驶。此时的运动方程如下所示（其中的各项参数请参考前述章节的相关习题）：

$$m\dot{v}(t)=T(t)-R(t)=b\omega(t)-cv(t) \tag{8.39}$$

式中，$\omega(t)[\mathrm{rad/s}]$ 是螺旋桨的旋转角速度。

输入 $\omega(s)=\mathcal{L}[\omega(t)]$，输出 $V(s)=\mathcal{L}[v(t)]$，此系统的传递函数是一阶延迟系统。

第 4 章习题 8 中，没有考虑发动机的特性（即期望的 $\omega(t)$ 可以瞬间产生），控制器的输出是被控对象的输入 $\omega(s)=\mathcal{L}[\omega(t)]$，反馈控制系统如图 8.3 所示。如果控制器的设计较精确，控制器可以基于偏差信号准确地计算旋转角速度 $\omega(s)$，节气门进行适宜的调整就可以产生所希望的 $\omega(t)$，由螺旋桨产生推力 $T(t)$，船舶可以所期望的速度 $v(t)=r(t)=\mathcal{L}^{-1}[R(s)]$（$R(t)$ 为目标值）进行航行。

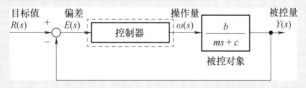

图 8.3　以速度 $v(t)$ 行驶的船舶反馈控制系统（其一）

第 6 章习题 8 中，考虑了发动机特性，对于节气门的操作量 $\theta(t)$，螺旋桨的旋转角速度 $\omega(t)$ 产生了延迟，其特性为下式所示的一阶延迟系统：

$$\omega(s)=\frac{K_d}{T_d s+1}\theta(s) \tag{8.40}$$

因此，发动机特性延迟的影响不可以忽视，对被控对象的模型建立来说，考虑发动机特性是必要的。反馈控制系统可以如图 8.4 所示，控制的对象与其产生输入的装置的特性

（上述的发动机特性）进行整合后的特性，被称为**被控对象**（**plant**）。在上述的例子中，如第 6 章的习题 8 所示，被控对象的传递函数是输入为 $\omega(s)=\mathcal{L}[\omega(t)]$，输出为 $V(s)=\mathcal{L}[v(t)]$ 的二阶延迟系统。这是重新考虑了必要特性的被控对象。

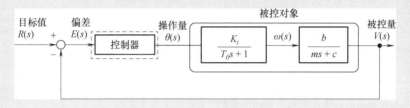

图 8.4　以速度 $v(t)$ 行驶的船舶反馈控制系统（其二）

使被控对象产生变动所必要的物理量的发生装置称为**执行器**（**actuator**，在上述例子中，发动机是执行器）。如果执行器的特性不必进行严密考虑（如不必考虑延迟等状况）或者执行器的补偿十分充分的状况（可参照参考文献［14］的第 5 章），执行器作为动态系统的特性就不必考虑。此时，作为实际装置来使用的执行器，其动态特性不必作为反馈控制系统的一环来考虑（见图 8.3）。

对应于何种程度的控制，可以考虑是否需要在被控对象中增加执行器的特性，上述例子虽然简单，但是考虑所有的特性的被控对象，其数学模型会变得相当复杂，在反馈控制系统的设计中（稳定性、稳态特性等），被控对象的分母多项式的次数增大（在某些情况下，分子多项式的次数也会增大），数学解析会变得异常困难。

本书中为了说明得简洁，在后续章节中没有特别说明要考虑执行器的特性，一般不作考虑。

本章总结

1. 控制系统的设计是为了满足控制设定，对控制器的参数进行调整决定其输入和输出的关系。

2. 反馈控制系统必须设计为具有内部稳定性的系统。

3. 前馈控制系统的特征：

- 对于不稳定的被控对象无法构筑具有稳定性的控制系统。

- 无法抑制外界干扰对被控对象的影响。

- 被控对象的参数变动影响直接在控制系统中表现出来。

- 不需使用检测被控量的传感器，系统硬件的成本较低。

4. 反馈控制系统的特征：

- 设定合适的设计参数数值可以使含有不稳定对象的控制系统具有稳定性。但是，如果出现设计错误，有稳定被控对象构成的系统也会不稳定。
- 可以抑制外界干扰对被控对象的影响。
- 被控对象的参数变动影响可以抑制。
- 需使用检测被控量的传感器，与前馈控制系统相比，系统硬件的成本较高。

习题八

(1) 图 8.2 的反馈控制系统中，对下列给出的 $P(s)$ 和 $C(s)$ 求式 (8.7) 和式 (8.8) 中所示的 $G_{ur}(s)$，$G_{ud}(s)$，$G_{yr}(s)$ 和 $G_{yd}(s)$，并判断其内部稳定性。

ⅰ) $P(s)=\dfrac{1}{s-1}$，$C(s)=\dfrac{1}{s+5}$

ⅱ) $P(s)=\dfrac{1}{s-1}$，$C(s)=\dfrac{10}{s+5}$

ⅲ) $P(s)=\dfrac{1}{s-3}$，$C(s)=\dfrac{s-3}{s+1}$

ⅳ) $P(s)=\dfrac{s-2}{s+10}$，$C(s)=\dfrac{1}{s-2}$

ⅴ) $P(s)=\dfrac{s+1}{s+5}$，$C(s)=\dfrac{s+5}{s+2}$

(2) 由式 (8.6)，进行式 (8.7) 和式 (8.8) 的推导。

(3) 对式 (8.35) 进行推导。

(4) 对习题 1 的 ⅲ，ⅳ，ⅴ，$r(t)=1$，$d(t)=1$，$t \geq 0$ 时，求响应；并对控制系统的内部稳定性与控制系统的响应之间的关系进行说明。

(5) 对第 4 章习题 9 关于咖啡的问题进行考虑。此系统的 $U(s)=\mathcal{L}[u(t)]$（$u(t)$[J]是对咖啡施加的热量）和 $Y(s)=\mathcal{L}[y(t)]$（$y(t)$[K]是咖啡的温度）的关系如下所示：

$$Y(s)=\frac{aK}{s(s+a)}+\frac{T_0}{s+a}+\frac{b}{s+a}U(s)$$

式中的各个记号的含义参照相关习题。为了将咖啡的温度保持在一定的目标温度 $T_r >K$[K]，以 $u(t)=K_r T_r$（K_r 为常数）的形式构筑前馈控制。回答下列问题：

ⅰ) 参考第 4 章习题 4 的答案，$t \to \infty$ 时，求使咖啡温度与 y_∞ 和目标值 T_r 一致的常数 K_r（前馈控制器）。

ⅱ) 以上的前馈控制中，气温变化为 $K \to K-\Delta K$。说明气温变化对咖啡温度产生了怎样的影响？

(6) 在习题 5 中，对施加给咖啡的热量进行 $u(t)=K_e(T_e-y(t))$ 的反馈控制（比例控制）。求此时的系统响应以及 $t \to \infty$ 时的咖啡温度 y_∞[K]。并且，在气温变化为 $K \to K-$

ΔK 时，说明对咖啡温度产生了怎样的影响？

（7）对第 4 章和第 6 章的习题 8 的船舶问题进行考虑。节气门的操作量为 $\theta(t)$，船的速度为 $v(t)[\text{m/s}]$，$\theta(s)=\mathcal{L}[\theta(t)]$ 与 $V(s)=\mathcal{L}[v(t)]$ 的关系如下所示（各个记号的含义参照相关习题）：

$$V(s)=\frac{K}{(T_s s+1)(T_d s+1)}\theta(s), \; K=\frac{bK_d}{c}, \; T_s=\frac{m}{c}, \; T_d>0$$

以一定速度 $v_r[\text{m/s}]$ 进行巡航，构筑 $\theta(t)=K_r v_r$ 形式的前馈控制，求稳态时能无误差追踪目标值的 K_r 取值范围。此外，在螺旋桨发生部分损伤时，表示推力与螺旋桨的旋转角关系的比例常数 b 的数值变为一半，求速度的稳态值。

（8）习题 7 中，节气门的操作量采用 $\theta(t)=K_e(v_r(t)-v(t))$ 的比例控制，$v_r(t)[\text{m/s}]$ 是速度的目标值。$V_r(s)$ 到 $V(s)$ 的传递函数能成为下式所示的二阶延迟系统。

$$G(s)=\frac{C\omega_n^2}{s^2+2\zeta\omega_n s+\omega_n^2}$$

说明此传递函数为二阶延迟系统的原因，并且求 ω_n，ζ，C。此外，$G(s)$ 的系统为稳定，且成为欠阻尼、临界阻尼和过阻尼的 K_e 取值范围为多少？然后，与习题 7 相同，$v_r(t)=v_r$（常数）的状况下，求响应 $v(t)$ 的稳态值 $\lim\limits_{t\to\infty}v_r(t)$；以此结果为基础，对速度的稳态值和 K_e 的关系与习题 7 的前馈控制的状况进行比较并说明；最后，与习题 7 相同，考虑螺旋桨受损对响应会产生何种影响并进行说明。

（9）如图 3.21 所示的系统框图是电机控制系统。指令电压 $V_a(s)$ 为输入，旋转角 $\theta(s)$ 为输出。回答以下问题：

ⅰ）对于此系统，说明不能采用前馈控制的原因。

ⅱ）如图 8.5 所示，考虑采用比例控制的反馈控制。K_p 为常数，是比例控制的设计参数。在此反馈控制系统中，说明目标值 $R(s)$ 到控制量 $\theta(s)$ 的传递函数的稳定性，并对目标值为单位阶跃信号时的稳态特性进行说明。

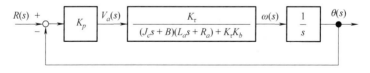

图 8.5 习题（9）的系统框图

第 9 章　PID 控制

在第 8 章中，对控制器在控制系统中的作用、前馈控制系统和反馈控制系统的异同点进行了说明。本章对在企业中被广泛应用的 PID 控制进行说明，重点叙述了控制器构成的不同对控制系统特性的影响。

> **本章要点**
> 1. 加深理解 PID 控制。
> 2. 学习各种控制方法的作用及差异。
> 3. 加深理解反馈控制系统极点位置与响应的关系。

9.1　控制器的示例

9.1.1　P 控制：基本形式

在第 8 章中说明的控制器 $C(s)=K_p(K_p：常数)$被称为**比例控制**（proportional control），取其英语的第一个字母称为 **P 控制**。该控制是反馈控制方式中最为基本的控制方法。基于 P 控制的控制系统的系统框图如图 9.1 所示，控制系统的构成非常简单，采用此种控制方式对反馈系统进行控制，可以对不稳定的被控对象具有稳定性的控制，并且可以抑制外界干扰的影响（参照 8.3 节）。

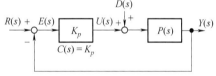

图 9.1　P 控制的系统框图

进行 P 控制时，控制器 $C(s)=K_p$ 的输入输出关系可用下式的传递函数表示：

$$U(s)=K_pE(s) \tag{9.1}$$

式中，K_p 为常数，称为**比例增益**（proportional gain）或 P 增益。

在 P 控制中，控制系统的设计参数只有 P 增益 K_p。对式（9.1）进行拉普拉斯逆变换可得下式：

$$u(t)=K_pe(t) \tag{9.2}$$

因此，P 控制是由输入（偏差 $e(t)$）转换成常数 K_p 倍后，产生输出（操作量 $u(t)$），如

图 9.2 所示，从图 9.2 可知，输入与输出成比例关系。此外，偏差 $e(t)$ 的绝对值越大，操作量 $u(t)$ 的绝对值也越大。进行 P 控制时，只需要现时刻的偏差，过去或未来的数值不是必需的（一般情况下，对含有偏差的反馈控制系统来说，准确的未来数值不可能获得）。

9.1.2　PI 控制：过去偏差信息的使用

对 P 控制加上偏差的积分值 $\int_0^t e(\tau)\mathrm{d}\tau$ 的控制方式称为 **PI 控制**，如图 9.3 所示。I 表示 **积分控制**（integral control）或 I 控制。PI 控制的控制器 $C(s)$ 的输入输出关系如下式传递函数所示。

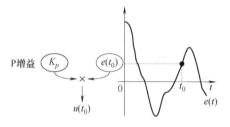

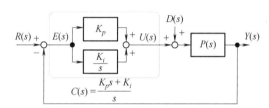

图 9.2　P 控制的概念图（为求取操作
量需要现时刻 t_0 处的偏差）

图 9.3　PI 控制的系统框图

$$U(s)=\left(K_p+\frac{K_i}{s}\right)E(s)=\frac{K_p s+K_i}{s}E(s) \tag{9.3}$$

式中，K_p 为 P 增益；K_i 为常数，称为 **积分增益**（integral gain）或 **I 增益**。

在此控制系统中，设计参数为常数 K_p，K_i 两个。

与 P 控制进行比较，来考虑附加了 I 控制的 PI 控制的含义。对式（9.3）进行拉普拉斯逆变换，可得下式：

$$u(t)=K_p e(t)+K_i\int_0^t e(\tau)\mathrm{d}\tau \tag{9.4}$$

上式右边第一项与 P 控制相同，第二项是从控制开始的时刻 $0\sim t$ 为止对偏差 $e(t)$ 的定积分，并且乘上了作为 I 增益的 K_i。例如：在控制开始的时刻 $0\sim t$ 为止的时间内，偏差为一定值，即假定 $e(t)=e_s\neq 0$。此假定是为了明确说明 I 控制的含义而设立的。实际上，时刻 $0\sim t$ 为止的时间内，进行了含有 I 控制的反馈控制，由此假定可知，时刻 $0\sim t$ 为止的时间内，偏差只存在为一定值的现象。将 $e(t)=e_s$ 代入式（9.4），可得下式：

$$u(t)=u_p(t)+u_i(t) \tag{9.5}$$

式中，$u_p(t)=K_p e_s$，$u_i(t)=K_i\int_0^t e_s\mathrm{d}\tau=K_i e_s t$。

根据上式可知：右边的第一项是定值，第二项与时间 t 成比例关系。因此，偏差值不向

0 收敛而为定值的场合，由第一项 P 控制产生的操作量 $u_p(t)$ 为定值 $K_p e_s$，但第二项 I 控制产生的 $u_i(t) = K_i e_s t$ 的数值随时间 t 成比例增加，也就是说需要操控被控对象使定值偏差减少而保证收敛。

在实际状况中，I 控制部分是偏差值在控制开始时刻到现时刻为止的定积分并乘上 I 增益作为操作量（见图 9.4）。因此，为了进行 I 控制，需要控制开始时刻到现时刻为止的偏差值（过去的偏差值）。此外，虽然偏差向 0 收敛，但是由于 I 控制的作用，PI 控制的输出（操作量 $u(t)$）不向 0 收敛，而成为某一常数值。

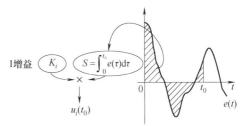

图 9.4　I 控制的概念图（为求取操作量而做的计算定积分 $S = \int_0^{t_0} e(\tau)\mathrm{d}\tau$ 需要区间 $[0,\ t_0]$ 的偏差 $e(t)$ 的信息）

PI 控制中，操作量 $u(t)$ 中的 P 控制 $u_p(t)$ 和 I 控制 $u_i(t)$ 的作用是：设计参数 P 增益 K_p 和 I 增益 K_i 能进行调整。系统工程师可以对这两个设计参数进行调整，反馈控制系统的设计可以满足控制设定（包括控制系统的稳定性）。

例 9.1

图 9.5 所示的小车振动系统中，对质量 m 的物体施加操作量 $u(t)[\mathrm{N}]$，物体的初始位置 $y(0) = 0[\mathrm{m}]$，到目标位置 $r(t)[\mathrm{m}]$ 为止，使用反馈控制对小车的位移 $y(t)[\mathrm{m}]$ 进行控制。运动方程式如下所示：

$$M\ddot{y}(t) + D\dot{y}(t) + Ky(t) = u(t) \tag{9.6}$$

令所有的初始值为 0 进行拉普拉斯变换，可得下式：

$$(Ms^2 + Ds + K)Y(s) = U(s) \tag{9.7}$$

$U(s) = \mathcal{L}[u(t)]$ 到 $Y(s) = \mathcal{L}[y(t)]$ 的传递函数 $P(s)$ 如下所示：

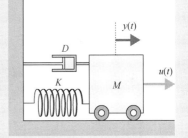

图 9.5　小车振动系统

$$Y(s) = P(s)U(s), \quad P(s) = \frac{1}{Ms^2 + Ds + K} \tag{9.8}$$

首先，考虑使用 P 控制，控制器的传递函数如下所示：

$$U(s) = K_p E(s) \tag{9.9}$$

式中，$E(s) = \mathcal{L}[e(t)] = R(s) - Y(s)$，$R(s) = \mathcal{L}[r(t)]$。

将式（9.9）代入式（9.8），可得下式：

$$Y(s) = \frac{1}{Ms^2 + Ds + K} K_p(R(s) - Y(s)) \tag{9.10}$$

因此，控制系统的 $R(s)$ 到 $Y(s)$ 的传递函数 $G_{yr}(s)$ 如下式所示：

$$Y(s)=G_{yr}(s)R(s), \quad G_{yr}(s)=\dfrac{\dfrac{K_p}{Ms^2+Ds+K}}{1+\dfrac{K_p}{Ms^2+Ds+K}}=\dfrac{K_p}{Ms^2+Ds+K+K_p} \tag{9.11}$$

P 增益 K_p 是为了使反馈控制系统满足内部稳定而进行设计取值的。此时，控制系统传递函数的分母多项式是 s 的 2 次多项式，使反馈控制系统成为稳定的 K_p 取值范围可以通过求解两次方程得到控制系统的极点来确定。目标值 $r(t)=1\left(\mathcal{L}[r(t)]=R(s)=\dfrac{1}{s}\right)$ 时，$t \to \infty$ 时小车位移 $y(t)[\mathrm{m}]$ 的稳态值 y_∞ 可以使用终值定理求得，如下式所示：

$$\begin{aligned} y_\infty &=\lim_{t \to \infty} y(t)=\lim_{s \to 0} sY(s)=\lim_{s \to 0} sG_{yr}(s)R(s) \\ &=\lim_{s \to 0} s \frac{K_p}{Ms^2+Ds+K+K_p} \frac{1}{s}=\frac{K_p}{K+K_p} \end{aligned} \tag{9.12}$$

根据上式可知：K_p 的取值未能达到无穷大的场合，y_∞ 无法达到 1，$t \to \infty$ 时，存在偏差 $1-\dfrac{K_p}{K+K_p}=\dfrac{K}{K+K_p} \neq 0$。

其次，使用 PI 控制方法来考虑，控制器的传递函数 $C(s)$ 如下式所示：

$$U(s)=C(s)E(s), \quad C(s)=K_p+\frac{K_i}{s}=\frac{K_p s+K_i}{s} \tag{9.13}$$

与 P 控制相同，将式 (9.13) 代入式 (9.8) 可得下式：

$$\begin{aligned} Y(s) &=\frac{1}{Ms^2+Ds+K} C(s)E(s) \\ &=\frac{1}{Ms^2+Ds+K} \frac{K_p s+K_i}{s}(R(s)-Y(s)) \end{aligned} \tag{9.14}$$

$R(s)$ 到 $Y(s)$ 的系统传递函数 $G_{yr}(s)$ 如下式所示：

$$Y(s)=G_{yr}(s)R(s),$$

$$G_{yr}(s)=\frac{\dfrac{K_p s+K_i}{Ms^3+Ds^2+Ks}}{1+\dfrac{K_p s+K_i}{Ms^3+Ds^2+Ks}}=\frac{K_p s+K_i}{Ms^3+Ds^2+(K+K_p)s+K_i} \tag{9.15}$$

P 增益和 I 增益是为了使反馈控制系统满足内部稳定而进行设计取值的。此时，控制系统传递函数分母多项式是 s 的 3 次多项式。利用劳斯稳定性判别法可以求得使反馈控制系统稳定的 K_p 和 K_i 的取值范围。对于单位阶跃信号 $r(t)=1$，$y(t)$ 的稳态值 y_∞ 如下式所示：

$$\begin{aligned} y_\infty &=\lim_{t \to \infty} y(t)=\lim_{s \to 0} sY(s) \\ &=\lim_{s \to 0} sG_{yr}(s)R(s)=\lim_{s \to 0} s \frac{K_p s+K_i}{Ms^3+Ds^2+(K+K_p)s+K_i} \frac{1}{s}=1 \end{aligned} \tag{9.16}$$

根据上式可知：$y(t)$ 的稳态值 y_∞ 为 1，与目标值 $r(t)=1$ 一致。因此，使用 PI 控制可以使单位阶跃信号的目标值与稳态值之间的偏差趋于 0。

9.1.3　PID 控制：未来偏差信息的使用

在 PI 控制的基础上，增加使用偏差微分值 $\dot{e}(t)$ 的**微分控制**（derivative control）或 D 控制的控制方法称为 **PID 控制**，如图 9.6 所示。PID 控制中，控制器 $C(s)$ 的输入输出关系可用下式的传递函数进行表述：

$$U(s)=\left(K_p+\frac{K_i}{s}+K_d s\right)E(s)=\frac{K_d s^2+K_p s+K_i}{s}E(s) \tag{9.17}$$

在此，K_d 被称为**微分增益**（derivative gain）或 D 增益。在 PID 控制中，控制系统的设计参数为 K_p，K_i，K_d。

与 PI 控制相比较，在 PID 控制中导入了 D 控制，以下对导入了 D 控制的 PID 控制的性能进行考虑。对式（9.17）进行拉普拉斯逆变换可得下式：

$$u(t)=u_p(t)+u_i(t)+u_d(t) \tag{9.18}$$

式中，$u_p(t)=K_p e(t)$，$u_i(t)=K_i \int_0^t e(\tau)\mathrm{d}\tau$，$u_d(t)=K_d \dot{e}(t)$。

式（9.18）右边第三项是 D 控制部分，是偏差 $e(t)$ 的微分值 $\dot{e}(t)$ 乘上 D 增益的值，D 控制的概念图如图 9.7 所示。$\dot{e}(t_0)$ 用 $e(t)$ 在 $t=t_0$ 时的切线斜率来表示。即如 $t=t_0$ 时的 $e(t)$ 的切线斜率为可知，从开始 t_0 经过相当短的时间 Δt 后的 $e(t)$ 值可进行下式的近似：

$$e(t_0+\Delta t)\approx e(t_0)+\dot{e}(t_0)\Delta t \tag{9.19}$$

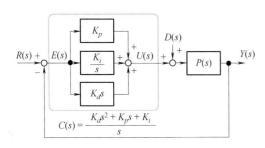

图 9.6　PID 控制的系统框图

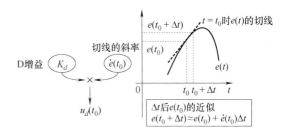

图 9.7　D 控制的概念图（偏差 $e(t)$ 在 $t=t_0$ 时，切线的斜率乘以 D 增益 K_d 导出 $u_d(t_0)$）

因此，D 控制是使用了**偏差 $e(t)$ 从 $t=t_0$ 到未来短时间内的变化状况的信息**，偏差的绝对值持续增加（减少）时，操作量的绝对值 $|u_d(t)|$ 也增加（减少）。如果反馈系统被设计为稳定，使用偏差的未来信息（近似）的 D 控制可以防止偏差的绝对值过大，最终可以使控制系统的瞬态特性得以改善。

此外，P 控制和 D 控制相结合的 **PD 控制**也经常被使用，PD 控制的控制器 $C(s)$ 如下式所示：

$$C(s) = K_p + K_d s \tag{9.20}$$

D 控制实现的可能性

D 控制中，偏差 $e(t)$ 的时间微分 $\dot{e}(t)$ 是十分必要的。$t = t_0$ 时偏差 $e(t)$ 的时间微分如下式所示：

$$\dot{e}(t_0) = \lim_{\Delta t \to 0} \frac{e(t_0 + \Delta t) - e(t_0)}{\Delta t} \tag{9.21}$$

根据上式可知，因为偏差的未来值（Δt [s] 后）不可能获得，从严格的意义上来说，D 控制不可能实现。但是，在实际应用中，作为 $\dot{e}(t_0)$ 的替代可使用下式的方式，即 $t = t_0$ 时的 $e(t_0)$ 和短时间 Δt [s] 前的偏差 $e(t_0 - \Delta t)$ 的平均变化率来表现。

$$\frac{e(t_0) - e(t_0 - \Delta t)}{\Delta t} \tag{9.22}$$

9.2　控制器设计参数的取值与控制系统极点的关系

在 9.1 节所示的各个控制器中，P，I，D 增益是可以进行调整的设计参数，系统工程师可以对增益的取值进行调整，使设计的反馈系统满足包括稳定性在内的控制设定。限定被控对象的形式（如一阶延迟系统等）、反馈控制系统的响应和 P，I，D 增益是相互影响的（可参考文献 [1]），但是，对于一般的被控对象来说，为了满足给定的控制设定而进行增益取值的解析方法是未知的（除了极特别的场合以外）。虽然 PID 控制在很多控制系统中被广泛使用，但是各个增益的数值是通过仿真或者控制器与被控对象连接并用经验试凑法来确定的（模拟电子回路中经常被使用）。

因此，为了了解控制器设计参数的选择方法对反馈系统的极点和响应的影响，被控制对象 $P(s)$ 用极为简单的形式来考虑。以下用下述一阶延迟系统来考虑：

$$P(s) = \frac{b}{s + a} (a, b \text{ 为常数}) \tag{9.23}$$

在前述章节中，对以下内容进行了说明，对于用传递函数来描述的系统，其响应由极点来确定。下面对于式（9.23）的被控对象 $P(s)$ 采用 P、PI 及 PID 控制的几种状况，用设计参数与反馈控制系统极点之间的关系进行说明。

9.2.1　P 控制

控制器采用 P 控制（见式（9.1）），根据图 9.1 可知，目标值 $R(s)$ 和外界干扰 $D(s)$ 作为输入，操作量 $U(s)$ 和响应 $Y(s)$ 作为输出，共计 4 个传递函数来进行表现：

$$G_{ur}(s)=\frac{C(s)}{1+P(s)C(s)}=\frac{K_p}{1+\dfrac{bK_p}{s+a}}=\frac{K_p(s+a)}{s+a+bK_p}$$

$$G_{ud}(s)=-\frac{P(s)C(s)}{1+P(s)C(s)}=-\frac{\dfrac{bK_p}{s+a}}{1+\dfrac{bK_p}{s+a}}=-\frac{bK_p}{s+a+bK_p}$$

$$G_{yr}(s)=\frac{P(s)C(s)}{1+P(s)C(s)}=-G_{ud}(s)=\frac{bK_p}{s+a+bK_p}$$

$$G_{yd}(s)=\frac{P(s)}{1+P(s)C(s)}=\frac{\dfrac{b}{s+a}}{1+\dfrac{bK_p}{s+a}}=\frac{b}{s+a+bK_p}$$

4 个传递函数的分母都相同，控制系统的极点是方程 $s+a+bK_p=0$ 的根。控制系统的极点用 P 增益 K_p 的函数 $p(K_p)$ 来进行表示，可得下式：

$$p(K_p)=-(a+bK_p) \tag{9.24}$$

在此，$b>0$ 时 P 增益 K_p 由 0 开始增大，控制系统的极点 $p(K_p)$ 会发生以下的变化：

- $K_p=0$：$p(K_p)$ 与被控对象的极点 $-a$ 一致（没有进行控制）。
- K_p 增大：$p(K_p)$ 往负方向增大（绝对值）。
- $K_p \to \infty$：$p(K_p)$ 趋向于 $-\infty$。

K_p 变化时，$p(K_p)$ 在负平面上进行投影，可得图 9.8 所示的粗线。箭头是 $p(K_p)$ 行进的方向，K_p 连续变化后，极点 $p(K_p)$ 在负平面上形成连续的轨迹。

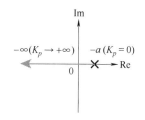

由式（9.24）可知，$b>0$ 时，如 $a<0$，被控对象 $P(s)$ 为不稳定；$K_p=0$ 时，反馈控制没有进行，控制系统也为不稳定。此外，P 增益 K_p 的值增大，如 $K_p>-\dfrac{a}{b}$，反馈控制系统一直为稳定。$P(s)$ 为稳

图 9.8　P 增益 $K_p>0$ 变化时，反馈控制系统极点的轨迹 $p(K_p)$（$a<0$）

定的场合（$a>0$），在图 9.8 中起始点（记号：×）在稳定区域（复平面左半平面）中显示出来，变化趋势相同。极点位置与响应的关系可参见图 6.11 所示，P 增益 K_p 逐步增大时，反馈控制系统的脉冲响应不发生振荡并且更快向 0 收敛，响应速度更快。但是，操作量 $u(t)$ 与 K_p 成比例关系（见式（9.1）），P 增益 K_p 的增大，可以使响应速度得到改善，同时进行控制所必要的操作量 $u(t)$ 的绝对值也会相应增大。

图 9.8 的轨迹被称为**根轨迹**（root locus），这是根据控制器内重要的设计参数变化，控

制系统极点响应变化的可视化表现。与劳斯的稳定性判断相同，根轨迹的控制系统解析与设计可以使用计算机简单地实现。对于一般的被控对象和控制器的根轨迹可用手绘的作图法来进行，本书省略，如需详细了解，可参考文献 [2]。根轨迹可以使用 Matlab 仿真软件容易得到，但对于简单系统根轨迹的绘制，可以加深理解控制器的设计参数与控制极点的关系，这对于理解反馈控制系统极为重要。

例9.2

　　式 (9.23) 中的 $a=b=1$，此时 $P(s)$ 为稳定、$K_p=0$（不进行控制）、$K_p=1$，5，10 时的单位阶跃响应如图 9.9 所示。据此可知，随着 P 增益 K_p 的增大，控制输出 $y(t)$ 达到稳态值的时间有明显缩短，响应速度得到改善。这与图 9.8 的根轨迹所示的趋势相同，表明了根据根轨迹选择控制器设计参数的有效性。

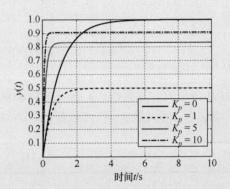

　　此外，$K_p=0$（不进行控制），响应向 1 收敛，反馈系统偏差的稳态值不可能为 0（随着 K_p 的增大，偏差的稳态值变小，但达不到 0），因此用 P 控制构成反馈控制系统的场合与不进行控制的场合进行比较可知：随着瞬态特性的提升，稳态特性会发生劣化。反

图 9.9　P 增益（$K_p > 0$）的变化与单位阶跃响应的变化

馈控制的稳态特性和控制器的设计存在重要的关系，此项内容将在第 10 章中做详细论述。

9.2.2　PI 控制

　　控制器采用 PI 控制（见式 (9.3)）的场合，如图 9.3 所示，由 $R(s)$，$D(s)$ 到 $U(s)$，$Y(s)$ 的传递函数如下式所示：

$$G_{ur}(s)=\frac{C(s)}{1+P(s)C(s)}=\frac{\dfrac{K_ps+K_i}{s}}{1+\dfrac{b}{s+a}\dfrac{K_ps+K_i}{s}}=\frac{(s+a)(K_ps+K_i)}{s^2+(a+bK_p)s+bK_i}$$

$$G_{ud}(s)=-\frac{P(s)C(s)}{1+P(s)C(s)}=-\frac{\dfrac{b}{s+a}\dfrac{K_ps+K_i}{s}}{1+\dfrac{b}{s+a}\dfrac{K_ps+K_i}{s}}=-\frac{b(K_ps+K_i)}{s^2+(a+bK_p)s+bK_i}$$

$$G_{yr}(s)=\frac{P(s)C(s)}{1+P(s)C(s)}=-G_{ud}(s)=\frac{b(K_ps+K_i)}{s^2+(a+bK_p)s+bK_i}$$

$$G_{yd}(s)=\frac{P(s)}{1+P(s)C(s)}=\frac{\dfrac{b}{s+a}}{1+\dfrac{b}{s+a}\dfrac{K_p s+K_i}{s}}=\frac{bs}{s^2+(a+bK_p)s+bK_i}$$

四个传递函数的分母都相同，控制系统的极点为方程 $s^2+(a+bK_p)s+bK_i=0$ 的根。控制系统的极点用 P 增益 K_p 和 I 增益 K_i 的函数 $p(K_p,K_i)$ 来表示可得下式：

$$p(K_p,K_i)=\frac{-(a+bK_p)\pm\sqrt{(a+bK_p)^2-4bK_i}}{2} \tag{9.25}$$

　　根据 K_p 和 K_i 的取值，极点 $p(K_p,K_i)$ 的值会出现下述变化，在此先固定 K_p 的数值，K_i 由 0 开始增大，来考虑极点 $p(K_p,K_i)$ 会出现何种变化：

　　• $(a+bK_p)^2-4bK_i>0$ 的场合：$p(K_p,K_i)$ 为两个互不相同的实根。

　　• $(a+bK_p)^2-4bK_i=0$ 的场合：$p(K_p,K_i)=-(a+bK_p)/2$（重根）。

　　• $(a+bK_p)^2-4bK_i<0$ 的场合：$p(K_p,K_i)=\dfrac{-(a+bK_p)\pm\mathrm{j}\sqrt{4bK_i-(a+bK_p)^2}}{2}$（共轭复根）。

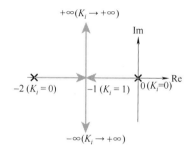

图 9.10　PI 控制中，固定 P 增益 K_p，K_i 变化时的根轨迹（$a=b=1$，$K_p=1$，$K_i\geqslant 0$）

　　例如当 $a=b=1$，$K_p=1$ 时，K_i 由 0 开始增大时的根轨迹如图 9.10 所示。

例 9.3

　　与 P 控制的场合相同，令 $a=b=1$，I 增益 K_i 变化时的单位阶跃响应如图 9.11 所示。在此令 $K_i=0.5$，0.75（取 $K_i<1$ 的数值），控制系统的极点为两个互不相同的实数，由于不存在使响应振荡的要素，超调现象没有发生。此外，此场合的主导极点大于反馈控制系统的极点 -1，到达稳态值所需的时间比不进行控制的场合花费的时间更多。在 $K_i=5$ 的场合，响应速度得到改善，但单位阶跃响应出现振荡现象。此现象与图 9.10 所示的根轨迹相同，这是由于控制系统的极点为共轭复根所引起的。PI 控制的场合，如反馈控制系统为稳定，单位阶跃响应的稳态值必然为 1，具体内容将在第 10 章中作详细叙述。

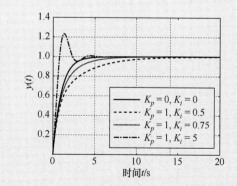

图 9.11　PI 控制中，I 增益 K_i 变化时，单位阶跃响应的变化（$a=b=1$，$K_p=1$，$K_i\geqslant 0$）

9.2.3 PID 控制

控制器采用 PID 控制（见式（9.17））的场合，由图 9.6 可知，由 $R(s)$，$D(s)$ 到 $U(s)$，$Y(s)$ 的传递函数如下式所示：

$$G_{ur}(s)=\frac{C(s)}{1+P(s)C(s)}=\frac{\dfrac{K_d s^2+K_p s+K_i}{s}}{1+\dfrac{b}{s+a}\dfrac{K_d s^2+K_p s+K_i}{s}}=\frac{(s+a)(K_d s^2+K_p s+K_i)}{(1+bK_d)s^2+(a+bK_p)s+bK_i}$$

$$G_{ud}(s)=-\frac{P(s)C(s)}{1+P(s)C(s)}=-\frac{\dfrac{b}{s+a}\dfrac{K_d s^2+K_p s+K_i}{s}}{1+\dfrac{b}{s+a}\dfrac{K_d s^2+K_p s+K_i}{s}}=-\frac{b(K_d s^2+K_p s+K_i)}{(1+bK_d)s^2+(a+bK_p)s+bK_i}$$

$$G_{yr}(s)=\frac{P(s)C(s)}{1+P(s)C(s)}=-G_{ud}(s)=\frac{b(K_d s^2+K_p s+K_i)}{(1+bK_d)s^2+(a+bK_p)s+bK_i}$$

$$G_{yd}(s)=\frac{P(s)}{1+P(s)C(s)}=\frac{\dfrac{b}{s+a}}{1+\dfrac{b}{s+a}\dfrac{K_d s^2+K_p s+K_i}{s}}=\frac{bs}{(1+bK_d)s^2+(a+bK_p)s+bK_i}$$

四个传递函数的分母都相同，控制系统的极点为方程 $(1+bK_d)s^2+(a+bK_p)s+bK_i=0$ 的根。控制系统的极点用 P 增益 K_p 和 I 增益 K_i 的函数 $p(K_p,K_i)$ 来表示。在此令 $K_d\geqslant 0$，分母多项式为 2 次多项式，反馈控制系统的极点如下式所示：

$$p(K_p,K_i,K_d)=\frac{-(a+bK_p)\pm\sqrt{(a+bK_p)^2-4(1+bK_d)bK_i}}{2(1+bK_d)} \tag{9.26}$$

例如：$a=b=1$，$K_p=1$，$K_i=0.5$，$0\leqslant K_d\leqslant 10$ 的场合，固定 P 增益和 I 增益，K_d 由 0 开始增大时的根轨迹如图 9.12 所示。据此可知下述内容：

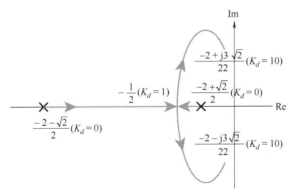

图 9.12　PID 控制中，固定 P 增益 K_p 和 I 增益 K_i 时，D 增益 K_d 变化时的根轨迹（$a=b=1$，$K_p=1$，$K_i=0.5$，$0\leqslant K_d\leqslant 10$）

• $0 < K_d < 1$ 的场合，极点为 $p(K_p, K_i, K_d) = \dfrac{-2 \pm \sqrt{2(1-K_d)}}{2(1+K_d)}$ 是两个互不相同的实根。

• $K_d = 1$ 的场合，极点为 $p(K_p, K_i, K_d) = -\dfrac{1}{2}$ 为重根。

• $K_d > 1$ 的场合，极点 $p(K_p, K_i, K_d)$ 为共轭复根。此外，K_d 的增加使极点的实部增大。在此例中，随着 K_d 的不断增大，响应出现振荡现象，振荡的衰减变缓，此种状况不利于获得较好的系统性能。

根据上述内容可知，不使用单位阶跃响应的情况下检查根轨迹，就可以知道当控制器的设计参数变化时，反馈控制系统的瞬态响应的收敛特性是否发生振荡现象等信息。以前根轨迹只采用手绘的方法进行，工作量较大。近年逐步引入了 Matlab 等控制系统仿真软件，使工作量大大减小，大幅提高了效率。特别是在高阶传递函数的根轨迹绘制方面，仿真软件极为有效。

本章总结

1. PID 控制中，控制器由比例(P)、积分(I)和微分(D)等控制要素构成。

2. PID 控制设计中的参数为 P 增益、I 增益和 D 增益。PID 控制通过对这些增益数值进行合适的设定，来满足控制设定。

3. P，I，D 的各个控制要素在控制系统中的作用各不相同，这些控制器的控制参数的变化与控制器的响应有密切的关系。

4. 设计参数取值的变化会引起控制系统极点的变化，这些变化可以通过根轨迹来进行分析。

习题九

(1) 图 9.1 所示采用 P 控制的系统中，$P(s) = \dfrac{1}{s-2}$，求由目标值 $R(s)$、外界干扰 $D(s)$，到操作量 $U(s)$ 和被控量 $Y(s)$ 为止的传递函数 $G_{ur}(s)$，$G_{ud}(s)$，$G_{yr}(s)$，$G_{yd}(s)$。此外，求含有 K_p 的控制系统极点的函数，并求取极点实部为未满 -2 的 K_p 的条件式。

(2) 对与第 1 题相同的 $P(s)$，采用图 9.3 所示的 PI 控制。与第 1 题相同，求传递函数 $G_{ur}(s)$，$G_{ud}(s)$，$G_{yr}(s)$，$G_{yd}(s)$。并且求含有 K_p 和 K_i 的控制极点的函数，求取极点实部为未满 -2 的 K_p 和 K_i 的条件式。

(3) 采用劳斯稳定判别法，判定 $P(s) = \dfrac{1}{s^3 + s^2 + 6s + 8}$ 的稳定性，并且采用 P 控制求取使控制系统稳定的 K_p 的取值范围。

(4) 例 9.1 的小车振动系统的位置控制中，进行 PI 控制时，求使 $R(s)$ 到 $Y(s)$ 的传递

函数 $G_{yr}(s)$（见式（9.15））为稳定的比例增益 K_p 和积分增益 K_i 的取值范围。

（5）第 2 章习题 1 的质量-阻尼系统中，作用于物体的力 $f(t)$[N] 和物体速度 $v(t)$[m/s] 之间的关系：$M\dot{v}(t)+Dv(t)=f(t)$（各符号参照相关习题）。此系统的 $F(s)=\mathcal{L}[f(t)]$ 和

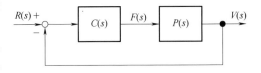

图 9.13　习题（5）的系统框图

$V(s)=\mathcal{L}[v(t)]$ 的关系：$V(s)=\dfrac{1}{Ms+D}F(s)$。

此控制系统的系统框图如图 9.13 所示，图中，$P(s)=\dfrac{1}{Ms+D}$。令 $M=1\mathrm{kg}$，$D=0.1\mathrm{N\cdot s/m}$，此系统进行比例控制时（$C(s)=K_p$），反馈控制系统极点的数值随比例增益 $K_p\geqslant0$ 的变化会发生怎样的变化？请进行说明。

（6）对习题 5 所示的系统进行 PI 控制$\left(C(s)=K_p+\dfrac{K_i}{s}\right)$，把 $K_p=1$ 固定时，求对于 $K_i>0$ 的极点为 2 个不同的实数根、重根及共轭复根的条件。

（7）对习题 5 的系统进行 PID 控制$\left(C(s)=K_p+\dfrac{K_i}{s}+K_ds\right)$，把 $K_p=1$ 和 $K_i=0.1$ 固定时，求对于 $K_d>0$ 的极点为 2 个不同的实数根、重根及共轭复根的条件。

（8）对第 4 章习题 9 再进行考虑。此系统的 $U(s)=\mathcal{L}[u(t)]$（$u(t)$[J] 是对咖啡施加的热量）和 $Y(s)=\mathcal{L}[y(t)]$（$y(t)$[K] 是咖啡的温度）的关系如下所示（各个符号参照相关习题）：

$$Y(s)=\frac{aK}{s(s+a)}+\frac{T_0}{s+a}+\frac{b}{s+a}U(s)$$

对咖啡的温度进行 PI 控制，反馈控制系统的系统框图如图 9.14 所示。求使控制系统稳定的比例增益 K_p 及积分增益 K_i 的取值范围。温度目标值为 $r(t)=T_r\geqslant T_0$ 时，咖啡温度 $y(t)$ 的瞬态响应不发生超调，求满足此要求的 K_p 和 K_i 的取值范围。控制系统为稳定的场合，使用同样的目标值时，求咖啡温度的稳态值。

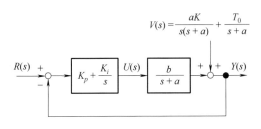

图 9.14　习题（8）的图

（9）如图 9.6 所示的系统框图的反馈控制系统中，$P(s)=\dfrac{1}{(s-1)(s-2)}$，$D(s)=0$。反馈控制系统的极点应为 -1，-2，-3，求满足要求的比例增益 K_p、积分增益 K_i 及微分增益 K_d。

第 10 章　反馈控制系统的稳态特性

在第 9 章中，对控制器的设计参数与反馈控制系统的极点间关系，以及设计参数 P，I，D 的增益与反馈控制系统的稳定性和响应的关系进行了说明。本章中，对被控对象和控制器对反馈控制系统的稳态特性会产生何种影响进行阐述。

本章要点

1. 理解控制系统设计中期望满足的稳态特性。
2. 理解针对目标值和外界干扰的稳态误差。
3. 理解如何通过控制设计使稳态误差趋近于 0。

10.1　稳态误差

在此对图 10.1 所示的反馈控制系统进行考虑，反馈控制系统通过设计达到内部稳定的场合（控制系统是否达到内部稳定由控制器的设计参数的取值来决定），系统工程师通过调整控制器的设计参数取值使控制系统的上升时间和超调量等瞬态特性以及被控量的稳态值等稳态特性满足控制设定的要求。对于瞬态特性，第 6 章所

图 10.1　含有外界干扰的反馈控制系统

述的极点和响应的关系与第 9 章所述的根轨迹已经说明了控制器设计的基本原则。但是，关于控制系统的稳态特性如何进行设计将在以下进行阐述。

对于反馈控制系统，关于稳态特性的典型控制设定，以下内容会经常被使用：

• 对于目标值 $r(t)$（$\mathcal{L}[r(t)]=R(s)$），误差 $e(t)$（$\mathcal{L}[e(t)]=E(s)$）的稳态值要尽可能地减小，可能的话，应趋近于 0。

• 存在外界干扰 $d(t)$（$\mathcal{L}[d(t)]=D(s)$），误差 $e(t)$ 的稳态值要尽可能地减小，可能的话，应趋近于 0。

无论是否含有外界干扰，误差 $e(t)$ 的稳态值（定义为 $\lim_{t \to \infty} e(t)$）是评价反馈控制系统稳态性能的重要指标，称为**稳态误差**（steady-state error）。以下根据反馈控制来考虑稳态误差。图 10.1 中各信号间的关系如下所示（见式（8.6））：

$$\begin{cases} E(s) = R(s) - Y(s) \\ U(s) = C(s)E(s) \\ Y(s) = P(s)(U(s) + D(s)) \end{cases} \qquad (8.6)$$

因此，误差 $E(s)$ 如下式所示：

$$E(s) = R(s) - P(s)(U(s) + D(s)) = R(s) - P(s)C(s)E(s) - P(s)D(s) \qquad (10.1)$$

对上式进行整理，可得下式。可依此求得目标值 $R(s)$、外界干扰 $D(s)$ 和误差 $E(s)$ 的关系。

$$E(s) = \frac{1}{1 + P(s)C(s)}R(s) - \frac{P(s)}{1 + P(s)C(s)}D(s) \qquad (10.2)$$

假定已设计了使反馈控制系统达到内部稳定的控制器 $C(s)$，稳态误差可以采用终值定理求得，如下式所示：

$$\lim_{t \to \infty} e(t) = \lim_{s \to 0} sE(s) = \lim_{s \to 0} s \left\{ \frac{1}{1 + P(s)C(s)}R(s) - \frac{P(s)}{1 + P(s)C(s)}D(s) \right\}$$

$$= \lim_{s \to 0} s \frac{1}{1 + P(s)C(s)}R(s) - \lim_{s \to 0} s \frac{P(s)}{1 + P(s)C(s)}D(s) \qquad (10.3)$$

在本章中，对于目标值的稳态误差和外界干扰的稳态误差分别进行考虑，式（10.3）中由于目标值产生的稳态误差项如下所示：

$$e_\infty^r = \lim_{s \to 0} s \frac{1}{1 + P(s)C(s)}R(s) \qquad (10.4)$$

由外界干扰产生的稳态误差项如下式所示：

$$e_\infty^d = \lim_{s \to 0} s \frac{P(s)}{1 + P(s)C(s)}D(s) \qquad (10.5)$$

在此，被控对象 $P(s)$ 必须为真（proper），$P(s)C(s)$ 也必须为真（proper）。前述章节中，PID 控制器 $C(s)$（见式（9.17））不为真（proper）。

10.2　对于目标值的稳态误差

对式（10.4）进行以下设定，目标值为单位阶跃信号 $r(t) = 1 \left(\mathcal{L}(r(t) = R(s) = \frac{1}{s} \right)$，外界干扰 $d(t) = 0$。此时，e_∞^r 如下式所示：

$$e_\infty^r = \lim_{s \to 0} s \frac{1}{1 + P(s)C(s)}R(s) = \lim_{s \to 0} s \frac{1}{1 + P(s)C(s)} \frac{1}{s} = \frac{1}{1 + P(0)C(0)} \qquad (10.6)$$

据上式可知，$P(0)C(0)$ 越大，e_∞^r 越小。例如：$P(s)C(s) = \dfrac{100}{s+1}$ 时，$P(0)C(0) = 100$，

$e_\infty^r = \dfrac{1}{1+100} = \dfrac{1}{101}$。因此，设计使 $P(0)C(0)$ 增大的控制器 $C(s)$（控制系统满足内部稳定的范围内），可以使稳态误差减小。如果 $P(0)C(0)=\infty$，e_∞^r 如下式所示（普通的表现形式 $\lim\limits_{s\to0}P(s)C(s)=\infty$）：

$$e_\infty^r = \lim_{s\to0}\frac{1}{1+P(s)C(s)} = \frac{1}{\infty} = 0 \tag{10.7}$$

由此可知，单位阶跃信号的稳态误差可以收敛为 0。

$P(s)C(s)$ 为真（proper），为了达成 $P(0)C(0)=\infty$，被控对象 $P(s)$ 或者控制器 $C(s)$ 最少需要存在一个 $s=0$ 的极点。即，针对下式

$$P(s)C(s) = \frac{b_m s^m + b_{m-1}s^{m-1}+\cdots+b_1 s + b_0}{s(s^n + a_{n-1}s^{n-1}+\cdots+a_1 s + a_0)}, \; n>m \tag{10.8}$$

$s=0$ 的极点存在于被控对象 $P(s)$ 或者控制器 $C(s)$ 中的任何一方都可以。$P(s)C(s)$ 的计算结果成为上式的形式即可，需要注意的是其与式（7.13）不同。如果被控对象 $P(s)$ 不存在 $s=0$ 的极点，控制器 $C(s)$ 至少存在一个 $s=0$ 的极点。控制器 $C(s)$ 存在一个 $s=0$ 的极点的场合，可用下式进行表述：

$$C(s) = \frac{1}{s}C'(s) \tag{10.9}$$

式中，$C'(s)$ 为 $C(s)$ 中除了 $\dfrac{1}{s}$ 以外的项。

也就是说，控制器 $C(s)$ 具有 I 控制的要素。但是在此种场合，$P(s)$ 中必须存在 $s=0$ 的零点（$s=0$ 的极点与零点可相抵消）。$P(s)$ 的零点是分子多项式等于 0 的根。

综上所述，目标值为单位阶跃信号的场合，**被控对象 $P(s)$ 或控制器 $C(s)$ 两方中，必须有一方存在** $s=0$ **的极点，即要素** $\dfrac{1}{s}$ **必须存在一个以上，这是稳态误差为 0 的条件。**

10.3　对于外界干扰的稳态误差

对式(10.5)进行以下设定，外界干扰为单位阶跃信号 $d(t)=1\left(\mathcal{L}[d(t)]=D(s)=\dfrac{1}{s}\right)$，目标值为 $r(t)=0$。此时，e_∞^d 如下式所示：

$$e_\infty^d = \lim_{s\to0}s\frac{P(s)}{1+P(s)C(s)}D(s) = \lim_{s\to0}s\frac{P(s)}{1+P(s)C(s)}\frac{1}{s} = \frac{P(0)}{1+P(0)C(0)} \tag{10.10}$$

与式（10.6）有所不同，式（10.10）中，在分子含有 $P(0)$ 时，求取稳态误差需要注意。此时，如果控制器 $C(s)$ 持有至少一个 $s=0$ 的极点，$P(0)C(s)=\infty$，$e_\infty^d=0$。但是被控对象 $P(s)$ 只有一个 $s=0$ 的极点，式（10.10）的分子为 $P(0)=\lim\limits_{s\to0}P(s)=\infty$，$e_\infty^d=0$ 不成立。

在此，假定被控对象 $P(s)$ 只存在一个 $s=0$ 的极点，控制器 $C(s)$ 没有 $s=0$ 的极点，与

式（10.9）的形式相同，被控对象 $P(s)$ 可表现为下式：

$$P(s) = \frac{P'(s)}{s} \tag{10.11}$$

式中，$P'(s)$ 为 $P(s)$ 中除了 $\frac{1}{s}$ 以外的项。

将式（10.11）代入式（10.10），可得下式：

$$e_\infty^d = \lim_{s \to 0} s \frac{P(s)}{1+P(s)C(s)} \frac{1}{s} = \lim_{s \to 0} \frac{\dfrac{P'(s)}{s}}{1+\dfrac{P'(s)C(s)}{s}} = \lim_{s \to 0} \frac{P'(s)}{s+P'(s)C(s)} \tag{10.12}$$

假定在控制器 $C(s)$ 中没有 $s=0$ 的极点，和式（10.11）相比，$P'(0)C(0) \neq 0$，$P'(0) \neq 0$，e_∞^d 如下式所示，稳态误差不为 0。

$$e_\infty^d = \lim_{s \to 0} \frac{P'(s)}{s+P'(s)C(s)} = \frac{P'(0)}{P'(0)C(0)} = \frac{1}{C(0)} \neq 0 \tag{10.13}$$

被控对象 $P(s)$ 不存在 $s=0$ 的极点，控制器 $C(s)$ 存在一个 $s=0$ 的极点的场合（与式（10.9）相同，控制器 $C(s)$ 存在 I 控制要素），$P(0)C(0) = \lim_{s \to 0} P(s)C(s) = \infty$，$P(0)$ 为有限常数值，显而易见，稳态误差如下式所示：

$$e_\infty^d = \lim_{s \to 0} \frac{P(s)}{1+P(s)C(s)} = \frac{P(0)}{\infty} = 0 \tag{10.14}$$

因此，对于外界干扰的稳态误差来说，控制器 $C(s)$ 存在 $s=0$ 的极点，即要素 $\frac{1}{s}$ 存在一个以上，稳态误差可以趋近于 0。

综上所述，目标值 $r(t)$ 和外界干扰 $d(t)$ 为单位阶跃信号的场合，为了达成稳态误差为 0，必须确保反馈控制系统的内部稳定性，**控制器 $C(s)$ 至少存在一个 $s=0$ 的极点**。目标值和外界干扰为阶跃信号的场合的稳态误差被称为**稳态位置误差**（steady-state position error）。

10.4 内部模型原理

考虑目标值和外界干扰为阶跃信号以外的情况：首先，考虑目标值 $r(t)$ 和外界干扰 $d(t)$ 为式（3.64）所示的单位斜坡信号（t，$t \geq 0$，$\mathcal{L}[t] = \frac{1}{s^2}$）的场合。

在此，设定反馈控制系统为内部稳定，被控对象 $P(s)$ 和控制器 $C(s)$ 不存在 $s=0$ 的极点，并且 $P(s)$ 不存在 $s=0$ 的零点。考虑求取稳态误差 e_∞^r 和 e_∞^d 可以使用终值定理，据式（3.53），求取 e_∞^r 和 e_∞^d 的传递函数 $sF(s)$ 如下所示：

e_∞^r 的场合：

$$sF(s) = s \frac{1}{1+P(s)C(s)} \frac{1}{s^2} = \frac{1}{s(1+P(s)C(s))} \tag{10.15}$$

e_∞^d 的场合：

$$sF(s)=s\frac{P(s)}{1+P(s)C(s)}\frac{1}{s^2}=\frac{P(s)}{s(1+P(s)C(s))} \tag{10.16}$$

上述两种场合中，$sF(s)$ 都存在 $s=0$ 的极点，可适用终值定理的条件没有满足，在此可以考虑别的方法求取稳态误差。$R(s)=\dfrac{1}{s^2}$、$D(s)=0$ 或者 $R(s)=0$、$D(s)=\dfrac{1}{s^2}$ 时，$E(s)$ 分别用 $E^r(s)$，$E^d(s)$ 来进行定义，如下式所示：

$$E^r(s)=\frac{1}{1+P(s)C(s)}R(s)=\frac{(s-q_1)(s-q_2)\cdots(s-q_N)}{s^2(s-p_1)(s-p_2)\cdots(s-p_N)} \tag{10.17}$$

$$E^d(s)=\frac{P(s)}{1+P(s)C(s)}D(s)=\frac{(s-r_1)(s-r_2)\cdots(s-r_m)}{s^2(s-p_1)(s-p_2)\cdots(s-p_N)} \tag{10.18}$$

式中，$p_1,\cdots,p_N$ 是 $\dfrac{1}{1+P(s)C(s)}$ 或 $\dfrac{P(s)}{1+P(s)C(s)}$ 的极点。

反馈控制系统为内部稳定，所以 $p_i(i=1,\cdots,N)$ 都为负值。此外，$q_1,\cdots,q_N$，$r_1,\cdots,$ r_m 是 $\dfrac{1}{1+P(s)C(s)}$ 或 $\dfrac{P(s)}{1+P(s)C(s)}$ 的零点。因素 s^2 来自于 $R(s)$ 或 $D(s)$，$P(s)$ 不存在 $s=0$ 的零点，所以需要注意式（10.18）的分母的 s^2 被原样保持下来。对式（10.17）和式（10.18）进行部分分式分解可得下式：

$$E^r(s)=\frac{\alpha_1}{s-p_1}+\frac{\alpha_2}{s-p_2}+\cdots+\frac{\alpha_N}{s-p_N}+\frac{\beta_1}{s}+\frac{\beta_2}{s^2} \tag{10.19}$$

$$E^d(s)=\frac{\gamma_1}{s-p_1}+\frac{\gamma_2}{s-p_2}+\cdots+\frac{\gamma_N}{s-p_N}+\frac{\delta_1}{s}+\frac{\delta_2}{s^2} \tag{10.20}$$

对式（10.19）和式（10.20）进行拉普拉斯逆变换，可得下式所示的 e_∞^r 和 e_∞^d：

$$e^r(t)=\mathcal{L}^{-1}\big[E^r(s)\big]=\sum_{i=1}^{N}\alpha_i e^{p_i t}+\beta_1+\beta_2 t \tag{10.21}$$

$$e^d(t)=\mathcal{L}^{-1}\big[E^d(s)\big]=\sum_{i=1}^{N}\gamma_i e^{p_i t}+\delta_1+\delta_2 t \tag{10.22}$$

据此可知，稳态误差 e_∞^r 和 e_∞^d 如下所示：

$$e_\infty^r=\lim_{t\to\infty}\big(\underbrace{\sum_{i=1}^{N}\alpha_i e^{p_i t}}_{t\to\infty \text{时为}0}+\underbrace{\beta_1}_{t\to\infty\text{时为}\beta_1}+\underbrace{\beta_2 t}_{t\to\infty\text{时为}\infty}\big)=\infty \tag{10.23}$$

$$e_\infty^d=\lim_{t\to\infty}\big(\underbrace{\sum_{i=1}^{N}\gamma_i e^{p_i t}}_{t\to\infty \text{时为}0}+\underbrace{\delta_1}_{t\to\infty\text{时为}\delta 1}+\underbrace{\delta_2 t}_{t\to\infty\text{时为}\infty}\big)=\infty \tag{10.24}$$

其次，与单位阶跃信号的情况相同，控制器 $C(s)$ 存在一个 $s=0$ 的极点（控制器 $C(s)$ 用式（10.9）进行表示的场合），稳态误差如下所示：

$$e_\infty^r = \lim_{s \to 0} s \frac{1}{1+P(s)C(s)} R(s) = \lim_{s \to 0} s \frac{1}{1+P(s)\dfrac{C'(s)}{s}} \frac{1}{s^2} = \lim_{s \to 0} s \frac{s}{s+P(s)C'(s)} \frac{1}{s^2}$$

$$= \lim_{s \to 0} \frac{1}{s+P(s)C'(s)} = \frac{1}{P(0)C'(0)} \neq 0 \tag{10.25}$$

$$e_\infty^d = \lim_{s \to 0} s \frac{P(s)}{1+P(s)C(s)} D(s) = \lim_{s \to 0} s \frac{P(s)}{1+P(s)\dfrac{C'(s)}{s}} \frac{1}{s^2} = \lim_{s \to 0} s \frac{sP(s)}{s+P(s)C'(s)} \frac{1}{s^2}$$

$$= \lim_{s \to 0} \frac{P(s)}{s+P(s)C'(s)} = \frac{P(0)}{P(0)C'(0)} = \frac{1}{C'(0)} \neq 0 \tag{10.26}$$

通过上式可知，稳态误差依然存在，如图 10.2 所示，目标值 $r(t)$ 和被控量 $y(t)$ 的稳态值为平行状态。此时，$s \dfrac{s}{s+P(s)C'(s)} \dfrac{1}{s^2}$，即 $\dfrac{1}{s+P(s)C'(s)}$ 为稳定，可使用终值定理。此外，对 $C(s)$ 增加了一个 $s=0$ 的极点，$s=0$ 的极点数变为 2 个。考虑如下式所示的场合：

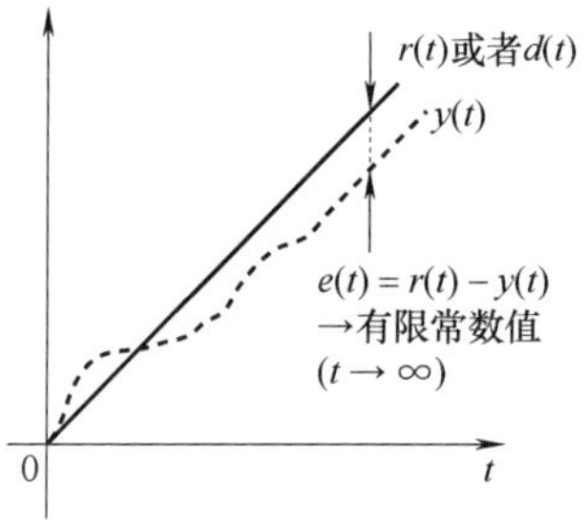

$$C(s) = \frac{C'(s)}{s^2} \tag{10.27}$$

图 10.2　$r(t)$ 或 $d(t)$ 为单位斜坡信号时的 $y(t)$（$C(s)$ 存在一个 $s=0$ 的极点）

此时，稳态误差可用下式进行表述：

$$e_\infty^r = \lim_{s \to 0} s \frac{1}{1+P(s)C(s)} R(s) = \lim_{s \to 0} s \frac{1}{1+P(s)\dfrac{C'(s)}{s^2}} \frac{1}{s^2}$$

$$= \lim_{s \to 0} s \frac{s^2}{s^2+P(s)C'(s)} \frac{1}{s^2} = \lim_{s \to 0} \frac{s}{s^2+P(s)C'(s)} = \frac{0}{P(0)C'(0)} = 0 \tag{10.28}$$

$$e_\infty^d = \lim_{s \to 0} s \frac{P(s)}{1+P(s)C(s)} D(s) = \lim_{s \to 0} s \frac{P(s)}{1+P(s)\dfrac{C'(s)}{s^2}} \frac{1}{s^2}$$

$$= \lim_{s \to 0} s \frac{s^2 P(s)}{s^2+P(s)C'(s)} \frac{1}{s^2} = \lim_{s \to 0} \frac{sP(s)}{s^2+P(s)C'(s)} = \frac{0 \times P(0)}{P(0)C'(0)} = 0 \tag{10.29}$$

据上式可知，e_∞^r 和 e_∞^d 都趋近于 0。目标值或外界干扰为单位斜坡信号场合的稳态误差，被称为**稳态速度误差**（steady-state velocity error）。

目标值或外界干扰为阶跃信号与斜坡信号的场合，考虑稳态误差会发生何种变化。根据两种情况的结果可知，如果**控制器 $C(s)$ 与目标值或外界干扰的拉普拉斯变换（目标值或外界干扰的数学模型）有相同要素，则稳态误差为 0**。这种现象意味着控制系统内部含有外部输入信号（目标值或外界干扰）的数学模型，称为**内部模型原理**（internal model principle）。

内部模型原理

　　为了使目标值 $r(t)$ 或外界干扰 $d(t)$ 的稳态误差成为 0，控制器 $C(s)$ 需要含有与目标值或外界干扰的模型（进行了拉普拉斯变换，（$\mathcal{L}[r(t)]$，$\mathcal{L}[d(t)]$））相同的因素。

　　综上所述可知，目标值或外界干扰为阶跃信号或斜坡信号时的稳态误差数值是由被控对象 $P(s)$（满足控制系统内部稳定性）或者控制器 $C(s)$ 中存在 $s=0$ 的极点个数来确定的。

　　此结果对控制系统设计时，判断控制系统的稳态特性是否满足控制系统的控制设定是极为有用的（例对目标值或外界干扰为阶跃信号时，可使稳态误差成为 0 的场合，控制器 $C(s)$ 具有一个 $s=0$ 的极点）。被控对象 $P(s)$ 和控制器 $C(s)$ 的积 $P(s)C(s)$ 所具有的 $s=0$ 的极点个数被称为**控制系统的类型**（type of control system）。即 $P(s)C(s)$ 中含有一个 $s=0$ 的极点是 **1 型控制系统**，含有两个的场合是 **2 型控制系统**，$P(s)C(s)$ 含有 n 个 $s=0$ 的极点被称为 **n 型控制系统**。此时稳态误差可以采用与 1 型和 2 型同样的讨论方法。

　　对于目标值的稳态误差的数值，无论被控对象 $P(s)$ 还是控制器 $C(s)$ 中，存在 $s=0$ 的极点，稳态误差的数值都不会受到影响。因此，对于目标值的稳态误差数值，可以仅通过控制系统的类型进行分析得到。但是，对于外界干扰的稳态误差数值 $s=0$ 的极点，存在于被控对象 $P(s)$ 还是控制器 $C(s)$，会有很大差异，所以不能通过控制系统的类型来分析稳态误差。

本章总结

　　1. 所期望的稳态特性：对于目标值和外界干扰的稳态误差，应趋近于 0 或者向尽可能小的数值收敛；控制器的设计参数应尽可能地进行合理的调整以获得期待的稳态特性。

　　2. 反馈控制系统如具有稳定性，稳态误差可用终值定理进行计算。

　　3. 为了使稳态误差向 0 收敛，必须确保控制系统内部的稳定性，控制器的设计必须使控制类型与目标值或外界干扰一致，换而言之，控制系统的设计必须满足内部模型原理。

习题十

对图 10.1 的反馈控制系统进行分析，回答下列问题：

（1）$P(s)C(s)=\dfrac{s+3}{s^2+5s+10}$，目标值为 $r(t)=1$（单位阶跃信号），求此时的稳态误差（外界干扰为 0）。

（2）$P(s)=\dfrac{s+1}{s^2+3s}$，$C(s)=\dfrac{2}{s}$ 时，目标值为单位斜坡信号（t，$t\geq0$，$\mathcal{L}[t]=\dfrac{1}{s^2}$），求此时的稳态误差（外界干扰为 0）。外界干扰为单位斜坡信号时，求稳态误差（目标值为 0）。

（3）$P(s)=\dfrac{1}{s-2}$，$C(s)=K_p$（K_p 为常数），考虑常数 K_p 如何进行取值。反馈控制系

统为内部稳定并且目标值为阶跃信号，要使稳态误差在 5% 以内，求 K_p 的取值范围。

（4）对第 3 题的 $P(s)$，对于目标值的稳态误差希望趋向于 0，此时 $C(s)$ 采用何种形式可实现此目标设定。请举例说明。

（5）对第 8 章习题 7 的船舶速度控制进行再次考虑。此系统的节气门操作量 $\theta(s)$ 到速度 $V(s)$ 的传递函数如下所示：

$$V(s) = P(s)\theta(s),\ P(s) = \frac{K}{(T_s s+1)(T_d s+1)}$$

使用比例增益为 K_p 的 P 控制对船的速度进行反馈控制时，求使控制系统稳定的 K_p 的取值范围及对于目标值的稳态误差 e_∞^r。并且求对外界干扰的稳态误差 e_∞^d。对于稳态误差，目标值和外界干扰分别采用单位阶跃信号和单位斜坡信号。

（6）与习题 5 为同样的被控对象，使用 $C(s) = K_p + \dfrac{K_i}{s}$（PI 控制），求使控制系统稳定的比例增益 K_p 和积分增益 K_i 的取值范围。并求对于目标值的稳态误差 e_∞^r 和对外界干扰的稳态误差 e_∞^d。对于稳态误差，目标值和外界干扰分别采用单位阶跃信号和单位斜坡信号。

（7）对第 7 章习题 10 的机械臂进行角度控制。系统的扭矩 $\tau(s)$ 和机械臂角度 $\theta(s)$ 的关系如下所示：

$$\theta(s) = G(s)\tau(s),\ G(s) = \frac{1}{Js^2(Ts+1)}$$

对于此系统进行 PD 控制，求使控制系统稳定的比例增益 K_p 和微分增益 K_d 的取值范围，以及对于目标值的稳态误差 e_∞^r 和对于外界干扰的稳态误差 e_∞^d。目标值和外界干扰采用单位阶跃信号。

（8）与习题 7 同样状况，控制器采用 PID 控制，求使控制系统稳定的比例增益 K_p、积分增益 K_i 和微分增益 K_d 的取值范围，以及对目标值的稳态误差 e_∞^r 和对外界干扰的稳态误差 e_∞^d。

（9）在图 10.3 和图 10.4 所示的反馈控制系统中，K_1，K_2 为常数，K_p 和 K_i 分别为比例增益和积分增益。回答下列问题：

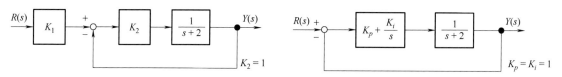

图 10.3　控制系统的系统框图　　　　　图 10.4　PI 控制系统的系统框图

ⅰ）如图 10.3 所示的控制系统中，$K_2 = 1$，确认控制系统的稳定性。在以单位阶跃信号为目标值时，需使被控量 $y(t) = \mathcal{L}^{-1}[Y(s)]$ 的稳态值与目标值一致，求满足要求的 K_1 的取值范围。此外，图 10.4 的 PI 控制系统中，$K_p = K_i = 1$ 时，确认控制系统的稳定性；在以单位阶跃信号为目标值时，求被控量 $y(t) = \mathcal{L}^{-1}[Y(s)]$ 的稳态值。

ⅱ）对这两个反馈控制系统，K_1，K_2，K_p，K_i 的取值保持不变，被控对象的传递函数由 $\dfrac{1}{s+2}$ 变化为 $\dfrac{1}{s+3}$。确认两个系统的稳定性；在以单位阶跃信号为目标值时，求被控量 $y(t)=\mathcal{L}^{-1}\big[Y(s)\big]$ 的稳态值。

第 11 章　频率特性的解析

在上述章节中，对动态系统的特性用脉冲响应和阶跃响应等分析方法进行了陈述，同时，对控制系统的设计和反馈控制系统的解析方法进行了说明。但是，希望系统达到预期的性能，需要更详细地分析系统性能来进行控制系统的设计。因此，作为系统的测试信号，综合了各种信号特点的"正弦波"被广泛使用，本章中，对其基础"频率特性"进行说明。

> **本章要点**
> 1. 理解系统的频率响应。
> 2. 理解一阶延迟系统的频率响应。
> 3. 理解伯德图的读取方法。

11.1　频率响应

系统的输入用正弦波信号施加时，此时的响应被称为**频率响应**（frequency response）严密地来说为稳态响应，如图 11.1 所示。一般来说，正弦波用 $u(t)=A\sin\omega t$ 来表示，A 为振幅（信号的最大值和最小值来决定的变量），$\omega[\mathrm{rad/s}]$ 为角频率（信号的周期来决定的变量）。

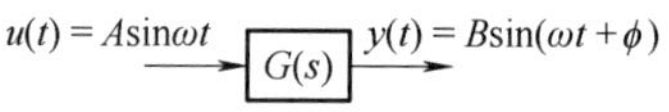

$$u(t)=A\sin\omega t \rightarrow \boxed{G(s)} \rightarrow y(t)=B\sin(\omega t+\phi)$$

图 11.1　频率响应

例如：求取下式稳定的一阶延迟系统的频率响应。

$$G(s)=\frac{K}{Ts+1},\ (T>0,K>0) \tag{11.1}$$

上式的响应如下所示（可参考第 4 章的习题 2）：

$$y(t)=\mathrm{e}^{-\frac{1}{T}t}y(0)+\int_0^t \mathrm{e}^{-\frac{1}{T}(t-\tau)}\frac{K}{T}u(\tau)\mathrm{d}\tau \tag{11.2}$$

将输入 $u(t)=A\sin\omega t$ 代入求解，上式右边的第一项向 0 收敛，稳态响应如下式所示（详细求解方法可参照文献［4］）：

$$y(t)=K\frac{1}{\sqrt{(\omega T)^2+1}}A\sin(\omega t-\arctan\omega T)=B\sin(\omega t+\phi) \tag{11.3}$$

式中，$B=K\dfrac{1}{\sqrt{(\omega T)^2+1}}A$，$\phi=-\arctan\omega T$。

对输入和输出的差异进行以下总结：

- 输入和输出的基本波形都为正弦波（sin）。

- 输出的振幅 B 为输入信号振幅 A 的 $K\dfrac{1}{\sqrt{(\omega T)^2+1}}$ 倍。

- 正弦波的相位为 $-\arctan\omega T[\text{rad}]$。

相位表示与信号基本波形的偏差，例如，$\sin\omega t$ 和 $\sin(\omega t+\phi)$，此两者周期相同，但是取得同样数值的时间不同。

以下，对式（11.1），令 $K=1$，$T=1$，输入 $u(t)$ 振幅 $A=1$。此时，式（11.3）成为下式所示的形式：

$$y(t)=\frac{1}{\sqrt{\omega^2+1}}\sin(\omega t-\arctan\omega)\tag{11.4}$$

在此，对输入角频率 $\omega=0.01$ 和 $\omega=10$ 的两种情况下进行响应振幅的分析。将 ω 的数值代入式（11.4），可知下列结论：

- $\omega=0.01$ 的场合，式（11.4）的振幅约为 1。

- $\omega=10$ 的场合，式（11.4）的振幅约为 $\dfrac{1}{10}$。

此外，对于相位必须计算 arctan，可知下列结论：

- $\omega=0.01$ 的场合，式（11.4）的相位约为 $0°$。

- $\omega=10$ 的场合，式（11.4）的相位约为 $-90°$。

"°" 表示角度的"度"，也可以写为 deg（英语 degree 的缩写）。

实际的频率响应如图 11.2 所示，$\omega=0.01$ 的场合，输入和输出的波形基本重合，振幅比约为 1，相位为 $0°$。$\omega=10$ 的场合，到 3s 附近为止，输出没有成为普通正弦波的形状，此段时间表示过渡状态。3s 以后，输出为稳态的正弦波波形，振幅为 0.1，即输入的 $\dfrac{1}{10}$。相位基本相差 $90°$（输入为 0 的地方输出基本为最大或最小值）。

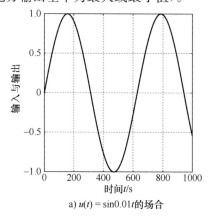

a) $u(t)=\sin0.01t$ 的场合

图 11.2 $u=\sin0.01t$ 和 $u=\sin10t$ 时的响应（虚线是输入，实线是输出）

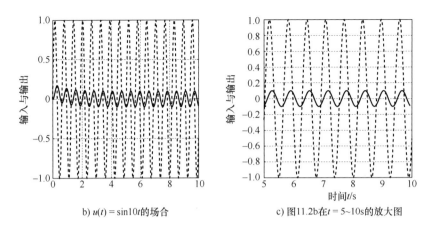

b) $u(t) = \sin 10t$的场合   c) 图11.2b在$t = 5 \sim 10$s的放大图

图 11.2　$u = \sin 0.01t$ 和 $u = \sin 10t$ 时的响应（虚线是输入，实线是输出）（续）

综上所述，传递函数 $G(s) = \dfrac{1}{s+1}$ 采用不同角频率的正弦波作为输入时，振幅和相位会产生相应变化。对传递函数式（11.1），令 $K=1$，$T=1$；在 K，T 的取值不同时，响应变化的情况可通过式（11.3）看出。

11.2　频率特性

11.2.1　基本特性

稳定的动态系统中，输入的角频率 ω 由较小的数值向较大的数值变化时，频率响应 $y(t)$ 一般可做出以下总结：

- 尽管角频率 ω 发生变化，响应 $y(t)$ 仍为正弦波（sin）。
- 随着角频率 ω 的变化，振幅也发生变化。
- 随着角频率 ω 的变化，相位也发生变化。

此种特性可以考虑用图来进行表现。输入的角频率 ω 发生变化，对响应的振幅 B 和相位 ϕ 进行观测，其观测值见表 11.1。表中，$*$ 是对于各个 ω 的测定值（不一定所有的值都相同）。此外，g 的列表示以下公式的计算结果，此数值被称为**增益**（gain）。

$$g = 20\log_{10}\frac{B}{A} \tag{11.5}$$

表 11.1　输入的角频率和响应的振幅和相位（＊：各测定值和计算值）

ω	B	ϕ	g
0.01	＊	＊	＊
0.02	＊	＊	＊
$\vdots$	$\vdots$	$\vdots$	$\vdots$
100	＊	＊	＊

g 的数值通过计算输入和输出的振幅比，并对计算结果取常用对数（以下记为对数）的 20 倍进行取值，此数值被称为**分贝**（decibel），单位为 dB。

根据式（11.5）的计算结果，和 g 的数值的 log（对数）的性质，可以总结为下列的三种形式：

- $A=B$ 的场合，$g=0$。
- $A>B$ 的场合，g 为负值。
- $A<B$ 的场合，g 为正值。

根据表 11.1，输入角频率 ω 的变化和 ϕ 增益值和相位的关系用图来进行表示，可以获得对系统的频率特性的直观的理解，此种图示法的代表为**伯德图**（Bode diagram）。

11.2.2　一阶延迟系统的频率特性

将一阶延迟系统 $G(s)=\dfrac{1}{s+1}$ 的频率响应用试验方法求取，用表 11.1 的形式标出各测定值进行作图，横轴为角频率 $\omega[\text{rad/s}]$，纵轴为 g（增益）[dB]，相位 [°]，如图 11.3 所示（实际的图形并不是图中所示的光滑曲线，但基本形状相同）。图 11.3 中，上图表示增益特性，称为**增益线图**（gain diagram），下图表示相位特性，称为**相位线图**（phase diagram），此两者总称为伯德图。如 11.1 节所示，增益特性如下所示：

- $\omega=0.01\text{rad/s}=10^{-2}\text{rad/s}$ 附近：增益基本为 0dB（输出和输入的振幅基本相同）。
- $\omega=10\text{rad/s}=10^{1}\text{rad/s}$：增益为 -20dB（输出的振幅为输入的 $\dfrac{1}{10}$）。

此外，对于相位，$\omega=10^{-1}\text{rad/s}$ 附近，基本为 0°；$\omega=10^{0}(=1)\text{rad/s}$ 时，为 $-45°$；随着 ω 的增大，逐渐向 $-90°$ 趋近。在伯德图中，度用（°）表示的状况较多。

综上所述，系统的频率响应和频率特性（伯德图）存在显而易见的对应关系。

11.2.3　关于伯德图的横轴

在伯德图中，横轴为系统输入（正弦波）的角频率 ω [rad/s]，纵轴为增益([dB])和相位（度：[°]）。纵轴为等间隔的刻度，但是横轴为 10^{-2}，10^{-1}，10^{0}，10^{1}，10^{2} 等刻度，其刻度不为等间隔。通常，大家都习惯于等间隔刻度，对此刻度会感到不适应。因为伯德图的

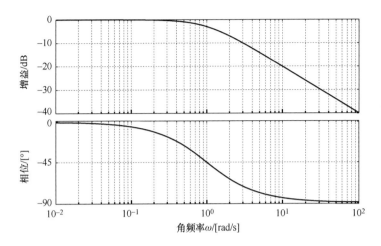

图 11.3　一阶延迟系统的伯德图

横轴通常采用对数分布，所以横轴呈现此种状况。这种线图称为**半对数线图**（semilog graph）。

以下对横轴的读取方法进行说明，对于横轴的分度，以 10 为底的对数进行考虑。对数具有下述性质：

$$\log_{10} 10 = 1 \tag{11.6}$$

$$\log_{10} AB = \log_{10} A + \log_{10} B \tag{11.7}$$

$$\log_{10} A^p = p \log_{10} A \tag{11.8}$$

常见的对数近似值如下所示：

$$\log_{10} 2 = 0.3010, \quad \log_{10} 3 = 0.4771$$

$$\log_{10} 8 = 0.9031, \quad \log_{10} 9 = 0.9542$$

根据以上内容可知，首先，真数由 2 增加到 3 时，其对应对数的增幅要大于真数由 8 增加到 9 对应的对数增幅。这种对数的增幅与伯德图的横轴分度是相对应的。在半对数线图中，$10^0 \sim 10^1$ 之间有 8 条间隔线，10^0 之后为 2，其后为 3，再后为 9，最后为 $10^1 = 10$。

其次，10^{-2}，10^{-1}，10^0，10^1，10^2 为等间隔排列，其原因如下式所示：

$$\begin{cases} 0.01 = 1 \times 10^{-2}, \ 0.1 = 1 \times 10^{-1}, \ 1 = 1 \times 10^0, \\ 10 = 1 \times 10^1, \ 100 = 1 \times 10^2 \end{cases} \tag{11.9}$$

根据上式和对数的性质可知，可以形成等间隔分布。半对数线图的横轴上，10 倍的间隔为**一个十倍频程**（decade）通常记为 dec。此外，角频率 ω 减少至 10^{-n}（n 为整数）来考虑，伯德图的横轴上 10^{-n} 和 10^{-n+1} 间隔，与 10^{-1} 和 10^0 间隔相同。另外，$\omega = 0$ 的点在伯德图中无法准确标识出来。

11.3　基本要素的频率特性

从图 3.21 的直流电机特性可知，多个特性组合而成的系统传递函数为高阶（分母多项式的 s 的次数较大）。但是这些特性是有比例要素、微分要素、积分要素、一阶超前要素、一阶延迟要素、二阶延迟要素等组合而成（在系统的分解中，"要素"是"系统"的另一种说法）。以下对各种要素的频率特性进行说明（二阶延迟要素的说明在第 12 章中进行说明）。

11.3.1　比例要素

比例要素（proportional element）的传递函数如下所示：

$$G(s)=K \tag{11.10}$$

频率响应为输入 $u(t)=A\sin\omega t$ 的常数倍（K 倍）。因此，增益与角频率 ω 无关，为一常数值。$K=1$ 的场合，输入输出的振幅相同，增益为 0dB。$K>1$ 的场合，输出的振幅比输入的振幅大，增益（$20\log_{10}K[\text{dB}]$）为正值。$0<K<1$ 的场合，输出的振幅比输入的振幅小，增益（$20\log_{10}K[\text{dB}]$）为负值。比例要素为静态系统，响应的相位与角频率 ω 无关。比例要素的伯德图如图 11.4 所示。

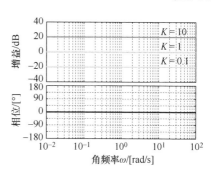

图 11.4　比例要素伯德图

11.3.2　积分要素

最为简单的动态特性为**积分要素**（integral element），其传递函数如下所示：

$$G(s)=\frac{1}{s} \tag{11.11}$$

频率响应为输入 $u(t)=A\sin\omega t$ 进行积分后的结果。因此，角频率为 $\omega<1$ 时，响应的振幅比输入大，$\omega>1$ 时，振幅变小。根据 $\sin\left(\omega t-\frac{\pi}{2}\right)=-\cos\omega t$ 的关系，响应的相位有 90°的延迟，积分要素的伯德图如 11.5 所示（增益线图为图中向右下降的直线）。

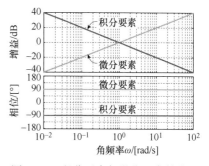

图 11.5　积分要素与微分要素伯德图

11.3.3　微分要素

微分要素（derivative element）的传递函数如下所示：

$$G(s)=s \tag{11.12}$$

频率响应是输入 $u(t)=A\sin\omega t$ 进行微分后的结果。因此，角频率 $\omega<1$ 时，响应的振幅比输入小；$\omega>1$ 时，振幅变大。根据 $\sin\left(\omega t+\dfrac{\pi}{2}\right)=\cos\omega t$ 的关系，响应的相位通常超前 $90°$。微分要素的伯德图如图 11.5 所示（增益线图为图中向右上升的直线）。

11.3.4　一阶延迟要素

一阶延迟要素（first-order element）的频率响应如式（11.3）所示：

$$y(t)=K\frac{1}{\sqrt{(\omega T)^2+1}}A\sin(\omega t-\arctan\omega T)$$

图 11.4 的伯德图中，$K=1$，$T=1$。在此 K 和 T 的取值变化，分析伯德图的变化。K 的变化如 11.3.1 节所示比例要素的取值变化，因此，首先考虑 $K=1$ 时，T 的取值变化的状况。$T=0.01$，1，100 时的频率响应如表 11.2 所示：

表 11.2　T 和 ω 变化时，振幅比的数值（空格在练习题中使用）

T	ω								
	10^{-4}	10^{-3}	10^{-2}	10^{-1}	10^{0}	10^{1}	10^{2}	10^{3}	10^{4}
0.01	1	1	1	1	1	1	$\dfrac{1}{\sqrt{2}}$	$\dfrac{1}{10}$	$\dfrac{1}{10^2}$
0.1									
1	1	1	1	1	$\dfrac{1}{\sqrt{2}}$	$\dfrac{1}{10}$	$\dfrac{1}{10^2}$	$\dfrac{1}{10^3}$	$\dfrac{1}{10^4}$
10									
100	1	1	$\dfrac{1}{\sqrt{2}}$	$\dfrac{1}{10}$	$\dfrac{1}{10^2}$	$\dfrac{1}{10^3}$	$\dfrac{1}{10^4}$	$\dfrac{1}{10^5}$	$\dfrac{1}{10^6}$

- $T=0.01$ 时：$y(t)=\dfrac{1}{\sqrt{0.0001\omega^2+1}}A\sin(\omega t-\arctan 0.01\omega)$

- $T=1$ 时：$y(t)=\dfrac{1}{\sqrt{\omega^2+1}}A\sin(\omega t-\arctan\omega)$

- $T=100$ 时：$y(t)=\dfrac{1}{\sqrt{10000\omega^2+1}}A\sin(\omega t-\arctan 100\omega)$

对以上结果进行总结，其结果见表 11.2。

$T=0.01$，1 的场合：

- $\omega\leqslant 0.1(=10^{-1})$：振幅比约为 1；增益基本为 0dB。

- $\omega=1$：$T=0.01$ 时，振幅比约为 1；$T=1$ 时为 $\dfrac{1}{\sqrt{2}}$。

- $\omega=10$：$T=0.01$ 时，振幅比约为 1；$T=1$ 时约为 $\dfrac{1}{10}$。

- $\omega=100$：$T=0.01$ 时，振幅比为 $\dfrac{1}{\sqrt{2}}$；$T=1$ 时约为 $\dfrac{1}{100}$。

$T=100$ 的场合：

- $\omega\leqslant0.001$（$=10^{-3}$）：振幅比约为 1，增益约为 0dB。

- $\omega=0.01$：振幅比为 $\dfrac{1}{\sqrt{2}}$。

- $\omega=0.1$：振幅比约为 $\dfrac{1}{10}$。

关于相位，T 取较大的数值，角频率 ω 取较小的数值，$\mathrm{arctan}\omega T$ 的数值发生变化，趋近于 $-90°$。

$T=0.01$，1，100 的伯德图如图 11.6 所示，$T=0.01$，1，100 时，振幅的变化依存于角频率 ω，伯德图的基本形状不发生变化，此处相位是 $-\mathrm{arctan}\omega T$ 的数值。

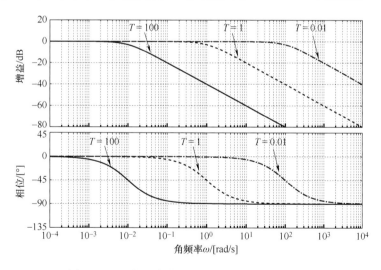

图 11.6　T 发生变化时，一阶延迟要素的伯德图

$T=1$ 的增益线图如图 11.7 所示，图中使用了折线近似（图中的虚线）。原来的增益线图为实线，与虚线基本重合。图 11.7 中，角频率 ω 至 $\dfrac{1}{T}$ 为止，增益基本为 0dB，此后增益以 -20dB/dec（角频率为 10 倍时，增益为 -20dB）的斜率下降。增益线图的直线近似被称

为**折线近似**，时间常数的倒数 $\dfrac{1}{T}$ 称为**折点频率**（corner frequency），或者称为**截止频率**（cut-off frequency）。在折点频率处，增益为 $20\log_{10}\dfrac{1}{\sqrt{2}}\approx-3\text{dB}$，相位发生了 $45°$ 的延迟。根据图 11.6 可知，$T=1$ 的场合，所发生的现象在 T 取其他数值时也会发生同样的状况。

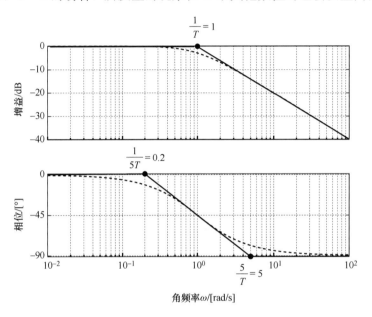

图 11.7　$T=1$ 时的折线近似

一阶延迟要素中，如果 K 和 T 的数值已知，增益线图的概略图可以通过折线近似方法进行描绘。对一阶延迟要素，特别需要理解 T 与折点频率的关系。

11.3.5　一阶超前要素

对应于一阶延迟要素，还存在**一阶超前要素**（first-order lead element）。其传递函数如下：

$$G(s)=Ts+1 \tag{11.13}$$

一阶超前要素的频率响应可用下式进行计算（此处只给出了计算的结果，其计算过程可参照 12.4 节和参考文献 [4]）：

$$y(t)=\sqrt{1+(\omega T)^2}A\sin(\omega t+\arctan\omega T) \tag{11.14}$$

采用与一阶延迟要素频率响应相同的考虑方法，在一阶超前要素的场合，角频率 ω 较小时，输入与输出的振幅比基本相同；角频率 ω 较大时，输出的振幅会大于输入的振幅。此现象可通过式（11.14）的解析得到。相位与一阶延迟要素的场合相反，角频率 ω 增大时会产生 $90°$ 的超前。一阶超前要素的伯德图如图 11.8 所示。

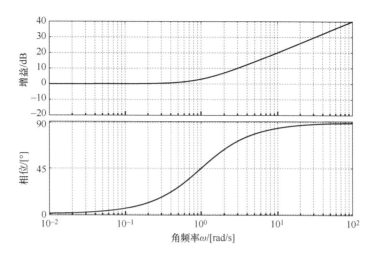

图 11.8　一阶超前要素的伯德图

补充说明：复数

　　平方为 -1 的数 j 被称为**虚数单位**（imaginary unit）（数学中经常使用 i 作为虚数单位，但是在工科领域 i 常用来表示电气回路中的电流，因此在工科领域常用 j 来表示虚数单位）。对于实数 a 来说，ja 称为**虚数**（imaginary number）。

$$(ja)^2 = j^2 a^2 = -a^2$$

数学中，常用 aj 来表示；在工科领域，常用虚数单位在前的表示方法。a 和 b 都为实数，用 $z = a + jb$ 的形式表现的数称为**复数**（complex number）。如图 11.9 所示，$z = a + jb$ 和 $P(a, b)$ 之间存在对应关系。复数 z 和坐标平面上的 P 点存在一一对应。此坐标平面称为**复平面**（complex plane），或者称为**高斯平面**（Gaussian plane）。横轴（对应普通平面的 x 轴）称为**实轴**（real axis）图中记为 Re；纵轴（对应普通平面的 y 轴）称为**虚轴**（imaginary axis）图中记为 Im。复数的计算如下所示：

加法： $(a + jb) + (c + jd) = (a + c) + j(b + d)$

减法： $(a + jb) - (c + jd) = (a - c) + j(b - d)$

乘法： $(a + jb)(c + jd) = ac + j(ad + bc) + j^2 bd = (ac - bd) + j(ad + bc)$

除法： $\dfrac{a + jb}{c + jd} = \dfrac{(a + jb)(c - jd)}{(c + jd)(c - jd)} = \dfrac{(ac + bd) + j(bc - ad)}{c^2 + d^2} = \dfrac{(ac + bd)}{c^2 + d^2} + j\dfrac{bc - ad}{c^2 + d^2}$

对于加法和乘法的运算，实数和虚数分别进行计算。对于乘法计算使用乘法分配律，此处需注意虚数的计算。除法运算需注意以下内容：除法运算采用通分方法，此时分母的**实数化**极为重要。实数化运算基本是将分母的共轭复数分别乘以分子和分母。

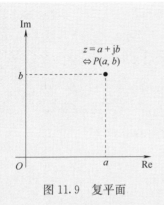

图 11.9　复平面

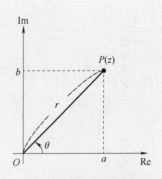

图 11.10　复数的极坐标

从图 11.10 来看，复数 $z=a+\mathrm{j}b$ 在复平面上且 $P(z)$ 也在平面内。令 $OP=r$，向量 $\boldsymbol{OP}$ 与实轴的正方向（逆时针方向）的夹角为 θ，此时采用下式三角函数形式来进行表示：

$$a=r\cos\theta，b=r\sin\theta \tag{11.15}$$

复数 $z=a+\mathrm{j}b$ 根据欧拉公式 $\mathrm{e}^{\mathrm{j}\theta}=\cos\theta+\mathrm{j}\sin\theta$，可得下式：

$$z=r(\cos\theta+\mathrm{j}\sin\theta)=r\mathrm{e}^{\mathrm{j}\theta} \tag{11.16}$$

复数 z 采用式（11.16）的表达方式成为**极坐标形式**（polar form）。复平面上的点用坐标平面的方式来考虑，根据毕达哥拉斯定理 $\left(\tan\theta=\dfrac{b}{a}\right)$，可得下式：

$$r=\sqrt{a^2+b^2}，\theta=\arctan\frac{b}{a} \tag{11.17}$$

此时，向量长度 r 为 z 的**绝对值**（absolute value），θ 为 z 的**辐角**（argument）。

$$|z|=r=\sqrt{a^2+b^2}，\angle z=\theta=\arctan\frac{b}{a} \tag{11.18}$$

此处，辐角的单位为一般角度的度 [°]。

伯德图的补充说明

如本章所述，根据系统的频率响应，可以绘制出表示系统频率特性的伯德图。在本章中，采用的系统都较为简单，根据计算就可以得到频率响应的结果。

在面对实际系统时，如图 11.3 的 RC 回路，虽然回路的基本特性可以获得，但 R 和 C 的具体数值未知的状况较多。在此，根据系统的频率响应，绘制如图 11.4 所示的伯德图，可以获得折点频率的信息，从而确定 T 的数值。此外，读出增益为定值部分的数值可以获得 K 的数值信息，从而推算出具体的 R 和 C 的数值。从系统的响应推算物理参数的具体数值的方式称为**参数识别**（parameter identification）。当然，采用脉冲响应和阶跃响应也可以进行参数识别，但是对于三阶以上的系统相当困难，只能依赖频率响应或其他参数识别法。

系统传递函数的形状及物理参数的大致数值已知的场合，不用进行频率响应的分析，采用 Matlab 等仿真软件就可以画出伯德图。本书所述的伯德图都可以用控制系统仿真软件绘制出，虽然伯德图可以用仿真软件简单地绘制，但其物理特性的含义还是需要充分了解。

本章总结

1. 输入为正弦波的场合，系统的响应为频率响应。
2. 随着输入角频率增加，一阶延迟系统响应的振幅变小，相位产生延迟。
3. 根据伯德图可以获得对于输入的系统响应的振幅和相位的特性，可用来确定更为详细的控制系统设计的方法。

习题十一

对图 10.1 的反馈控制系统进行考虑，回答下列问题：

(1) 伯德图横轴上，$10^{-1}(=0.1)$ 与 0.2 的间隔和 $10^0(=1)$ 与 2 的间隔、0.2 与 0.3 的间隔和 2 与 3 的间隔、0.8 与 0.9 的间隔和 8 与 9 的间隔，这些间隔都各不相同，请说明其原因。说明过程中使用对数的性质并用数学式表达。

(2) 式 (11.3) 中，$K=1$ 时，求 $T=0.1$，10 的频率响应表达式。

(3) 表 11.2 中，请填充 $T=0.1$，10 对应的空格。

(4) 对于一阶延迟要素，$K=1$ 时，在图 11.8 中画出 $T=0.1$，10 的伯德图（增益线图可使用折线近似）。

(5) $G(s)=\dfrac{1}{s-1}$ 是不稳定的系统，对于此类系统无法获得频率响应，请说明其理由。

(6) 积分要素 $G(s)=\dfrac{1}{s}$ 的增益可以用 $g=-20\log_{10}\omega$（ω 为角频率）来表示。$\omega=10^0\,\mathrm{rad/s}$ 时增益为 0dB，ω 增加 10 倍时增益下降 20dB，即增益的斜率为 $-20\mathrm{dB/dec}$。对此进行说明。

(7) 求系统的输入和输出的振幅比：ⅰ）0.01，0.1，0.5，$\dfrac{1}{\sqrt{2}}$；ⅱ）1，$\sqrt{2}$，2，10，100。求这些场合的增益（单位：dB）。

(8) 对于某系统，获得了如图 11.11 所示的伯德图。求系统的传递函数。

(9) 传递函数 $G_1(s)$ 的伯德图如图 11.12 所示。输入为以下状况时，稳态输出为 $y_1(t)=$

$B_1\sin(\omega_1 t+\phi_1)$。

ⅰ）输入为 $u_1(t)=\sin0.1t$ 时，求 B_1，ω_1，ϕ_1。

ⅱ）输入为 $u_1(t)=\sin100t$ 时，求 B_1，ω_1，ϕ_1。

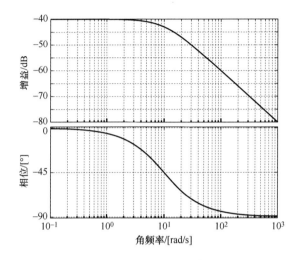

图 11.11　习题（8）的伯德图

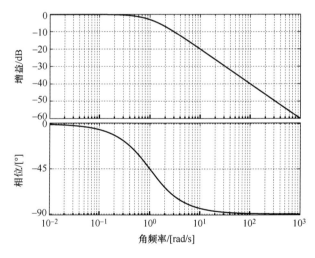

图 11.12　$G_1(s)$ 的伯德图

（10）传递函数 $G_2(s)$ 的伯德图如图 11.13 所示。输入为以下状况时，稳态输出为 $y_2(t)=B_2\sin(\omega_2 t+\phi_2)$。

ⅰ）输入为 $u_2(t)=\sin0.1t$ 时，求 B_2，ω_2，ϕ_2。

ⅱ）输入为 $u_2(t)=\sin100t$ 时，求 B_2，ω_2，ϕ_2。

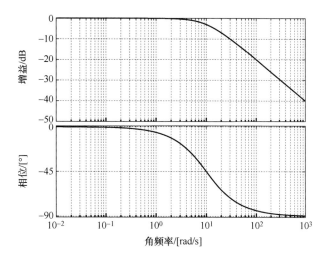

图 11.13　$G_2(s)$ 的伯德图

第 12 章 伯德图的相关特性与频率传递函数

作为第 11 章一阶延迟要素等基本要素的延续，本章对高阶系统的伯德图特性与频率响应的关联性进行说明。并且对频率传递函数和频率特性的另一种表现方法——矢量轨迹，进行说明。

本章要点

1. 理解伯德图的合成。
2. 理解二阶延迟系统伯德图的特征。
3. 理解频率传递函数和矢量轨迹。

12.1 伯德图的合成

动态系统特性用高阶传递函数进行表现的场合，把传递函数分解为低阶要素，低阶要素的频率特性进行合成可以获得高阶传递函数的频率特性，以下用示例进行说明。

例 12.1

传递函数为下式的二阶延迟系统为：

$$G(s) = \frac{1}{2s^2 + 10.2s + 1} = \frac{1}{(10s+1)(0.2s+1)} \tag{12.1}$$

对上式进行分解可得下式：

$$G(s) = G_1(s)G_2(s), \quad G_1(s) = \frac{1}{10s+1}, \quad G_2(s) = \frac{1}{0.2s+1} \tag{12.2}$$

此传递函数的分解如图 12.1 所示，为了分析 $G(s)$ 的频率响应，输入 $u(t)$ 采用正弦波进行施加。此时考虑分解后的特性，首先，传递函数 $G_2(s)$ 的特性决定 $y_2(t)$ 的输出，此响应 $y_2(t)$ 为含有振幅和角频率的正弦波。然后，$y_2(t)$ 为 $G_1(s)$ 的输入，其特性

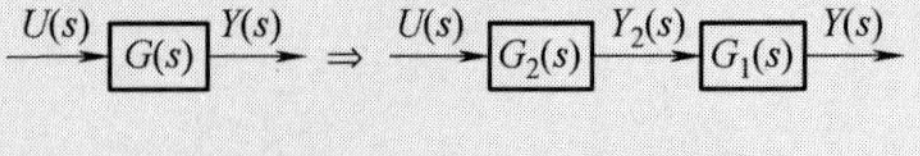

图 12.1 式（12.1）的分解

决定 $y(t)$ 的输出。在此，$u(t)$ 的振幅为 A，$y_2(t)$ 的振幅为 B，$y(t)$ 的振幅为 C，输入 $u(t)$ 与输出 $y(t)$ 的振幅比如下式所示：

$$\frac{C}{A} = \frac{C}{B} \times \frac{B}{A} \tag{12.3}$$

频率特性的增益可用式 (11.5) 进行计算，并且根据式 (11.7)，下列关系成立：

$$g = g_1 + g_2, \left(g = 20\log_{10}\frac{C}{A},\ g_1 = 20\log_{10}\frac{C}{B},\ g_2 = 20\log_{10}\frac{B}{A} \right) \tag{12.4}$$

对于相位线图，其特性为 $G_1(s)$ 和 $G_2(s)$ 的相位特性相加所得（在 12.4.2 节中说明）。综上所述可知，二阶延迟系统的频率响应：除了特殊的状况以外，二阶延迟系统可分解为一阶延迟系统，将一阶延迟系统的频率特性进行叠加可以获得其频率特性。

在此，考虑式 (12.1) 的 $G(s)$ 的伯德图绘制方法。根据式 (12.2)，首先考虑 $G_1(s)$ 的频率特性，此方法与 11.3.4 节中所述的一阶延迟系统频率特性相同，增益到折点频率 10^{-1}rad/s 为止基本为 0dB，从 10^{-1}rad/s 开始，增益以 -20dB/dec 斜率减少（见图 12.2）。

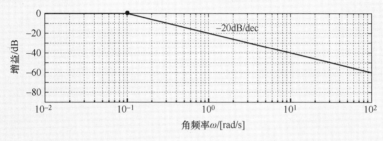

图 12.2　$G_1(s) = \dfrac{1}{10s+1}$ 增益线图的折线近似

其次，考虑 $G_2(s)$ 的频率特性。与 $G_1(s)$ 的场合相同，增益到折点频率 5rad/s 为止基本为 0dB，从 5rad/s 开始以 -20dB/dec 斜率减少（见图 12.3）。$G_1(s)$ 和 $G_2(s)$ 的相位特性与各自的一阶延迟系统的相位相同（如 11.3.4 节所述）。

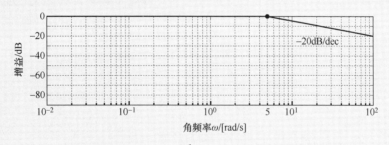

图 12.3　$G_2(s) = \dfrac{1}{0.2s+1}$ 增益线图的折线近似

根据式 (12.4) 可知 $G(s)$ 的增益为 $G_1(s)$ 和 $G_2(s)$ 的增益相加所得，因此式 (12.1) 的增益 $G(s)$ 具有以下特性：

- 角频率小于 10^{-1}rad/s 时，增益为 0dB。
- 角频率在 $10^{-1} \sim 5\text{rad/s}$，增益以 -20dB/dec 斜率减小。

- 角频率在 5rad/s 以后，增益以−40dB/dec＝[(−20)＋(−20)]dB/dec 斜率减少。

相位具有以下特性：

- $G_1(s)$ 的折点频率是 10^{-1}rad/s，相位为−45°。
- 10^0rad/s 附近，相位为−90°。
- $G_2(s)$ 的折点频率 5rad/s 处，相位为−135°＝(−90°)＋(−45°)。
- 10^2rad/s 附近，相位趋近于−180°＝(−90°)＋(−90°)。

因此，式 (12.1) 伯德图如图 12.4 所示（增益线图中的黑点为 $G_1(s)$ 和 $G_2(s)$ 的折点频率，实线为伯德图，虚线为折线近似）。

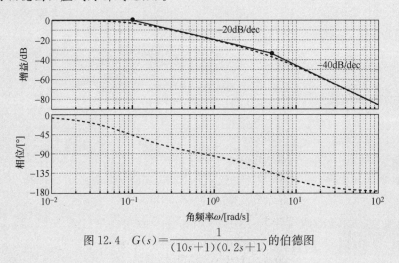

图 12.4 $G(s)=\dfrac{1}{(10s+1)(0.2s+1)}$ 的伯德图

式 (12.1) 的频率响应如图 12.5 所示，据此可知，随着角频率 ω 的增大，输出的振幅减小。根据纵轴显示的数值大小，图 12.5d 中的输入为 $u(t)=\sin 10t$，绘制了 40～50s 区间的输出波形。

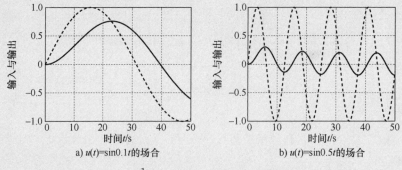

a) $u(t)=\sin 0.1t$ 的场合   b) $u(t)=\sin 0.5t$ 的场合

图 12.5 $G(s)=\dfrac{1}{(10s+1)(0.2s+1)}$ 的频率响应（虚线为输入，实线为输出）

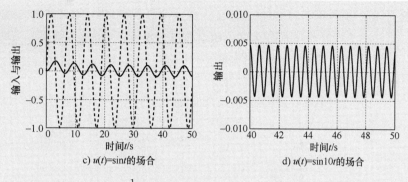

c) $u(t)=\sin t$的场合　　　　　　d) $u(t)=\sin 10t$的场合

图 12.5　$G(s)=\dfrac{1}{(10s+1)(0.2s+1)}$的频率响应（虚线为输入，实线为输出）（续）

　　实际的动态系统不仅仅体现基本要素的特性，其特性可用伯德图来进行表现，但是增益线图和相位线图会变得相当复杂。这意味着，系统为高阶传递函数。换而言之，用传递函数来表示系统特性的场合，分子和分母都为关于 s 的 2 次以上的多项式。但是，对于高阶传递函数增益线图也可使用折线近似，因为传递函数 $G(s)$ 可分解为比例要素、积分要素、一阶延迟要素和一阶超前要素，所以，也可以通过此种分解进行逆运算求得传递函数 $G(s)$。以下用例 12.2 来进行考虑。

例 12.2

　　采用折线近似绘制下式传递函数的伯德图：

$$G(s)=\frac{10(s+1)}{(10s+1)(0.1s+1)} \tag{12.5}$$

此传递函数 $G(s)$ 可分解为下列四个要素：

$$G(s)=KG_1(s)G_2(s)G_3(s) \tag{12.6}$$

式中

$$K=10,\ G_1(s)=\frac{1}{10s+1},\ G_2(s)=s+1,\ G_3(s)=\frac{1}{0.1s+1} \tag{12.7}$$

各个要素的增益线图如图 12.6～图 12.9 所示（图 12.7，图 12.8 和图 12.9 为折线近似）。各个增益特性进行相加，成为式 (12.5) 的 $G(s)$ 的折线近似增益线图，如图 12.10 所示。图 12.10 的实线为 $G(s)$ 的增益线图，虚线为折线近似，与其相当接近。

　　此外，相位线图是各个要素的相位特性相加所得，特别在一阶超前要素在折点频率处，相位发生了 45°超前，由于其影响，$G(s)$ 在 $\omega=10^0\sim10^1$ 发生相位超前。ω 为较大数值时，$G_1(s)$，$G_2(s)$ 和 $G_3(s)$ 相位特性进行相加趋近于 $-90°=(-90°)+(90°)+(-90°)$。

　　式 (12.5) 频率响应如图 12.11 所示（$\omega=10$，100 场合，省略输入波形，相应调整时间轴，只显示输出波形）。$\omega=0.01$ 场合，增益特性为 20dB，据图可知，输出振幅是输入的 10 倍。$\omega=1$ 场合，增益为正值，输出振幅大于输入振幅；$\omega=10$，100 场合，增益为负值，输出振幅小于输入振幅。

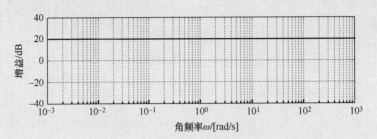

图 12.6 $K=10$ 的增益线图

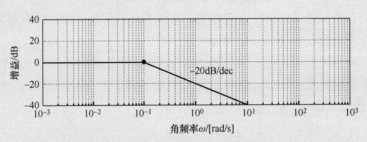

图 12.7 $G_1(s)=\dfrac{1}{10s+1}$ 的增益线图的折线近似

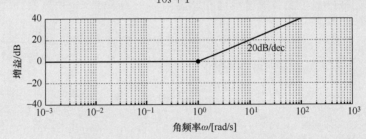

图 12.8 $G_2(s)=s+1$ 的增益线图的折线近似

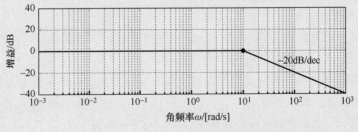

图 12.9 $G_1(s)=\dfrac{1}{0.1s+1}$ 的增益线图的折线近似

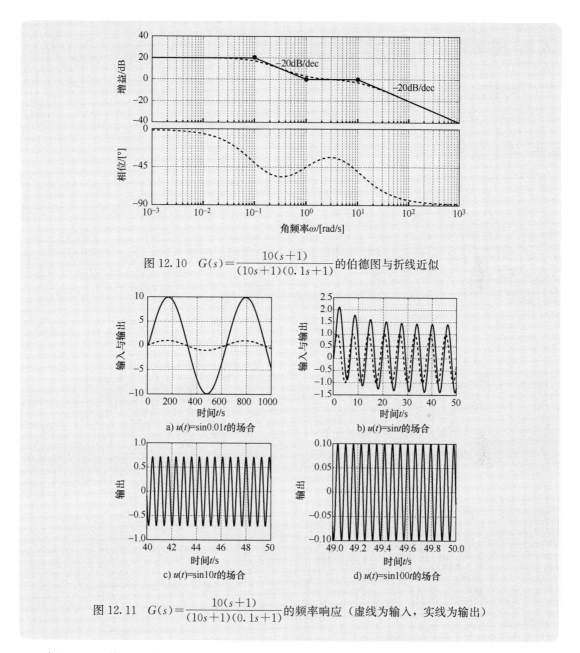

图 12.10　$G(s)=\dfrac{10(s+1)}{(10s+1)(0.1s+1)}$ 的伯德图与折线近似

a) $u(t)=\sin 0.01t$ 的场合　　b) $u(t)=\sin t$ 的场合

c) $u(t)=\sin 10t$ 的场合　　d) $u(t)=\sin 100t$ 的场合

图 12.11　$G(s)=\dfrac{10(s+1)}{(10s+1)(0.1s+1)}$ 的频率响应（虚线为输入，实线为输出）

　　例 12.2 对传递函数为式（12.5）时的响应状况进行了说明。在此，对系统特性未知状况下的伯德图采用了图 12.10 所示的方法进行了绘制，即增益线图采用了折线近似等方法。与以前的说明相反，通过该方法，可以确定传递函数式（12.5）。但是对于相位线图，相位趋近于无穷大的延迟会存在，对此种状况必须引起注意。例如系统存在纯滞后要素的场合，系统特性的获取就会变得很困难，需要深入研究。

12.2　引起共振的二阶延迟系统伯德图

二阶延迟系统的一般形式传递函数如式（6.1）所示，可表示为下式的形式：

$$G(s)=\frac{K\omega_n^2}{s^2+2\zeta\omega_n s+\omega_n^2} \tag{12.8}$$

根据具体情况，考虑下式所示的二阶延迟系统：

$$G(s)=\frac{1}{s^2+0.2s+1} \tag{12.9}$$

此时，$K=1$，$\zeta=0.1$，$\omega_n=1$。式（12.9）的频率响应如图 12.12 所示（$\omega=10$ 的场合，输入的绘制被省略）。

式（12.1）的二阶延迟系统频率响应如图 12.5 所示，据此可知，不存在输出振幅比输入振幅大的状况。因为，根据图 12.4 可知，在所有的频率上，增益线图都在 0dB 以下。但是，在图 12.12 中，$\omega=0.5$，1 的输出振幅大于输入振幅。

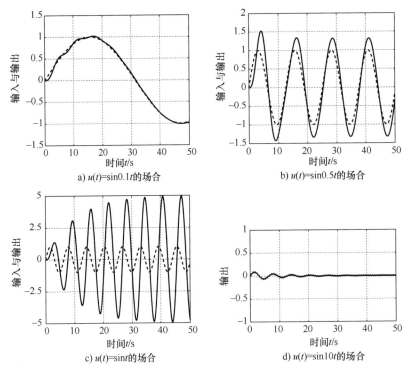

a) $u(t)=\sin 0.1t$ 的场合　　b) $u(t)=\sin 0.5t$ 的场合

c) $u(t)=\sin t$ 的场合　　d) $u(t)=\sin 10t$ 的场合

图 12.12　$G(s)=\dfrac{1}{s^2+0.3s+1}$ 的频率响应（虚线为输入，实线为输出）

使用 Matlab 等仿真工具，可以绘制式（12.9）的伯德图，如图 12.13 所示。根据图 12.13

可知，存在增益线图在 0dB 以上的角频率范围。此领域被称为**频域**（frequency domain），或者称为**频带**（frequency band，frequency range）。二阶延迟系统中，增益为 $K=1$ 时，也存在增益线图超过 0dB 的场合，此种状况被称为**共振**（resonance）。二阶延迟系统的一般形式式（12.8）中，阻尼比 $0<\zeta<\dfrac{1}{\sqrt{2}}$ 时，发生共振。这是因为，在欠阻尼的范围内，式（6.18）所示的单位阶跃响应中，发生了超调和振荡现象。式（6.6）所示的脉冲响应中，如图 6.3 所示发生了振荡现象。阻尼比 ζ 越接近 0，共振峰值越大，即增益线图超过 0dB，响应的最大值增大（最大振幅增大）。这是因为阻尼比 ζ 在 $0<\zeta<\dfrac{1}{\sqrt{2}}$ 的区间，单位阶跃响应产生较大的振荡并向 1 收敛的现象存在关联性（见图 6.8）。增益为最大值的角频率被称为**共振频率**（resonance frequency）。关于相位特性，与不发生共振的场合相同，角频率 ω 增大时，相位趋近于 $-180°$。

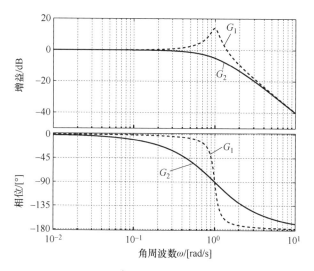

图 12.13　$G_1(s)=\dfrac{1}{s^2+0.2s+1}$ 和 $G_2(s)=\dfrac{1}{s^2+1.8s+1}$ 的伯德图

12.3　带宽与阶跃响应的关系

在前述章节中，对伯德图和频率响应的关系进行了说明。但是，通过伯德图还能对系统的性能进行评价。通过增益线图可以读取**带宽**（band width），此指标可用于评价系统的输入追踪特性。

带宽可理解为：系统的增益特性在低频领域为 0dB 来进行考虑（正确的考虑方法是 $s=0$ 时，传递函数的大小。在后续部分会继续说明），到增益约为 -3dB（输入与输出的振幅比

是 $1/\sqrt{2}$）对应频率 ω_{bw} 为止的频率宽度（$0 \leqslant \omega \leqslant \omega_{bw}$）。也就是说，带宽为可以给出系统响应可以追踪（基本为同振幅的信号进行输出）的输入频率范围。作为系统的目标值，经常使用含有高频成分的阶跃信号，因此了解带宽与阶跃响应的关联极为重要。一般情况下，输入为慢速变动的场合含有低频成分；急速变动的场合含有高频成分。可用下例来进行考虑。

以一阶延迟系统 $G(s) = \dfrac{1}{Ts+1}$ 的伯德图中，$T = 0.1$，1，10 的增益线图和对应的阶跃响应来进行考虑（见图 12.14）。作为输入的单位阶跃信号可以从低频领域到高频领域为止，进行含有各种角频率成分的分解。阶跃响应可解释为：按角频率成分分解的信号用于一阶延迟系统输入时，产生的输出进行叠加而成的信号。现在，根据一阶延迟系统 $G(s) = \dfrac{1}{Ts+1}$ 的伯德图（见图 12.14），相较于折点频率为高频成分的输入所产生的输出，其振幅较小（可以通过图 11.2 和图 11.3 来理解）。各种角频率成分的输出进行叠加而成的波形称为一阶延迟系统的响应，响应的波形与输入信号（单位阶跃信号）相同，由 0 开始经过一段时间向 1 进行收敛（此种现象不仅仅存在于增益特性中，与相位特性也存在一定关系）。根据图 12.14 可知：折点频率较大（$T = 0.1$），阶跃响应快速向 1 收敛（响应的波形近似于单位阶跃信号）；折点频率较小（$T = 10$），阶跃响应向 1 收敛较慢（与单位阶跃信号相比，波形有较大差异）。同时，被控对象到何种角频率成分的信号截止，增益为 0dB，也就是说，以同振幅的信号是否能进行输出与追踪性能存在极大的关系，其指标为带宽。带宽的概念图如图 12.15 所示。

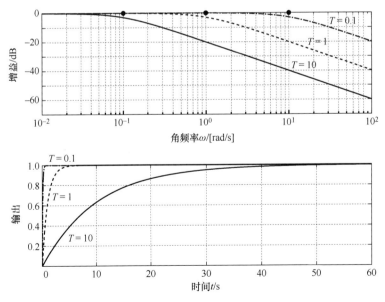

图 12.14　一阶延迟系统的增益线图与阶跃响应的关系

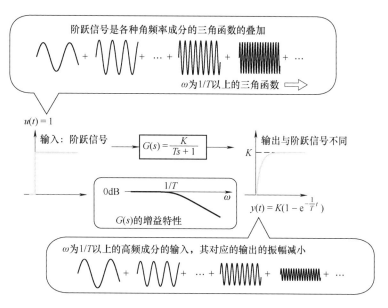

图 12.15　带宽的概念图

欠阻尼状况下超调的大小与频率特性的对应

如图 6.8 所示，二阶延迟系统的单位阶跃响应在欠阻尼状况时 ζ 的数值越接近于 0，超调量越大。在此，对二阶延迟系统的欠阻尼状况的阶跃响应和伯德图的关联进行考虑。

在理解此关联前，先参照图 12.15 的带宽概念，作为一阶延迟系统的输入施加的单位阶跃信号，是由各种各样的角频率成分组成的三角函数（正弦波）。此时，含有大于折点频率角频率成分的正弦波在输出端振幅变小，因此，一阶延迟系统的阶跃响应无法成为纯粹的阶跃信号。

对于二阶延迟系统，单位阶跃响应带宽的概念与一阶延迟系统一致。但是在 12.2 节中已进行了说明，在阻尼比 $0<\zeta<\dfrac{1}{\sqrt{2}}$ 时（欠阻尼状态），在幅值线图中，在某个频率带，需注意增益超过 0dB（此时会发生共振现象）。含有此频率带的角频率成分的正弦波施加于欠阻尼状况的二阶延迟系统，输出的振幅大于输入振幅。因此，由于含有此种角频率成分的正弦波的输出的影响，欠阻尼状况下，阶跃响应的最大值会超过 1，即在阶跃响应中发生了超调。此外，ζ 越接近于 0，共振的幅度越大，阶跃响应的超调也增大。以上的说明，阐述了二阶延迟系统在欠阻尼的状况下，阶跃响应的超调与幅值线图的共振之间的关系。

12.4　频率传递函数

不能仅仅依存于动态系统的频率响应，在传递函数已知的状况下，通过**频率传递函数** (frequency transfer function) 可以分析频率特性。频率传递函数与 $G(s)$ 的不同在于，将 s 用 $j\omega$ 进行置换，可记作 $G(j\omega)$。在此，j 为虚数单位，ω 为角频率。

频率传递函数的表达方式

　　对于式（7.13）表达的一般形式传递函数 $G(s)$ 可以计算出频率传递函数（由于次数较高而计算相当繁复）。与一阶延迟系统的状况相同，一般形式传递函数的频率传递函数可以用实部和虚部，或者大小和夹角来计算。频率传递函数有下列的表达方式：

正交形式：
$$G(j\omega)=\mathrm{Re}[G(j\omega)]+j\mathrm{Im}[G(j\omega)]$$

极坐标形式：
$$G(j\omega)=|G(j\omega)|\angle G(j\omega)=|G(j\omega)|e^{j\angle G(j\omega)}$$

12.4.1　一阶延迟系统的频率传递函数

式（11.1）所示的一阶延迟系统如下式所示：

$$G(s)=\frac{K}{Ts+1} \tag{12.10}$$

求上式的频率传递函数。式（12.10）的 s 用 $j\omega$ 代替，并对分母进行实数化，可得下式：

$$G(j\omega)=\frac{K}{j\omega T+1}=\frac{K(-j\omega+1)}{(j\omega T+1)(-j\omega T+1)}$$

$$=\frac{K(1-j\omega T)}{(\omega T)^2+1}=\frac{K}{(\omega T)^2+1}-j\frac{K\omega T}{(\omega T)^2+1} \tag{12.11}$$

据此可知，频率传递函数是传递函数采用复数进行表示的方式。式（12.11）的实部和虚部如下所示：

$$\textbf{实部：}\mathrm{Re}[G(j\omega)]=\frac{K}{(\omega T)^2+1} \tag{12.12}$$

$$\textbf{虚部：}\mathrm{Im}[G(j\omega)]=-\frac{K\omega T}{(\omega T)^2+1} \tag{12.13}$$

$G(j\omega)$ 的模（绝对值）和相角如下式所示：

$$\textbf{模：}|G(j\omega)|=\sqrt{(\mathrm{Re}[G(j\omega)])^2+(\mathrm{Im}[G(j\omega)])^2}$$

$$=\sqrt{K^2\left\{\left(\frac{1}{(\omega T)^2+1}\right)^2+\left(\frac{-\omega T}{(\omega T)^2+1}\right)^2\right\}}$$

$$= K \sqrt{\frac{(\omega T)^2+1}{\{(\omega T)^2+1\}^2}} = K \frac{\sqrt{(\omega T)^2+1}}{(\omega T)^2+1}$$

$$= K \frac{1}{\sqrt{(\omega T)^2+1}} \tag{12.14}$$

相角：$\angle G(\mathrm{j}\omega) = \arctan \dfrac{\mathrm{Im}[G(\mathrm{j}\omega)]}{\mathrm{Re}[G(\mathrm{j}\omega)]} = \arctan \dfrac{-\dfrac{K\omega T}{(\omega T)^2+1}}{\dfrac{K}{(\omega T)^2+1}} = -\arctan \omega T \tag{12.15}$

在此，一阶延迟系统的频率响应（见式（11.3））：

$$y(t) = K \frac{1}{\sqrt{(\omega T)^2+1}} A\sin(\omega t - \arctan \omega T) \tag{11.3}$$

与频率传递函数的关系在以下部分进行说明。所谓一阶延迟系统的频率响应，用正弦波 $u(t) = A\sin\omega t$ 作为系统输入时产生的响应。振幅为输入的振幅 A 乘以 $\dfrac{K}{\sqrt{(\omega T)^2+1}}$ 所得的值，相位是 $-\arctan\omega T$。这与频率传递函数的模（见式（12.14））和相角（见式（12.15））一致。即一阶延迟系统的频率传递函数的模会对响应的振幅（增益）产生影响，相角表示相位，因此，**频率传递函数与频率特性（伯德图）紧密关联**。以下对其原因进行说明。根据式（11.3）可得下式：

$$B = K \frac{1}{\sqrt{(\omega T)^2+1}} A$$

根据式（11.5）可得下式：

$$g = 20\log_{10}\frac{B}{A}$$

因此，根据式（12.14），增益 g 可用下式表述：

$$g = 20\log_{10}|G(\mathrm{j}\omega)|\,[\mathrm{dB}] \tag{12.16}$$

相位可用相角进行表示，如下式所示：

$$\phi = \angle G(\mathrm{j}\omega)\,[°] \tag{12.17}$$

　　因此，**使用根据频率传递函数计算所得增益（见式（12.16）和相位（见式（12.17）），可以绘制伯德图**。

　　根据以上内容可知，因为传递函数的 s 用 $\mathrm{j}\omega$ 进行置换，所以所得的形式被称作频率传递函数。这种方式不仅限于一阶延迟系统，高阶动态系统的频率响应也同样成立。另外，使用模和相角，一阶延迟系统的频率响应可用下式表示，参照图 12.16 所示：

$$y(t) = |G(j\omega)| A\sin(\omega t + \angle G(j\omega))$$
(12.18)

上式并不仅限于一阶延迟系统的 $G(s)$，对于高次传递函数也成立。$s=0$，即 $\omega=0$ 时的频率传递函数的模被称为**稳态增益**（steady-state gain）。

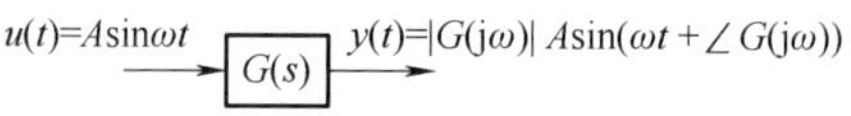

$u(t)=A\sin\omega t$ → $G(s)$ → $y(t)=|G(j\omega)| A\sin(\omega t + \angle G(j\omega))$

图 12.16 式（12.18）的表现

12.4.2 一般形式的频率传递函数

在前述章节中，说明了伯德图的合成，在此考虑伯德图的合成对一般形式的扩展。对于传递函数的一般形式，可考虑下式的系统：

$$G(s) = \frac{b_m s^m + b_{m-1} s^{m-1} + \cdots + b_1 s + b_0}{s^n + a_{n-1} s^{n-1} + \cdots + a_1 s + a_0}$$

$$= G_1(s)G_2(s)\cdots G_k(s) \quad (k \leqslant n)$$
(12.19)

根据 $G(s)$ 的频率传递函数可知，下述的关系成立：

$$G(s) = G_1(s)G_2(s)\cdots G_k(s) = G_1(j\omega)G_2(j\omega)\cdots G_k(j\omega)$$

$$= r_1 e^{j\theta_1} r_2 e^{j\theta_2} \cdots r_n e^{j\theta_k} = r_1 r_2 \cdots r_n e^{j(\theta_1 + \theta_2 + \cdots + \theta_k)}$$
(12.20)

在此，$r_i(i=1,\cdots,k)$ 是频率传递函数 $G_i(j\omega)$ 的模，$\theta_i(i=1,\cdots,k)$ 是频率传递函数 $G_i(j\omega)$ 的相位（相角）。此种表现方法是复数的极坐标形式，最后的等式只用了指数函数的性质。根据式（12.20）可知，高阶（n 阶）传递函数的模是将其分解为低次（1 次或 2 次）传递函数，并将低阶传递函数的模进行相乘而得；相位是低阶传递函数的相位相加而得。在此基础上，使用下式的对数性质，高次传递函数的增益线图可由低次传递函数的增益线图叠加而成。

$$\log p_1 p_2 \cdots p_k = \log p_1 + \log p_2 + \cdots + \log p_k$$
(12.21)

即，式（12.20）的增益可用下式表示

$$20\log_{10} |G(j\omega)| = \sum_{i=1}^{k} 20\log_{10} r_i = \sum_{i=1}^{k} 20\log_{10} |G_i(j\omega)|$$
(12.22)

相位也同样用叠加的形式表示，如下式所示

$$\angle G(j\omega) = \sum_{i=1}^{k} \theta_i = \sum_{i=1}^{k} \angle G_i(j\omega)$$
(12.23)

12.5 矢量轨迹

频率传递函数 $G(j\omega)$ 是根据角频率 ω 发生数值变化的复数，由模和相位（相角）可以在复平面上用矢量表现（可以参照第 11 章的补充说明）。ω 由 0 开始到∞为止变化时，矢量的前端描绘出轨迹，这就是**矢量轨迹**（vector locus）。矢量轨迹可以像伯德图一样表现系统 $G(s)$ 的频率特性，其特征是使用一个图就可以表现模和相位。奈奎斯特稳定判别法（第 13 章）和回路整形（loop-shaping）反馈控制系统设计（第 14 章）都需要使用矢量轨迹的内容。在矢量轨

迹中，相位特性可直接使用伯德图相关知识，但是模与增益（$20\log_{10}|G(j\omega)|$[dB]）不同。下面用一个简单的例子理解矢量轨迹。

例 12.3

一阶延迟系统 $G(s)=\dfrac{K}{Ts+1}$ 的实部和虚部分别为式（12.12）和式（12.13），据此在复平面上取点，所取的点与原点相连可得矢量 $G(j\omega)$。此时，矢量的模和相位按照 12.4.1 节所示方法进行计算可得下式的表现形式：

$$|G(j\omega)|=K\,\frac{1}{\sqrt{(\omega T)^2+1}},\ \angle G(j\omega)=-\arctan\omega T$$

根据上式可知下述内容：

- $\omega=0$ 时；模为 K，相位为 $0°$。
- $\omega=\dfrac{1}{T}$ 时；模为 $\dfrac{K\sqrt{2}}{2}$，相位为 $-45°$。
- $\omega\to+\infty$ 时；模向 0 收敛，相位趋近于 $-90°$。

具体的形式如图 12.17 所示，图中相位（相角）的方向以实轴（Re）的递时针方向为正方向。模是从原点开始的绝对值 $|G(j\omega)|$ 的长度，相位表示实轴（Re）和矢量的夹角。实际的矢量轨迹如图 12.18 所示，此轨迹以 $\left(\dfrac{K}{2},0\right)$ 为圆心，半径 $\dfrac{K}{2}$ 的圆上移动。将 $G(j\omega)=\dfrac{K}{j\omega T+1}$ 进行变形，可以获得圆方程。

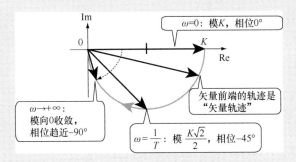

图 12.17　一阶延迟系统的矢量轨迹考虑方法

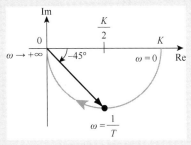

图 12.18　$G(s)=\dfrac{K}{Ts+1}$ 的矢量轨迹

例 12.4

积分要素 $G(s)=\dfrac{1}{s}$ 的频率传递函数的模和相位（相角）如下式所示：

$$G(j\omega)=\frac{1}{j\omega}=-j\,\frac{1}{\omega} \tag{12.24}$$

$$|G(\mathrm{j}\omega)| = \sqrt{\left(-\mathrm{j}\frac{1}{\omega}\right)^2} = \frac{1}{\omega}, \quad \angle G(\mathrm{j}\omega) = \arctan\frac{-\mathrm{j}\dfrac{1}{\omega}}{0} = -90° \qquad (12.25)$$

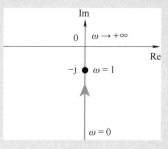

相位一直为 $-90°$，模如下列内容所示：

- $\omega = 0$ 时，模为无穷大。
- $\omega = 1$ 时，模为1。
- $\omega \to +\infty$ 时，模向0收敛。

积分要素 $G(s) = \dfrac{1}{s}$ 的矢量轨迹如图 12.19 所示。将

11.3.2 节的积分要素伯德图（见图 11.5）与矢量轨迹进行比较，两者间存在对应关系。

图 12.19　积分系统的矢量轨迹

　　到此为止，对表现系统传递函数特性的伯德图和矢量轨迹进行了说明，可以做出下列总结：

频率特性的总结

　　传递函数的一般形式（见式（12.19）），分母为 s 的 n 次多项式，分子为 s 的 m 次多项式。

角频率 $\omega \to$ 大（$+\infty$）时，频率传递函数的特征如下所示：

- 模 $|G(\mathrm{j}\omega)|$：向0收敛。
- 增益 $20\log_{10}|G(\mathrm{j}\omega)|$：以 $-20 \times (n-m)$ dB/dec 的斜率减小。
- 相位：趋近于 $-90° \times (n-m)$。

二阶延迟系统或一阶延迟系统+积分要素 $\left(G(s) = \dfrac{K}{s(T_1 s + 1)}\right)$ 是基本要素的叠加，伯德图（增益和相位）由基本要素叠加而得。矢量轨迹的模必须注意与伯德图增益的差异。相位可由叠加而得，与伯德图的相位特性相同。

系统种类和模、增益、相位特性以及伯德图和矢量轨迹的总结参照表 12.1。

表 12.1　系统的频率特性特征（$T_1 < T_2$ 的场合）

系统类型	$\omega \to$ 大（$+\infty$）	伯德图基本形状	矢量轨迹基本形状
一阶延迟系统（要素） $\dfrac{K}{T_1 s + 1}$ 分母：1次，分子：0次	模 $\to 0$ 增益 $\to -20$dB/dec 相位 $\to -90°$		

（续）

系统类型	$\omega \to$ 大（$+\infty$）	伯德图基本形状	矢量轨迹基本形状
二阶延迟系统（要素） $\dfrac{K}{(T_1 s+1)(T_2 s+1)}$ 分母：2 次，分子：0 次	模 $\to 0$ 增益 $\to -40\text{dB/dec}$ 相位 $\to -180°$	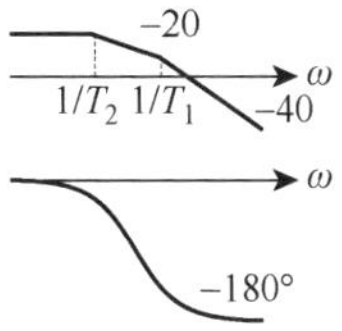	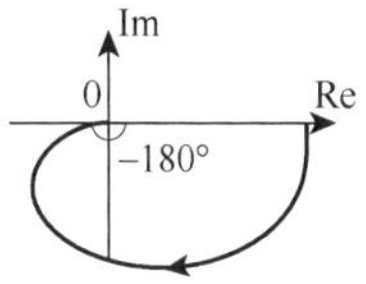
一阶延迟系统＋积分要素 $\dfrac{K}{s(T_1 s+1)}$ 分母：2 次，分子：0 次	模 $\to 0$ 增益 $\to -40\text{dB/dec}$ 相位 $\to -180°$	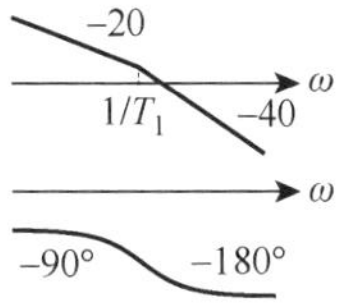	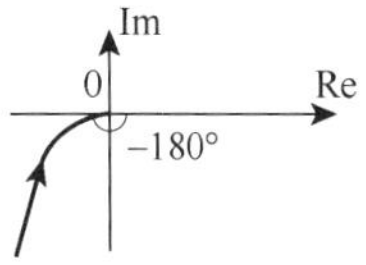
二阶延迟系统＋积分要素 $\dfrac{K}{s(T_1 s+1)(T_2 s+1)}$ 分母：3 次，分子：0 次	模 $\to 0$ 增益 $\to -60\text{dB/dec}$ 相位 $\to -270°$	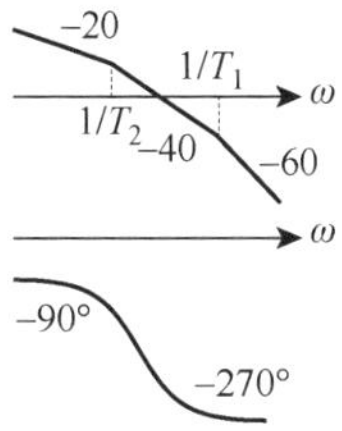	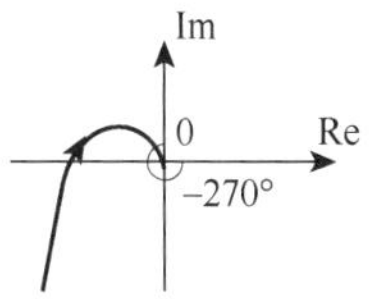

本章总结

1. 伯德图合成的基本方法是叠加。

2. 二阶延迟系统等高阶系统中，存在输出振幅远大于输入振幅的频率范围，这被称为共振。

3. 用 $s=\text{j}\omega$ 来求取频率传递函数，所得函数为复数。在 ω 发生变化时，将模和相角（相位）在复平面上进行取点，所得点连接而成的轨迹是矢量轨迹。

习题十二

（1）将下列传递函数分解为基本要素，并用折线近似绘制增益线图：

1）$G(s)=\dfrac{20}{s+2}$

2）$G(s)=\dfrac{10}{s(s+1)}$

3）$G(s)=\dfrac{2s+10}{(s+1)(s+10)}$

（2）增益线图的折线近似如图 12.20 所示，求其传递函数（不用考虑相位特性）。

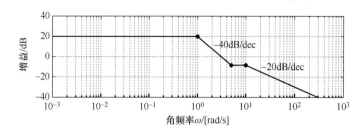

图 12.20　增益线图的折线近似

（3）求 $G(s)=\dfrac{1}{s+1}$ 的频率传递函数及其模和相位。计算 $\omega=0$，1 和 $\omega\to\infty$ 时的相位和模，并画出矢量轨迹。

（4）对于下列传递函数的频率传递函数，求模与相位，并画出矢量轨迹。

ⅰ）$G(s)=\dfrac{1}{2s+1}$

ⅱ）$G(s)=\dfrac{2}{s+1}$

※提示：频率传递函数用 $G(\mathrm{j}\omega)=\mathrm{Re}[G(\mathrm{j}\omega)]+\mathrm{jIm}[G(\mathrm{j}\omega)]$ 进行表示，令 $x=\mathrm{Re}[G(\mathrm{j}\omega)]$，$y=\mathrm{Im}[G(\mathrm{j}\omega)]$，用 x 和 y 的数学式消去 ω 就可以获得矢量轨迹的形状。

（5）使用第 11 章习题 9 和 10 所示 $G_1(s)$ 和 $G_2(s)$，令 $G_3(s)=10G_1(s)\cdot G_2(s)$。在图 12.21 中画出 $G_3(s)$ 的伯德图（可使用折线近似）。

（6）对于习题 5 的 $G_3(s)$ 的伯德图，施加以下的输入，考虑稳态输出 $y_3(t)=B_3\sin(\omega_3 t+\phi_3)$：

ⅰ）输入为 $u_3(t)=\sin0.1t$ 时，求 B_3，ω_3，ϕ_3。

ⅱ）输入为 $u_3(t)=\sin100t$ 时，求 B_3，ω_3，ϕ_3。

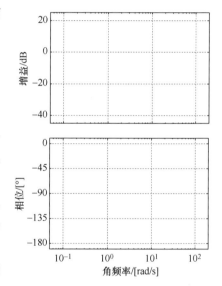

图 12.21　$G_3(s)$ 的伯德图

（7）对于图 12.22 所示 $G_4(s)$ 的伯德图，施加以下的输入，考虑稳态输出 $y_4(t)=B_4\sin(\omega_4 t+\phi_4)$：

ⅰ）输入为 $u_4(t)=\sin0.1t$ 时，求 B_4，ω_4，ϕ_4。

ⅱ）输入为 $u_4(t)=\sin10t$ 时，求 B_4，ω_4，ϕ_4。

（8）对于第 11 章习题 9 和 10 的传递函数 $G_1(s)$ 和 $G_2(s)$，以及第 12 章习题 6 和 7 的传递函数 $G_3(s)$ 和 $G_4(s)$，施加大小为 1 的阶跃输入，阶跃响应如图 12.23 所示。说明图 12.23a～d 所示的响应分别为哪个传递函数的阶跃响应。

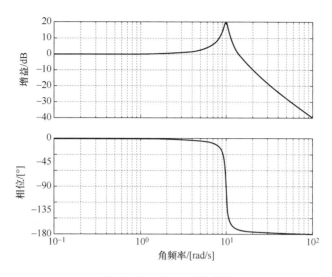

图 12.22　$G_4(s)$的伯德图

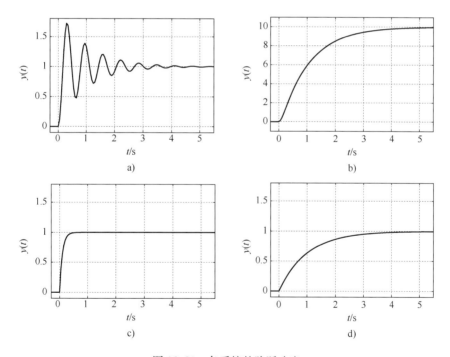

图 12.23　各系统的阶跃响应

（9）求 $G(s)=\dfrac{1}{s(s+1)}$ 的 $|G(\mathrm{j}\omega)|$ 和 $\angle G(\mathrm{j}\omega)$。

（10）对于习题 9 所示的 $G(s)$，在 $\omega=0$，1 及 $\omega\to\infty$ 时，求 $\angle G(\mathrm{j}\omega)$，并画出矢量轨迹的大致形状。

第 13 章　奈奎斯特稳定判别法

在第 8 章中，对反馈控制系统的稳定性进行了阐述，反馈控制系统的稳定性也就是内部稳定性的判断，用式（8.9）和式（8.10）的 4 个传递函数的稳定性进行分析判断的方法进行了说明。在第 7 章中，对传递函数的稳定性进行了说明，稳定条件："分母多项式"＝0 的根（极点）的实部都为负。对 4 个传递函数的稳定性分别进行了确认，可以判断反馈控制系统的稳定性。但是在本章中，采用奈奎斯特判别法来重新考虑反馈控制系统的稳定性。使用奈奎斯特稳定判别法不仅可以判断反馈控制系统是否稳定，还可以给出稳定程度的指标，此点极为重要。

> **本章要点**
> 1. 理解奈奎斯特稳定判别法。
> 2. 理解增益裕度和相位裕度。
> 3. 理解稳定裕度和控制系统响应的关系。

13.1　反馈控制系统的稳定性：用稳定裕度来考虑

以下用实例对本章所希望理解的概念进行说明。在第 6 章和第 9 章中，对二阶延迟系统的传递函数 $P(s)$ 所表示的被控对象采用 I 控制（具体参见第 9 章）的控制器 $C(s)$ 来构筑反馈控制系统进行了详细说明。此反馈控制系统如图 13.1a 所示，其数学表达式如下式所示：

a) 反馈控制系统

b) 开环传递函数 $L(s) = P(s)C(s)$

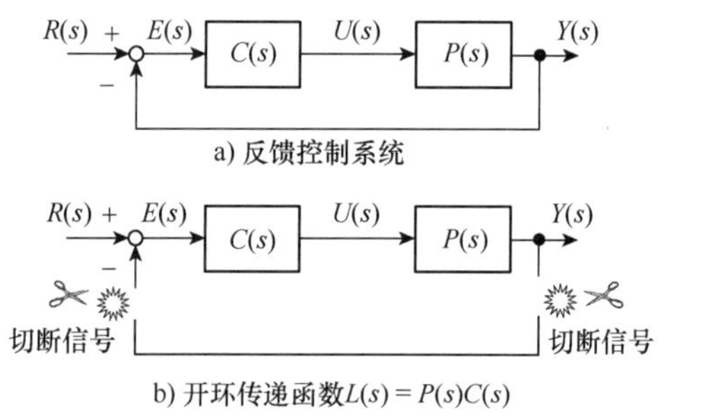

图 13.1　反馈控制系统与开环传递函数 $L(s) = P(s)C(s)$

$$P(s) = \frac{K\omega_n^2}{s^2 + 2\zeta\omega_n s + \omega_n^2} \tag{13.1}$$

$$C(s) = \frac{K_i}{s} \tag{13.2}$$

目标值 $R(s)$ 到输出 $Y(s)$ 为止的传递函数 $G_{yr}(s)$ 与式（8.10）相同，可以进行如下式的计算：

$$G_{yr}(s) = \frac{P(s)C(s)}{1 + P(s)C(s)} = \frac{\dfrac{K\omega_n^2}{s^2 + 2\zeta\omega_n s + \omega_n^2} \dfrac{K_i}{s}}{1 + \dfrac{K\omega_n^2}{s^2 + 2\zeta\omega_n s + \omega_n^2} \dfrac{K_i}{s}}$$

$$= \frac{K_i K \omega_n^2}{s^3 + 2\zeta\omega_n s^2 + \omega_n^2 s + K_i \omega_n^2} \tag{13.3}$$

在式 (13.1) 中，$K=1$，$\omega_n=10$，$\zeta=0.5$。根据控制器的设计参数 I 增益 K_i 的数值变化，对控制系统的特性差异进行分析。

首先，考虑 $K_i=1$ 的场合。通过计算可知：$G_{yr}(s)$ 的"分母多项式"＝0 的根（传递函数的极点）为 -1.1，-4.4 ± 8.4j。极点的实部都为负，$G_{yr}(s)$ 为稳定的传递函数。$G_{yr}(s)$ 的阶跃响应如图 13.2a 所示。在此，切断反馈回路（见图 13.1b），可得传递函数 $L(s)=P(s)C(s)$，其伯德图如图 13.3a 所示。图 13.1a 所示的反馈控制系统中，观测信号 $y(t)$ 进行反馈（返还到控制器的输入侧），其信号线被称为反馈回路。在前馈控制系统中（参照第 8 章），不存在反馈回路。$L(s)$（没有反馈回路的传递函数）被称为**开环传递函数**（open-loop transfer function），或者开环特性，具体内容在 13.3 节以后说明。此处，$L(s)=P(s)C(s)$ 的伯德图如图 13.3 所示的单纯形式已足够充分。

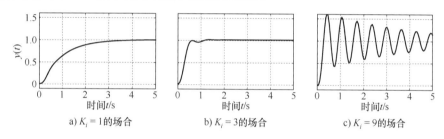

a) $K_i=1$ 的场合　　　　b) $K_i=3$ 的场合　　　　c) $K_i=9$ 的场合

图 13.2　G_{yr} 的阶跃响应

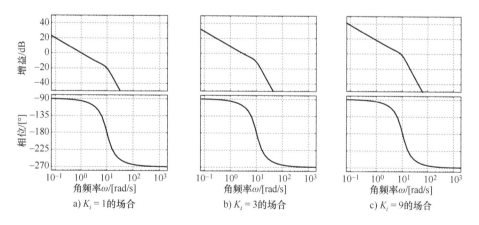

a) $K_i=1$ 的场合　　　　b) $K_i=3$ 的场合　　　　c) $K_i=9$ 的场合

图 13.3　开环传递函数 $L(s)=P(s)C(s)$ 的伯德图

其次，考虑 $K_i=3$ 的场合，通过计算可得 $G_{yr}(s)$ 的极点为 -3.9，-3.0 ± 8.2j，此时 G_{yr} 也为稳定。$G_{yr}(s)$ 的阶跃响应如图 13.2b 所示，$L(s)$ 的伯德图如图 13.3b 所示。I 增益由 $K_i=1$ 变化至 $K_i=3$，传递函数 G_{yr} 一直为稳定。但是，对比其阶跃响应（见图 13.2a 和

图 13.2b)，$K_i = 3$ 的响应更快地向目标值收敛，可以认为控制性能更好。关于响应的速度在第 14 章中详细说明。

最后，考虑 $K_i = 9$ 的场合。$G_{yr}(s)$ 的极点为 -9.5，$-0.26 \pm 9.7\mathrm{j}$，$G_{yr}(s)$ 仍为稳定。此时 $G_{yr}(s)$ 的阶跃响应如图 13.2c 所示，从图中可知，响应发生了极大的振荡现象。在此，假设此例为机械手的控制系统设计。式（13.1）表示机械手运动的传递函数，施加在机械手关节的力矩为输入 $U(s)$（即 $u(t)$），机械手的回转角 $Y(s)$（$y(t)$）为输出。因为 $Y(s)$ 为机械手的回转角，以图中所示的方式机械手进行运动，其运动轨迹难以捉摸，对周围的人和物存在很大的危险性。也就是说，虽然所选择的设计参数使 $G_{yr}(s)$ 具有稳定性，但是系统工程师还需要对具体的设计参数进行再检查。

根据上例可知，选定的设计参数可以使控制系统具有稳定性，但是会出现图 13.2c 所示的状况，产生缺乏实用性的输出响应。因此，在设计控制系统时，不仅需要考虑是否具有稳定性，还需确定所选设计参数是否使控制系统具有充分裕度的稳定，这在控制系统设计的实际应用上极为重要。与此相反，图 13.2c 所示的控制系统响应可以认为没有稳定的裕度（稳定裕度较小）。

如果对 13.2 节及以后章节内容充分理解，从图 13.3 的伯德图中，就可以掌握充分的信息判断控制系统是否具有实用性的稳定。例如：图 13.3a 和图 13.3b 就可以判定为具有充分的稳定裕度，而图 13.3c 可以判定为不具有实用性的控制系统。本章中，对此种判断方法进行说明。

13.2 反馈控制系统的稳定性：特性多项式

在第 7 章中，说明了系统的传递函数 $G(s)$ 可用 $G(s) = \dfrac{\text{分子多项式}}{\text{分母多项式}}$ 的方式表现。在此，将被控对象 $P(s)$、控制器 $C(s)$ 所表示的传递函数分子和分母多项式用 $N_p(s)$，$D_p(s)$，$N_c(s)$，$D_c(s)$ 来表示，可得下式

$$P(s) = \frac{N_p(s)}{D_p(s)} = \frac{k_p(s - q_1^p) \cdots (s - q_{m_p}^p)}{(s - p_1^p) \cdots (s - p_{n_p}^p)} \tag{13.4}$$

$$C(s) = \frac{N_c(s)}{D_c(s)} = \frac{k_c(s - q_1^c) \cdots (s - q_{m_c}^c)}{(s - p_1^c) \cdots (s - p_{n_c}^c)} \tag{13.5}$$

此时，被控对象 $P(s)$ 是严密真，控制器 $C(s)$ 为真（proper），$m_p < n_p$，$m_c \leqslant n_c$。一般来说，这是必要的条件，但是对于 PD 和 PID 控制不成立。对于 $P(s)$ 和 $C(s)$ 所表示的传递函数，假定其具有既约性。例如传递函数 $G(s)$ 为 $G(s) = \dfrac{(s+2)(s+3)}{(s+1)(s+2)}$，此时不具有既约性。$G(s) = \dfrac{s+3}{s+1}$ 为既约的表现。也就是说，分子和分母的公因子通过约分全部约去，对分式进行约束就是既约表现。

例 13.1

被控对象为 $P(s)=\dfrac{1}{(s+0.1)(s+1)}$，控制器为 $C(s)=\dfrac{1}{s}$。根据式（13.4）和式（13.5），可得如下的表现方式：

$N_p(s)=1$　（$m_p=0$），　$D_p(s)=(s+0.1)(s+1)$　（$n_p=2$）

$N_c(s)=1$　（$m_c=0$），　$D_c(s)=s$　（$n_c=1$）

在第 8 章已作了如下说明，所谓反馈控制系统的内部稳定就是式（8.9）和式（8.10）的 4 个传递函数全都为稳定的状况。此 4 个传递函数用式（13.4）和式（13.5）的 $N_p(s)D_p(s)$，$N_c(s)$，$D_c(s)$ 来表示可得下式

$$G_{yr}(s)=\frac{N_p(s)N_c(s)}{N_p(s)N_c(s)+D_p(s)D_c(s)} \tag{13.6}$$

$$G_{yd}(s)=\frac{N_p(s)D_c(s)}{N_p(s)N_c(s)+D_p(s)D_c(s)} \tag{13.7}$$

$$G_{ur}(s)=\frac{D_p(s)N_c(s)}{N_p(s)N_c(s)+D_p(s)D_c(s)} \tag{13.8}$$

$$G_{ud}(s)=\frac{-N_p(s)N_c(s)}{N_p(s)N_c(s)+D_p(s)D_c(s)} \tag{13.9}$$

此时，4 个传递函数的分母多项式都相同，为 $N_p(s)N_c(s)+D_p(s)D_c(s)$。在第 7 章中曾说明了以下内容：

传递函数稳定⟺分母多项式＝0 的所有根的实部为负

如果多项式 $N_p(s)N_c(s)+D_p(s)D_c(s)=0$ 的根都为负，4 个传递函数都稳定，即反馈控制系统实现内部稳定。并且此现象的反向推导也成立（4 个传递函数为稳定，多项式 $N_p(s)$ $N_c(s)+D_p(s)D_c(s)=0$ 所有根都为负）。

反馈控制系统为内部稳定（4 个传递函数为稳定）

⇕

$N_p(s)N_c(s)+D_p(s)D_c(s)=0$ **所有根为负**

$N_p(s)N_c(s)+D_p(s)D_c(s)$ 是判断反馈控制系统内部稳定性的重要多项式，被称为**特性多项式**（characteristic polynomial）。特性多项式＝0 的根，由 4 个传递函数的极点获得，被称为**闭环极点**（close-loop pole）。并且实部为负的闭环极点被称为**稳定闭环极点**，实部不为负的闭环极点被称为**不稳定闭环极点**。

例 13.2

与例 13.1 相同，被控对象为 $P(s)=\dfrac{1}{(s+0.1)(s+1)}$，控制器为 $C(s)=\dfrac{1}{s}$，其特性多项式如下所示：

$$N_p(s)N_c(s)+D_p(s)D_c(s)=1\times 1+(s+0.1)(s+1)\times s$$
$$=s^3+1.1s^2+0.1s+1$$

根据上式，通过数值计算可得闭环极点为 -1.48，$0.19\pm 0.8j$，实部为正的极点存在 2 个，反馈控制系统不能实现内部稳定。此例中，被控对象 $P(s)$ 为稳定，使用控制器 $C(s)=\dfrac{1}{s}$ 后，整个反馈控制系统不具有稳定性。在控制系统中，会有此种状况存在，需引起足够的注意。

13.3　奈奎斯特稳定判别法：准备

式（8.9）和式（8.10）的 4 个传递函数的分母中，都存在 $1+P(s)C(s)$。在此处，将 $1+P(s)C(s)$ 用 4 个多项式 $N_p(s)$，$D_p(s)$，$N_c(s)$，$D_c(s)$ 来表示，然后，用此方式说明**奈奎斯特稳定判别法**（Nyquist stability criterion）。首先，$1+P(s)C(s)$ 可采用下式的方式来表现：

$$1+P(s)C(s)=1+\frac{N_p(s)}{D_p(s)}\frac{N_c(s)}{D_c(s)}=\frac{N_p(s)N_c(s)+D_p(s)D_c(s)}{D_p(s)D_c(s)} \tag{13.10}$$

$1+P(s)C(s)$ 的分子是特性多项式。分母与图 13.1 所示的开环传递函数 $L(s)=P(s)C(s)$ 用 $\dfrac{N_p(s)}{D_p(s)}\dfrac{N_c(s)}{D_c(s)}$ 来表现时的分母 $D_p(s)D_c(s)$ 相同。因此，$D_p(s)D_c(s)=0$ 的根被称为**开环极点**（open-loop pole）。被控对象的分母多项式（分子多项式）与控制器的分子多项式（分母多式）存在公因子，两者互相抵消的现象称为**零极点相消**。在不存在零极点相消的场合，开环传递函数 $L(s)=P(s)C(s)$ 的极点与 $D_p(s)D_c(s)=0$ 的根（开环极点）相同。在开环极点中，实部为负具有稳定性，实部不为负为不稳定状态，与闭环极点的场合相同。

例 13.3

与例 13.1 相同，被控对象为 $P(s)=\dfrac{1}{(s+0.1)(s+1)}$，控制器为 $C(s)=\dfrac{1}{s}$，其特性多项式如下所示：

$$D_p(s)D_c(s)=(s+0.1)(s+1)\times s$$

开环极点为 -1，-0.1，0。

稳定性判断的目的是确认反馈控制系统是否为内部稳定，也就是说，不稳定的闭环极点是否存在，如存在不稳定的闭环极点，希望知道其个数 Z。式（13.10）能等于 0（zero）的点，用 Z 来表示。

对于控制系统的特性分析或控制器的设计，在第 2 章和第 3 章对其考虑方法已进行了说明，要把握被控对象的特性，必须推导出其数学模型。因此，系统工程师必须知道传递函数 $P(s)$ 的相关信息，例如：多项式 $N_p(s)$，$D_p(s)$ 的次数、极点和零点等。控制器 $C(s)$ 必须由系统工程师来设计，当然对这些信息必须掌握。也就是说，系统工程师必须掌握多项式 $D_p(s)D_c(s)$ 的具体形状，开环极点中不稳定极点的个数 P。可以使式（13.10）的分母成为 0 的极点来进行考虑，并为了同 $P(s)$ 进行区别，所以用 P 来表示。

综上所述，系统工程师需要掌握的重要信息如下所述：

已知：开环极点中不稳定极点个数 P

期望知道：闭环极点中不稳定极点个数 Z

奈奎斯特稳定判别法：**已知不稳定的开环极点个数 P 的状况下，求取不稳定的闭环极点个数 Z 的方法**。在 13.1 节中，曾作过以下叙述：稳定（$Z=0$）或不稳定（$Z \geqslant 1$）不仅要作出判断，需要使用稳定裕度这个指标进行衡量，关于稳定裕度将在 13.6 节中说明。

13.4　奈奎斯特稳定判别法：使用方法

在此，对奈奎斯特稳定判别法的使用方法进行说明，理解奈奎斯特稳定判别法的步骤，对导出此方法的理解会有很大帮助。关于奈奎斯特稳定判别法的推导过程将在附录中进行叙述。

奈奎斯特稳定判别法的步骤如下所示，在此作出几点说明：开环传递函数 $L(s)=P(s)C(s)$ 不存在虚轴上的极点（闭环传递函数 $L(s)$ 存在虚轴上极点的状况请参照附录）。

> **奈奎斯特稳定判别法**
>
> - 步骤 1：在 $D_p(s)D_c(s)=0$ 的根（开环极点）中，算出不稳定的开环极点个数 P。
> - 步骤 2：绘制开环传递函数的矢量轨迹 $L(j\omega)$（$\omega \in [0,\infty)$）。在实际绘制中，选择足够大的 ω_h，画出 $0 \sim \omega_h$ 的轨迹。$L(s)$ 为严格真，ω_h 为足够大的状况下，$L(j\omega_h) \to 0$。
> - 步骤 3：绘制与步骤 2 的轨迹关于实轴对称的轨迹（$L(j\omega)$ 在 $0 \sim -\infty$ 的轨迹），这两部分的矢量轨迹合称奈奎斯特轨迹（nyquist plot）。$L(j(-\omega))=L(-j\omega)$，是 $L(j\omega)$ 的共轭复数，即 $L(-j\omega)=\overline{L(j\omega)}$。同时，$L(j\omega)$ 在 $\omega>0$ 时的轨迹关于实轴进行反转可以成为 $L(j\omega)$ 在 $\omega<0$ 的轨迹。
> - 步骤 4：计算奈奎斯特轨迹在点 $-1+j0$ 周边顺时针回转的次数 N。逆时针回转记为负数。
> - 步骤 5：$N=Z-P$，反馈控制系统含有 Z 个不稳定极点。如果 $Z=0$，反馈控制系统内部稳定。

根据下例来理解奈奎斯特稳定判别法的步骤：

例 13.4

反馈控制系统的被控对象 $P(s)=\dfrac{1}{s+1}$，控制器 $C(s)=1$。根据 $D_p(s)D_c(s)=(s+1)\times1$，不稳定的开环极点不存在，所以 $P=0$。

开环传递函数 $L(s)=P(s)C(s)=\dfrac{1}{s+1}\times1=\dfrac{1}{s+1}$ 的矢量轨迹见图 12.18 中的 $K=1$，$T=1$ 的场合，也与第 12 章的习题 3 相同，见图 13.4 的实线部分。此部分对实轴进行反转可得图 13.4 的虚线部分，此两者的轨迹为奈奎斯特轨迹。

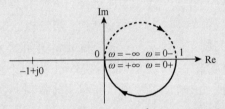

图 13.4　$L(s)=P(s)C(s)=\dfrac{1}{s+1}$ 的奈奎斯特轨迹

奈奎斯特轨迹关于点 $-1+\mathrm{j}0$ 的回转次数 $N=0$，根据 $N=Z-P$，$Z=0$，即不存在不稳定的闭环极点，因此反馈控制系统为内部稳定。

例 13.5

考虑被控对象为 $P(s)=\dfrac{1}{(s+1)^2}$，控制器为 $C(s)=\dfrac{K}{s+0.1}$ 构成的反馈控制系统。根据 $D_p(s)D_c(s)=(s+1)^2\times(s+0.1)$ 可知不存在不稳定的开环极点，所以 $P=0$。

开环传递函数 $L(s)=P(s)C(s)=\dfrac{1}{(s+1)^2}\times\dfrac{K}{s+0.1}=\dfrac{K}{(s+0.1)(s+1)^2}$ 的奈奎斯特轨迹在 $K=1$，2.4，3 的情况下，如图 13.5 所示。图 13.6 是图 13.5 在点 $-1+\mathrm{j}0$ 附近的放大。

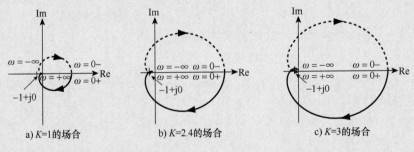

a) $K=1$ 的场合　　b) $K=2.4$ 的场合　　c) $K=3$ 的场合

图 13.5　$L(s)=P(s)C(s)=\dfrac{1}{(s+1)(s+1)^2}$ 的奈奎斯特轨迹

$K=1$ 的场合，根据图 13.5a 和图 13.6a 可知，奈奎斯特轨迹绕点 $-1+\mathrm{j}0$ 回转次数为 $N=0$。因为 $N=Z-P$ 且 $Z=0$，所以反馈控制系统为内部稳定。此时，图 13.1a 的

目标值 $R(s)$ 到输出 $Y(s)$ 为止的传递函数 $G_{yr}(s)$ 为稳定，阶跃响应如图 13.7a 所示，快速收敛。

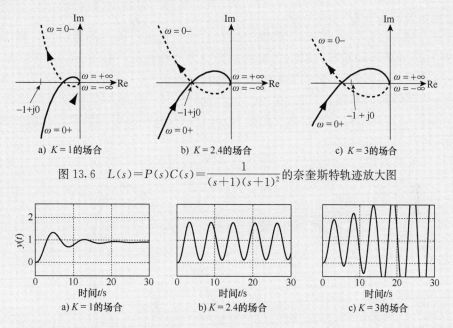

a) $K=1$的场合　　　　b) $K=2.4$的场合　　　　c) $K=3$的场合

图 13.6　$L(s)=P(s)C(s)=\dfrac{1}{(s+1)(s+1)^2}$ 的奈奎斯特轨迹放大图

a) $K=1$的场合　　　　b) $K=2.4$的场合　　　　c) $K=3$的场合

图 13.7　$G_{yr}(s)$ 的阶跃响应

$K=3$ 的场合，根据图 13.6c 和图 13.5c 可知，ω 在 $[0,+\infty)$ 范围内，奈奎斯特轨迹绕点 $-1+j0$ 按顺时针方向有 1 次回转。同时 ω 在 $(-\infty,0]$ 范围内，也有 1 次回转，共计 2 次回转，所以 $N=2$。因为 $P=0$ 且 $Z=2$，反馈控制系统存在 2 个不稳定的闭环极点。反馈控制系统不稳定，如图 13.7c 所示的阶跃响应呈现发散状态。

最后分析 $K=2.4$ 的场合。此时，奈奎斯特轨迹处于是否经过点 $-1+j0$ 的分界线，也就是说，处于稳定界限的状态。其响应如图 13.7b 所示，响应存在持续不断的振荡现象，不可以用于实际系统。

13.5　奈奎斯特稳定判别法的简化

在实际系统的控制问题中，稳定的被控对象采用稳定控制器的情况很多。但是，在此种场合下，所构筑的反馈控制系统也存在不稳定的情况，可参照例 8.3。在此场合下，不稳定的开环极点不存在，所以 $N=0$。此种状况可采用简化的奈奎斯特稳定判别法。以下对此方法进行说明。

被控对象 $P(s)$ 含有积分要素 $1/s$，或者控制器 $C(s)$ 含有 I 控制，此类状况在实际的控制系统中广泛存在（I控制可参照第 9 章，I控制的必要性可参照第 10 章）。此时，在开环极点中，对应积分要素 $1/s$ 的 $s=0$ 的极点仅存在 1 个，其他全部极点如都为稳定，可采用简化的奈奎斯特稳定判别法。简化的奈奎斯特稳定判别法对于求取由相位裕度和增益裕度所构成的稳定裕度极为重要。

开环极点都为稳定，或者 $s=0$ 的极点仅存在 1 个，其他极点都为稳定，例 13.1、例 13.4 和例 13.5 都是这种状况，以下考虑的系统也为此种状况。由图 13.4 和图 13.6a 的奈奎斯特轨迹来看，ω 在 $0+\sim+\infty$ 变化时的矢量轨迹，点 $-1+j0$ 一直在左手边；并且可以看到，向原点收敛时，不会发生绕 $-1+j0$ 周围的回转。此种状况反馈控制系统为内部稳定。与其相反，点 $-1+j0$ 在右手侧可见（见图 13.6c）则存在不稳定的极点。此两种状况如图 13.8 所示。

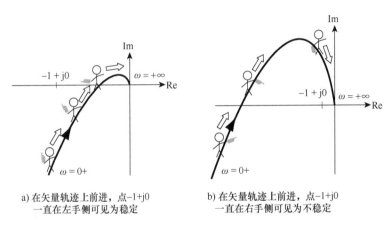

a) 在矢量轨迹上前进，点-1+j0一直在左手侧可见为稳定   b) 在矢量轨迹上前进，点-1+j0一直在右手侧可见为不稳定

图 13.8 简化的奈奎斯特稳定判别法

对于图 13.8 的状况进行简化的奈奎斯特判别法的总结如下：

简化的奈奎斯特稳定判别法
- *步骤 1*：$D_p(s)D_c(s)=0$ 的根（开环极点）不存在不稳定的要素，或者只存在 1 个 $s=0$ 的极点，其他极点都稳定，对此状况进行确认。
- *步骤 2*：绘制开环传递函数的矢量轨迹 $L(j\omega)$（ω 由 $0+\rightarrow+\infty$ 变化）。
- *步骤 3*：对于矢量轨迹来说，点 $-1+j0$ 一直在左手侧可见并向 0 收敛，反馈系统内部稳定。如不是此种状态，即为不稳定。

例 13.6

与例 13.1～例 13.3 相同，考虑 $P(s)=\dfrac{1}{(s+0.1)(s+1)}$ 和 $C(s)=\dfrac{1}{s}$ 的反馈系统。根据例 13.3 可知 $D_p(s)D_c(s)$ 含有 1 个 $s=0$ 的开环极点，其他两个极点为稳定。可以使用

简化的奈奎斯特稳定判别法。开环传递函数 $L(s)=P(s)C(s)=\dfrac{1}{(s+0.1)(s+1)}\times\dfrac{1}{s}=$
$\dfrac{1}{s(s+0.1)(s+1)}$ 的矢量轨迹如图 13.9a 所示。矢量轨迹在点 $-1+j0$ 右手侧可见并向原点收敛。因此，反馈控制系统不具有内部稳定性。这个结果与例 13.2 通过特性多项式求得的根结果一致。

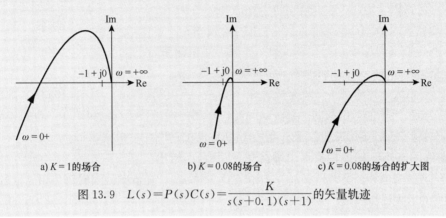

a) $K=1$ 的场合　　　　b) $K=0.08$ 的场合　　　　c) $K=0.08$ 的场合的扩大图

图 13.9　$L(s)=P(s)C(s)=\dfrac{K}{s(s+0.1)(s+1)}$ 的矢量轨迹

例 13.7

将例 13.6 的控制器 $C(s)$ 更换为 $C(s)=\dfrac{0.08}{s}$ 来考虑。开环极点与例 13.6 一致，没发生任何变化。

开环传递函数 $L(s)=P(s)C(s)=\dfrac{0.08}{s(s+0.1)(s+1)}$ 的数量轨迹如图 13.9b 所示，点 $-1+j0$ 附近的轨迹扩大图如图 13.9c 所示。此时，矢量轨迹一直在点 $-1+j0$ 左手侧可见，并向原点收敛。因此，反馈控制系统为内部稳定。

13.6　稳定裕度：相位裕度和增益裕度

根据图 13.8 和图 13.9 可知下述内容：

> 开环传递函数 $L(s)$ 的矢量轨迹，一直在点 $-1+j0$ 左手侧可见，与点 $-1+j0$ 保持充分的距离，且向原点收敛，反馈控制系统具有充分的稳定裕度。

例如图 13.6a 和图 13.9c 所示为构成稳定的反馈控制系统的开环传递函数 $L(s)$ 的矢量轨迹。开环传递函数的矢量轨迹向点 $-1+j0$ 趋近，反馈控制系统的稳定性会有损失，如图

13.6b 所示的状况。此外，开环传递函数的矢量轨迹超越了点−1+j0，且在点的右手侧可见，反馈控制系统变得不稳定，如图 13.6c 和图 13.9a 所示的不稳定状况。因此，开环传递函数 $L(s)$ 的矢量轨迹与点−1+j0 之间的距离是衡量反馈控制系统稳定裕度的指标。以下对其指标相位裕度和增益裕度，进行说明。

开环传递函数 $L(s)=P(s)C(s)$ 的矢量轨迹如图 13.10a 所示，伯德图如图 13.10b 所示。在此，对**增益交叉频率**（gain crossover frequency）ω_{gc} 和**相位交叉频率**（phase crossover frequency）ω_{pc} 进行以下定义：

增益交叉频率 ω_{gc}：$|L(j\omega_{gc})|=1$ 的角频率 ω

相位交叉频率 ω_{pc}：$\angle L(j\omega_{pc})=-180°$ 的角频率 ω

增益交叉频率 ω_{gc}：在低频范围（ω 在较小数值范围）中，较大的 $|L(j\omega)|$ 数值随着角频率的增加（ω 增大）逐步减小，直至成为 $|L(j\omega_{gc})|=1$ 的角频率。图 13.10a 中，虚线是以原点为圆心，半径为 1 的单位圆的一部分。因此，开环传递函数 $L(s)=P(s)C(s)$ 的矢量轨迹和此单位圆在增益交叉频率 ω_{gc} 处交叉。在图 13.10b 的伯德图中，根据 $20\log|L(j\omega_{pc})|=20\log1=0\text{dB}$，**增益线图与 0dB 轴的相交点由增益交叉频率 ω_{gc} 给出**。

以相同方法考虑相位交叉频率 ω_{pc}。相位交叉频率 ω_{pc}：在低频范围的较小相位延迟 $\angle L(j\omega)$ 随着角频率的增大逐步增大，直至成为 $\angle L(j\omega_{pc})=-180°$ 的角频率。在图 13.10a 的矢量轨迹中，开环传递函数 $L(s)=P(s)C(s)$ 的矢量轨迹和实轴在相位交叉频率处相交。图 13.10b 的伯德图中，**由 $\angle L(j\omega_{pc})=-180°$ 可以读取相位交叉频率 ω_{pc}**。

在增益交叉频率 ω_{gc} 处，$|L(j\omega_{gc})|=1$。如果开环传递函数 $L(s)=P(s)C(s)$ 的相位 $\angle L(j\omega)$ 进一步延迟到图 13.10a 所示的角度 PM 的大小以上，则矢量轨迹在点−1+j0 右手侧可见。也就是说，反馈控制系统为不稳定。与此相反，含有较大 PM 的开环传递函数 $L(s)=P(s)C(s)$ 的矢量轨迹与点−1+j0 保持足够的距离，同时向原点收敛则可以获得具有实用性的稳定反馈控制系统。角度的大小 PM 如下式所示：

$$\text{PM}=180°+\angle L(j\omega_{gc})[°] \tag{13.11}$$

图 13.10b 的伯德图中，从增益交叉频率 ω_{gc} 的位置处引垂线至相位线图，可以读出 PM 的数值。PM 表示反馈系统持有多少稳定裕度，被称为**相位裕度**（phase margin）。从矢量轨迹（见图 13.10a）和伯德图（见图 13.10b）的两方都可以读取相位裕度 PM。此种特性极为重要。

评价稳定裕度的另一个指标是**增益裕度**（Gain Margin，GM）。在相位交叉频率 ω_{pc} 处，$\angle L(j\omega_{pc})=-180°$。增益裕度 GM 如下式定义：

$$\text{GM}=\frac{1}{|L(j\omega_{pc})|} \tag{13.12}$$

图 13.10a 的矢量轨迹中，由 $|L(\mathrm{j}\omega_{pc})|$ 的倒数可读取增益裕度 GM。在此，考虑增益裕度 GM 数值的含义。

现在考虑开环传递函数 $L(s)=P(s)C(s)$ 乘以常数 GM 而形成的新的开环传递函数 $\mathrm{GM}\times L(s)$。根据 $\angle(\mathrm{GM}\times L(\mathrm{j}\omega_{pc}))=\angle\mathrm{GM}+\angle L(\mathrm{j}\omega_{pc})=0°-180°$，$|\mathrm{GM}\times L(\mathrm{j}\omega_{pc})|=|\mathrm{GM}|\times |L(\mathrm{j}\omega_{pc})|=1$，$\mathrm{GM}\times L(s)$ 的矢量轨迹通过点 $-1+\mathrm{j}0$。$L(s)$ 的模大于 GM 的开环传递函数的场合，反馈控制系统为不稳定。因此，增益裕度 GM 是无论开环传递函数 $L(s)=P(s)C(s)$ 的模可以取多大的数值，都能保持反馈控制系统的稳定性的评价指标。

此外，开环传递函数持有较大的增益裕度 GM，其矢量轨迹与点 $-1+\mathrm{j}0$ 保持充分的距离并向原点收敛，可以获得具有实用性的稳定的控制系统。伯德图（见图 13.10b）中，相位交叉频率 ω_{pc} 的位置处，利用垂线作图方法可以读出增益裕度 GM［dB］的分贝值（增益裕度通常用分贝值表示）。与相位裕度 PM 相同，增益裕度 GM 可以从矢量轨迹（见图 13.10a）和伯德图（见图 13.10b）读取。此种特性极为重要。

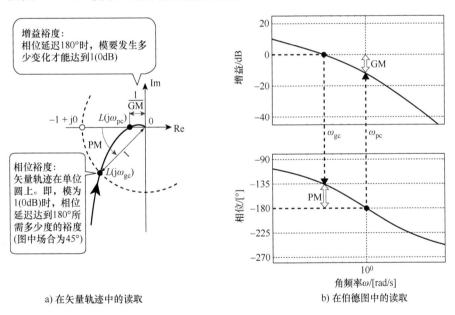

a) 在矢量轨迹中的读取　　　　　　b) 在伯德图中的读取

图 13.10　相位裕度和增益裕度

例 13.8

考虑被控对象 $P(s)=\dfrac{1}{(s+1)^2}$ 和控制器 $C(s)=\dfrac{0.5}{s}$ 构成的反馈控制系统。根据 $D_p(s)D_c(s)=(s+1)^2\times s$，可使用简化奈奎斯特稳定判别法。

开环传递函数 $L(s)=P(s)C(s)=\dfrac{1}{(s+1)^2}\times\dfrac{0.5}{s}$ 的矢量轨迹如图 13.11a 所示，伯德图如图 13.11b 所示。在矢量轨迹中，虚线为以原点为圆心、半径为 1 的单位圆，伯德图中用虚线表示出增益交叉频率 ω_{gc} 和相位交叉频率 ω_{pc} 的位置。

从图 13.11 的矢量轨迹和伯德图两者之中，都可以读出此控制系统的相位裕度 PM＝$45°$，增益裕度 GM＝12dB$\Big(=-20\log\dfrac{1}{0.25}\Big)$。即增益裕度 GM＝$\dfrac{1}{0.25}$＝4，用分贝值表示 GM＝12dB。

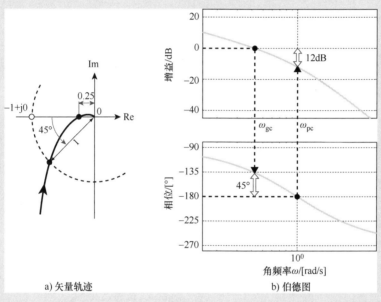

a) 矢量轨迹   b) 伯德图

图 13.11 $L(s)=P(s)C(s)=\dfrac{0.5}{s(s+1)^2}$ 的相位裕度和增益裕度

例 13.9

考虑与例 13.5 同样的被控对象 $P(s)=\dfrac{1}{(s+1)^2}$ 和控制器 $C(s)=\dfrac{K}{s+0.1}$。与图 13.5 和图 13.6 的状况相同，$K=1$，2.4，3 时的伯德图如图 13.12 所示。$K=1$ 时，存在 PM＝$30°$ 的相位裕度；$K=2.4$ 时，相位裕度 PM 基本不存在，也就是说，处于被称为稳定界限的状态。$K=3$ 时，增益交叉频率 ω_{gc} 的相位 $\angle L(j\omega_{pc})$ 发生 $180°$ 以上的延迟，因此控制系统为不稳定状态。此种状况与图 13.6 所读取的状况完全相同。因此，从图 13.6 所示的矢量轨迹（奈奎斯特轨迹）和图 13.12 所示的伯德图中都可以读取相位增益 PM。

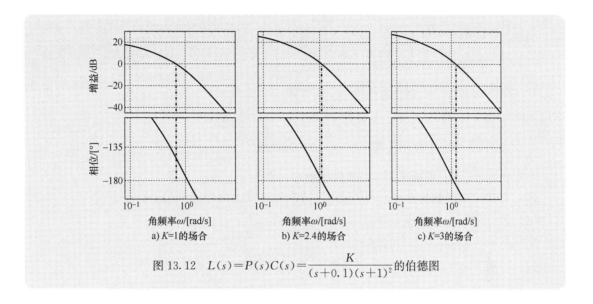

图 13.12　$L(s) = P(s)C(s) = \dfrac{K}{(s+0.1)(s+1)^2}$ 的伯德图

根据伯德图进行稳定判别

作为此章的总结性内容，对 13.1 节的例子回顾，如 13.1 节的最后叙述：仅仅根据图 13.3 的伯德图是否能对反馈控制系统的稳定性进行判断。图 13.3 的伯德图与图 13.11b 相同，在增益交叉频率 ω_{gc} 处，利用垂线作图法来进行分析。通过作图可知：$K_i = 1$，3 时，相位裕度 PM 分别为 80° 和 70°。$K_i = 9$ 时，相位裕度 PM 基本不存在。此种状况就是在 13.1 节最后所述的根据伯德图可以进行稳定判断的理由。

本章总结

1. 奈奎斯特稳定判别法是根据开环传递函数 $L(s) = P(s)C(s)$ 的奈奎斯特线图来对反馈控制系统的稳定性进行判断，并可以获得反馈控制系统的不稳定极点个数。

2. 奈奎斯特线图是否绕点 $-1 + j0$ 进行回转可以判断反馈控制系统是否稳定。

3. 如满足条件，不存在不稳定的开环极点，或者只存在 1 个在原点的极点，就可以使用简化的奈奎斯特稳定判别法。

4. 可以通过开环传递函数 $L(s) = P(s)C(s)$ 的矢量轨迹和伯德图得到增益裕度和相位裕度，使用此指标可以对控制器进行性能评价。

习题十三

（1）对图 8.2 所示的反馈控制系统考虑内部稳定性，回答下列问题：

ⅰ）简述内部稳定性的定义。

ii) $P(s) = \dfrac{s+2}{(s+1)(s+3)}$, $C(s) = \dfrac{(s+1)(s+6)}{s}$, 求此反馈控制系统的特性多项式 $\phi(s)$。

iii) 判断此反馈控制系统的内部稳定性。

(2) 对图 13.1a 所示的反馈系统考虑内部稳定性，令 $P(s) = \dfrac{1}{(s+1)^2}$, $C_2(s) = \dfrac{1}{s}$，回答以下问题：

ⅰ) 在图 13.13a 中画出传递函数 $\dfrac{1}{s+1}$ 的矢量轨迹。

ⅱ) 在图 13.13b 中画出 $C_2(s)$ 的矢量轨迹。

ⅲ) 开环传递函数为 $L_2(s) = P(s)C_2(s)$，求 $|L_2(\mathrm{j}\omega)|$ 和 $\angle L_2(\mathrm{j}\omega)$。

ⅳ) 求 $|L_2(\mathrm{j}0)|$ 和 $\angle L_2(\mathrm{j}0)$。

ⅴ) 求 $\lim\limits_{\omega\to\infty}|L_2(\mathrm{j}\omega)|$ 和 $\lim\limits_{\omega\to\infty}\angle L_2(\mathrm{j}\omega)$。

ⅵ) 对图 13.14，说明开环传递函数 $L_2(s)$ 的矢量轨迹是哪一个。

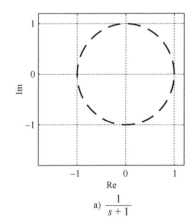
a) $\dfrac{1}{s+1}$

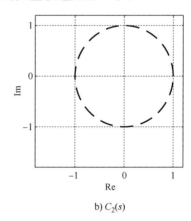
b) $C_2(s)$

图 13.13 矢量轨迹

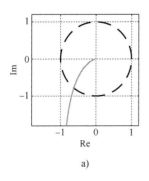
a)

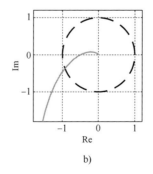
b)

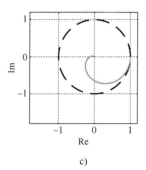
c)

图 13.14 矢量轨迹

（3）对习题 2 的 $P(s)$ 使用 $C_1(s) = \dfrac{1}{10}$，$C_2(s) = \dfrac{0.1}{s}$，对图 13.1a 的反馈系统考虑内部稳定性，回答以下问题：

ⅰ）传递函数 $\dfrac{1}{s+1}$ 的伯德图（增益线图和相位线图都进行折线近似）如图 13.15a 所示。使用折线近似在图 13.15a 中画出 $P(s)$ 的伯德图。

ⅱ）$C_1(s)$ 的伯德图如图 13.15b 所示。使用折线近似在图 13.15c 中画出开环传递函数 $L_1(s) = P(s)C_1(s)$ 的伯德图。

ⅲ）求此控制系统的相位裕度。

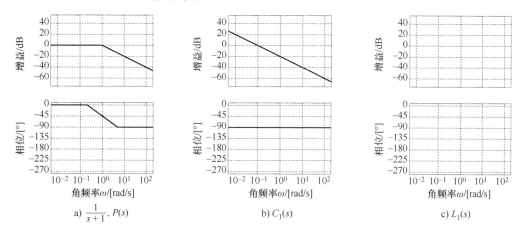

图 13.15　伯德图

（4）对习题 2 和习题 3 的 $P(s)$，分别使用 $C_1(s)$，$C_2(s)$，$C_3(s) = 2C_2(s) = \dfrac{2}{3}$。开环传递函数 $L_1(s)$，$L_2(s)$，$L_3(s) = P(s)C_3(s)$ 的伯德图如图 13.16 所示。回答下列问题。

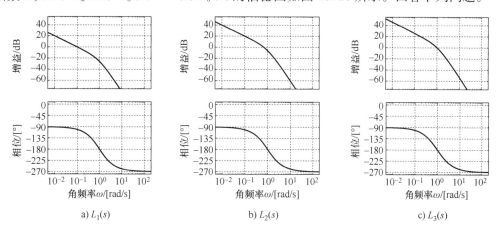

图 13.16　伯德图

ⅰ）求使用 $C_1(s)$，$C_2(s)$，$C_3(s)$ 时的相位裕度。

ⅱ）对使用 $C_1(s)$，$C_2(s)$，$C_3(s)$ 的各个控制系统，进行内部稳定性的判断。

ⅲ）使用 $C_1(s)$，$C_2(s)$，$C_3(s)$ 的反馈控制系统的阶跃响应如图 13.17 所示。说明 $C_1(s)$，$C_2(s)$，$C_3(s)$ 对应的阶跃响应。

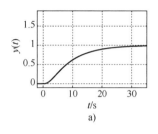 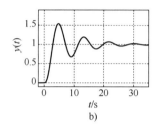 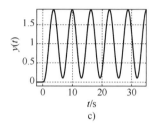

a)   b)   c)

图 13.17　阶跃响应

（5）$P(s) = \dfrac{1}{s-1}$，$C(s) = \dfrac{s-1}{s+1}$ 时，请回答以下问题：

ⅰ）求式（13.4）和式（13.5）所示的 $N_p(s)$，$D_p(s)$，$N_c(s)$，$D_c(s)$。

ⅱ）求开环传递函数及不稳定的开环传递函数极点个数。

ⅲ）采用奈奎斯特稳定判别法，求不稳定的闭环极点个数。

注意：此例为不稳定零极点相消状况。在实际的系统中，产生不稳定的零极点相消，反馈系统不能达到内部稳定。不采用奈奎斯特稳定判别法也可判断为不稳定，参照第 8 章的习题 1。

（6）开环传递函数为 $L(s) = \dfrac{20}{s(s^2+5s+2)}$ 的场合，求增益裕度，并判断反馈控制系统的稳定性。

（7）开环传递函数为 $L(s) = \dfrac{K}{s(s^2+2s+1)}$ 的场合，使用奈奎斯特稳定判别法，求使反馈控制系统达到稳定的 K 的条件。提示：求取 $L(j\omega)$ 的虚部成为 0 的 ω 的数值。

第 14 章   基于回路整形法的反馈控制系统设计

在第 13 章中，叙述了根据开环传递函数 $L(s)=P(s)C(s)$ 绘制奈奎斯特轨迹来分析反馈控制系统的内部稳定性的方法。在没有不稳定开环极点的场合，根据开环传递函数 $L(s)$ 的频率特性，可以获得反馈控制系统的稳定裕度（增益裕度和相位裕度），从而设计具有实用性的控制器。

在本章中，以上述内容为基础进行扩展，根据反馈控制系统的设计思路，对开环传递函数 $L(s)$ 的频率特性进行调整来设计控制器 $C(s)$。此方法就是回路整形法。本章中对回路整形法在控制器设计的应用中进行说明。

本章要点

1. 理解控制系统的性能评价和回路整形法的关系。
2. 理解回路整形法的要点。
3. 理解相位延迟，相位超前控制器设计思路与反馈控制系统特性的关系。

14.1   控制系统的性能评价与回路整形

在控制系统的设计中，满足控制设定来设计控制器极为重要。例如：不仅需要设计控制器 $C(s)$ 达到内部稳定性（参照第 8 章），还用终值定理分析了目标值到误差的传递函数（见下式），设计的控制器需使稳态误差为 0（参照第 10 章）。

$$\frac{1}{1+P(s)C(s)} \tag{14.1}$$

另外，目标值到被控量的传递函数如下所示：

$$\frac{P(s)C(s)}{1+P(s)C(s)} \tag{14.2}$$

根据此传递函数的伯德图可以获得 ω_{bw} 带宽的信息，并可根据此信息了解反馈控制系统的追踪性能。

不仅需要对反馈控制系统进行解析，还需完成以下的解析：根据式（14.1）和式（14.2）共有的分母中的开环传递函数 $L(s)=P(s)C(s)$ 的频率特性解析获得具有实用性的反馈控制系统的稳定裕度（增益裕度 GM 和相位裕度 PM）；并且可以确定反馈控制系统的性能评价的尺度，$L(s)$ 的增益交叉频率 ω_{gc} 是评价响应速度的指标，相位裕度 PM 是评价衰减性的指标。PM≤90°时，$\omega_{gc} \leqslant \omega_{bw}$，即提高增益交叉频率 ω_{gc} 相当于增大带宽 ω_{bw}。

控制器 $C(s)$ 的设计不仅需要达到闭环传递函数（见式（14.2））所期望的频率特性，还需达到开环传递函数 $L(s)$ 所期望的频率特性，这样反馈控制系统才可以达到所期望的性能。在控制器 $C(s)$ 设计时，对开环传递函数 $L(s)$ 的频率特性进行整形的考虑方法被称为**回路整形**（loop shaping）。

14.2　回路整形的思考方法

根据开环传递函数 $L(s)$ 的频率特性差异来分析控制系统的阶跃响应差异，以此来说明回路整形的思考方法。

例 14.1

被控对象为 $P(s)=\dfrac{1}{s}$ 和控制器为 $C(s)=K_p$ 来构成反馈控制系统（见图 14.1）。在 $K_p=1$，10 时，开环传递函数 $L(s)=P(s)C(s)=\dfrac{K_p}{s}$ 的伯德图如图 14.2a 和 b 所示，反馈控制系统的阶跃响应如图 14.2c 和 d 所示。$K_p=1$ 时，增益交叉频率 $\omega_{gc}(\approx\omega_{bw})$ 为 $10^0\,\mathrm{rad/s}$，$K_p=10$ 时为 $10^1\,\mathrm{rad/s}$。对比图 14.2c 和 d 的阶跃响应，$\omega_{gc}=10^1\,\mathrm{rad/s}$ 的 $K_p=10$ 的场合，响应速度较为优越。也就是说，要实现响应较快的反馈控制，需要较高的增益交叉频率 ω_{gc}。

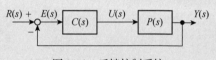

图 14.1　反馈控制系统

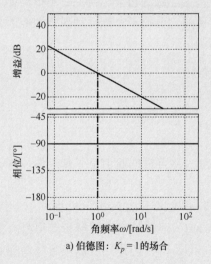

a) 伯德图：$K_p=1$ 的场合

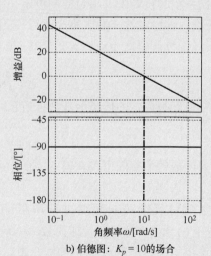

b) 伯德图：$K_p=10$ 的场合

图 14.2　增益交叉频率 $\omega_{gc}(\approx\omega_{bw})$ 不同的反馈控制系统

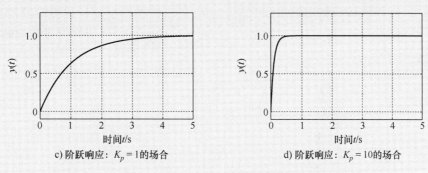

c) 阶跃响应：$K_p = 1$ 的场合　　　　　　d) 阶跃响应：$K_p = 10$ 的场合

图 14.2　增益交叉频率 $\omega_{gc}(\approx \omega_{bw})$ 不同的反馈控制系统（续）

例 14.2

被控对象为 $P_1(s) = \dfrac{1}{s+1}$ 或者 $P_2(s) = \dfrac{1}{s}$，控制器为 $C(s) = 10$ 构成反馈控制系统，

如图 14.1 所示。开环传递函数 $L_1(s) = P_1(s)C(s) = \dfrac{10}{s+1}$ 和 $L_2(s) = P_2(s)C(s) = \dfrac{10}{s}$ 的

伯德图如图 14.3a 和 b 所示，反馈控制系统的阶跃响应如图 14.3c 和 d 所示。

在两个控制系统中，关注低频领域的开环传递函数增益。根据图 14.3a 可知，在 $L_1(s)$ 的场合，$\omega = 10^0\,\mathrm{rad/s}$ 以下的频域中，增益为常数值 20dB。在 $L_2(s)$ 的场合，低频领域中增益特性斜率为 $-20\mathrm{dB/dec}$，随着 ω 的减小，增益变大。图 14.3c 和 d 的阶跃响

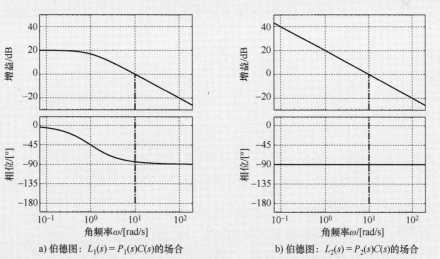

a) 伯德图：$L_1(s) = P_1(s)C(s)$ 的场合　　　b) 伯德图：$L_2(s) = P_2(s)C(s)$ 的场合

图 14.3　低频增益 $\lim_{\omega \to 0} |L(\mathrm{j}\omega)|$ 不同的反馈控制系统

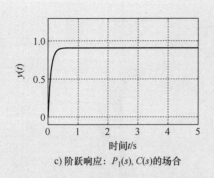
c) 阶跃响应：$P_1(s)$，$C(s)$ 的场合

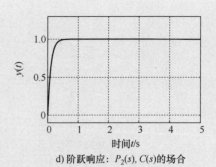
d) 阶跃响应：$P_2(s)$，$C(s)$ 的场合

图 14.3　低频增益 $\lim\limits_{\omega\to 0}|L(\mathrm{j}\omega)|$ 不同的反馈控制系统（续）

应进行比较可知，在低频领域斜率为 $-20\mathrm{dB/dec}$ 的 $L_2(s)$ 的场合，$\lim\limits_{t\to\infty}y(t)=1$，阶跃响应不发生稳态误差。因此，要使阶跃响应不产生稳态误差的反馈控制系统的实现，必须使低频领域的增益特性斜率为 $-20\mathrm{dB/dec}$（角频率减少时，增益增加）。如第 10 章所述，阶跃输入的追踪，必须使 $L(s)$ 含有积分要素 $\dfrac{1}{s}$。$-20\mathrm{dB/dec}$ 的斜率是由于积分要素的作用。如果追踪斜坡输入的状况，必须含有 $\dfrac{1}{s^2}$ 的要素，增益特性斜率为 $-20\mathrm{dB/dec}$。

最后，对 $L(s)$ 的相位裕度 PM 进行确认。相位裕度 PM 在第 13 章中已作过说明，是对控制系统的稳定裕度产生重大影响的指标。相位裕度 PM 较小的控制系统（见图 13.2c），其响应无法用于实际的控制系统。因此在设计稳定的控制系统时，必须确保足够大小的相位裕度 PM。

至此为止所示的方法，对于一般开环传递函数都成立。基于回路整形法的设计，可作出以下总结：

基于回路整形法设计的要点

- 稳态特性：在低频领域的增益取较大的数值（增益特性持有一定斜率，$\lim\limits_{\omega\to 0}|L(\mathrm{j}\omega)|=\infty$）这里开环传递函数的增益特性在低频领域具有一定数值的斜率，例如：$-20\mathrm{dB/dec}$ 或 $-40\mathrm{dB/dec}$，可得 $\lim\limits_{\omega\to 0}|L(\mathrm{j}\omega)|=\infty$。在伯德图上，为 $\omega=0$ 的点。

- 响应速度：增益交叉频率 ω_{gc} 取较大数值。

- 衰减性：相位裕度 PM 取足够大的数值。

- Roll-off 特性：高频领域增益减小加剧。

最后列举的 Roll-off 特性将在 14.5 节中进行说明。

14.3　基于相位延迟控制器的反馈控制系统设计

开环传递函数 $L(s)$ 的频率特性中，低频领域的增益大小的改善值得关注的有**相位延迟控制器**（phase lag controller）。相位延迟控制器的传递函数如下所示：

$$C(s) = \frac{s + \omega_1}{s + \omega_2} \quad \omega_1 > \omega_2 \tag{14.3}$$

相位延迟控制器的伯德图如图 14.4 所示。图 14.4 中，由虚线所示特性可知，相位延迟控制器在 $\omega_2 \sim \omega_1$[rad/s] 的频域，增益增大。特别是 $\omega_2 \to 0$ 的场合（见图 14.4 中实线表示的部分），与 9.1.2 节所述的 PI 控制有同样的特性，ω_1[rad/s] 在低频领域增益增大。因此，开环传递函数 $L(s)$ 的特性中，需关注的稳态特性可以得到改善。但是，增益增大的频域中，同时会引起相位延迟：$\omega_2 \to 0$ 时，在 $\omega = \omega_1$[rad/s] 的点，发生了 $45°$ 的相位延迟；$\omega \to 0$ 时，相位延迟为 $90°$。

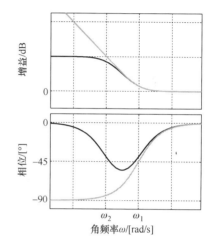

图 14.4　相位延迟控制器的伯德图（$\omega_2 \to 0$）

相位延迟控制器 $C(s)$ 可以改善稳态特性，但相位裕度 PM 变小，会使反馈控制系统的稳定性受到损害。因此，在设计相位延迟控制器时，设定增益开始上升时的角频率 ω_1[rad/s] 要比增益交叉频率 ω_{gc}[rad/s] 低 1dec 的频率范围，这样对相位裕度的影响较小。

相位延迟控制器会产生何种作用，通过下例进行确认：

例 14.3

对于被控对象为 $P(s) = \dfrac{20}{s^2 + 11s + 10}$ 的系统进行反馈控制设计。首先，令 $L_0(s) = P(s)$，也就是说，在图 14.1 所示的反馈控制系统中，$C(s) = C_0(s) = 1$，此时的开环传递函数的伯德图如图 14.5a 所示。

关注被控对象 $P(s)$ 的低频领域的增益。在 $\omega = 10^0 \mathrm{rad/s} = 1\mathrm{rad/s}$ 以下的频域，增益为一常数值。因此，图 14.6a 所示的阶跃响应中产生了稳态误差。

其次，控制器 $C(s) = C_1(s) = K_P$，增益交叉频率 ω_{gc}（$\approx$ 带宽 ω_{bw}）设定为较高数值，响应速度得到改善。在此需注意：增益 K_P 设为较大数值时，不能损伤相位裕度 PM。

$C_1(s) = K_p = 10$ 时的开环传递函数 $L_1(s) = P(s)C_1(s)$ 的伯德图如图 14.5b 所示，图中确保相位裕度 PM=45° 的增益交叉频率 ω_{gc} 比图 14.5a 的高，因此可以期待响应速度的改善。同时，低频领域的增益为一常数值，阶跃响应的稳态误差无法去除。反馈控制系统的阶跃响应如图 14.6b 所示，与图 14.6a 相比，其上升时间更快，响应速度得到了改善；同时确保了充分的相位裕度，振荡现象没有发生。但是产生了稳态误差，要去除稳态误差，需由相位延迟控制器来增大低频领域的增益。

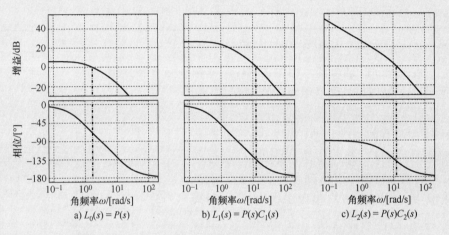

a) $L_0(s) = P(s)$ b) $L_1(s) = P(s)C_1(s)$ c) $L_2(s) = P(s)C_2(s)$

图 14.5 开环传递函数 $L_0(s)$，$L_1(s)$ 和 $L_2(s)$ 的伯德图

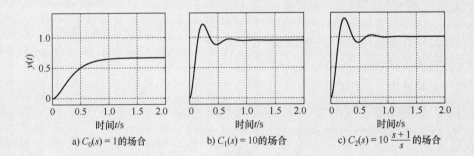

a) $C_0(s) = 1$ 的场合   b) $C_1(s) = 10$ 的场合   c) $C_2(s) = 10 \dfrac{s+1}{s}$ 的场合

图 14.6 反馈控制系统的阶跃响应

在此，基于式 (14.3)，来设计控制器 $C_2(s)$，如下式所示（相位延迟控制器见式 (14.3) 的 $\omega_2 = 0$ 的场合）：

$$C_2(s) = C_1(s)\frac{s+\omega_1}{s} = 10\frac{s+\omega_1}{s} \tag{14.4}$$

在此，需注意增益增大的初始角频率 $\omega_1[\text{rad/s}]$ 的设定，$\omega_1[\text{rad/s}]$ 的附近开始产生相位延迟，此延迟不能对相位裕度 PM 产生过大影响。根据图 14.5b 的增益交叉频率 ω_{gc}（约

$10^1\,\mathrm{rad/s}$），ω_1 的数值设定在 1dec 的低频侧，$\omega_1=10^0\,\mathrm{rad/s}=1\mathrm{rad/s}$。$C_2(s)=10\dfrac{s+1}{s}$ 的 场合，开环传递函数 $L_2(s)=P(s)C_2(s)$ 的伯德图如图 14.5c 所示，图中由于相位延迟控 制器的作用，低频领域的增益具有 20dB/dec 的斜率。反馈控制系统的阶跃响应如图 14.6c 所示，图中在图 14.6a 和 b 中所见的稳态误差已被去除。

　　对比图 14.5b 和 c，$\omega_1=10^0\,\mathrm{rad/s}$ 附近的增益增大，相位发生了延迟，图 14.5c 的相 位裕度 PM 和图 14.5b 相比，基本没有发生变化。

14.4　基于相位超前控制器的反馈控制系统设计

　　开环传递函数 $L(s)$ 的特性中，对于瞬态特性和衰减性的改善是极为有益的，必须关注 的方法是：**相位超前控制器**（phase lead controller）。相位超前控制器的传递函数如下所示：

$$C(s)=\frac{\omega_3}{\omega_4}\frac{s+\omega_4}{s+\omega_3}\qquad \omega_3>\omega_4 \tag{14.5}$$

相位超前控制器的伯德图如图 14.7 所示。

　　相位超前控制器在 $\omega_4\sim\omega_3\,[\mathrm{rad/s}]$ 的频域可 以使相位产生超前，此现象可以使相位 PM 增大， 在开环传递函数 $L(s)$ 的特性中，必须关注的衰减 性可以得到改善。但是，在相位超前频域，同时会 发生增益增大。

　　由相位超前控制器引起的相位超前的最大值 是：$\dfrac{\omega_3}{\omega_4}=5$ 的场合为 $40°$ 左右，$\dfrac{\omega_3}{\omega_4}=10$ 的场合为 $55°$ 左右。如 $\omega_3\to\infty$，相位超前的最大值可能达到 $90°$， 在一般状况下，$\omega_3\,[\mathrm{rad/s}]$ 的数值成为此种极端大 的状况基本没有。

　　不期望 $\omega_3\,[\mathrm{rad/s}]$ 成为极端大数值的理由，可 用传感器噪声的例子来进行说明。在实际的反馈控

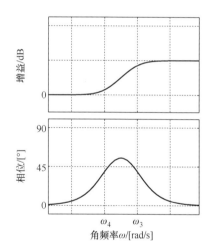

图 14.7　相位超前控制器的伯德图

制系统中，对被控对象装备含有传感器的装置，对反馈所需的输出 $y(t)$ 的数值进行检测。 大多数传感器在实用频域可对 $y(t)$ 的数值进行充分的高精度测定，但是获得的传感器信号 会含有被称为检测噪声的干扰信号，其主要成分为高频信号。假如，设计 $\omega_3\,[\mathrm{rad/s}]$ 的值为 极端大的相位超前控制器，在高频领域开环传递函数的增益 $|L(\mathrm{j}\omega)|$ 增大。在存在检测噪声的 频域，开环传递函数的增益增大，检测噪声无法充分衰减，反馈系统会成为对噪声很敏感的系 统。因此，**在高频领域，增益** $|L(\mathrm{j}\omega)|$ **应快速减小**。如此就可以设计出具有实用性的反馈控制

系统。这是不期望 $\omega_3[\mathrm{rad/s}]$ 成为极端大数值的理由之一。并且，在高频领域增益 $|L(\mathrm{j}\omega)|$ 的快速减小，可以在提高反馈控制系统的鲁棒性方面发挥重要作用。对于控制系统的鲁棒性，可以参考文献［2］。相位控制器可以发挥多大作用，用下例来进行确认。

例 14.4

对被控对象 $P(s)=\dfrac{1}{s(s+1)}$ 设计反馈控制器。在此，反馈控制系统的增益交叉频率 ω_{gc}（$\approx$ 带宽 ω_{bw}）为 $10^1\mathrm{rad/s}$ 的程度，相位裕度 $\mathrm{PM}=45°$ 以上，作为控制设定的指标。首先，参照图 14.1，令 $C(s)=C_0(s)=1$，$L_0(s)=P(s)$ 的伯德图如图 14.8a 所示，反馈控制系统的阶跃响应如图 14.9a 所示。

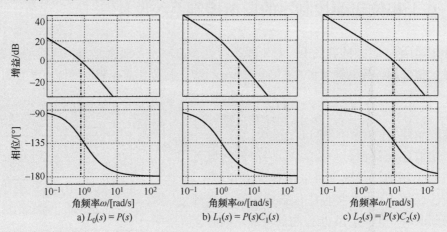

a) $L_0(s)=P(s)$
b) $L_1(s)=P(s)C_1(s)$
c) $L_2(s)=P(s)C_2(s)$

图 14.8 开环传递函数 $L_0(s)$，$L_1(s)$ 和 $L_2(s)$ 的伯德图

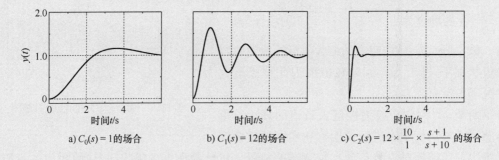

a) $C_0(s)=1$ 的场合
b) $C_1(s)=12$ 的场合
c) $C_2(s)=12\times\dfrac{10}{1}\times\dfrac{s+1}{s+10}$ 的场合

图 14-9 反馈控制系统的阶跃响应

被控对象 $P(s)$ 的增益交叉频率 ω_{gc} 在 $10^0\mathrm{rad/s}$ 以下。根据控制器 $C(s)=C_1(s)=K_p$，增大增益交叉频率 ω_{gc} 可以改善响应速度。$K_p=12$ 时，$L_1(s)=P(s)C_1(s)$ 的伯德图如图 14.8b 所示。根据控制器 $C_1(s)$，开环传递函数 $L_1(s)=P(s)C_1(s)$ 的增益交叉频

率 ω_{gc} 已成为较大数值，同时相位裕度 PM 减少了 $20°$ 左右。图 14.9b 所示的阶跃响应与图 14.9a 相比，发生了振荡现象，是相位裕度 PM 减小所致。

利用相位超前控制器的作用，使图 14.8b 中减小的相位裕度 PM 可以提高到一个合适的数值。在此，基于式（14.5）设计控制器 $C_2(s)$ 如下所示：

$$C_2(s)=C_1(s)\frac{\omega_3}{\omega_4}\frac{s+\omega_4}{s+\omega_3}=12\frac{\omega_3}{\omega_4}\frac{s+\omega_4}{s+\omega_3} \tag{14.6}$$

$\omega_3=10^1\,\mathrm{rad/s}=10\,\mathrm{rad/s}$，$\omega_4=10^0\,\mathrm{rad/s}=1\,\mathrm{rad/s}$ 时的开环传递函数 $L_2(s)=P(s)C_2(s)$ 的伯德图如图 14.8c 所示，反馈控制系统的阶跃响应如图 14.9c 所示。图 14.8c 中，由于相位超前控制器的作用，$\omega_4=10^0\,\mathrm{rad/s}=1\,\mathrm{rad/s}$ 到 $\omega_3=10^1\,\mathrm{rad/s}=10\,\mathrm{rad/s}$ 的频域中，产生了相位超前，确保了 $\mathrm{PM}=45°$ 以上的相位裕度。增益交叉频率 $\omega_{gc}\approx10^1\,\mathrm{rad/s}=10\,\mathrm{rad/s}$。图 14.9c 中，因为确保了相位裕度 PM，图 14.9b 中的振荡现象没有发生。最后，相位超前控制器 $C_2(s)$ 的伯德图如图 14.10 所示，14.8a 的被控对象 $P(s)$ 和 14.10 的控制器 $C_2(s)$ 的伯德图相加就是图 14.8c 的开环传递函数 $L_2(s)$ 的伯德图。在 12.4.2 节中作过以下叙述，$P(s)$ 和 $C(s)$ 的积 $L(s)=P(s)C(s)$ 的伯德图是 $P(s)$ 的伯德图和 $C(s)$ 的伯德图相加所得。通过以上内容可知，进行简单的相加就可以得到开环传递函数 $L_2(s)$。

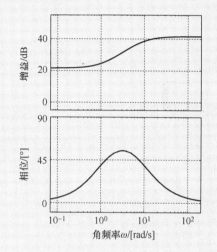

图 14.10　相位超前控制器 $C_2(s)=$
$K\dfrac{\omega_3}{\omega_4}\dfrac{s+\omega_4}{s+\omega_3}=12\times\dfrac{10}{1}\times\dfrac{s+1}{s+10}$ 的伯德图

14.5　基于相位延迟/相位超前控制器的反馈控制系统设计

基于回路整形的反馈控制系统设计中，通常状况下，期望对多个连接而成的开环传递函数进行整形。我们设计了一种相位延迟控制器或相位超前控制器，它注重稳态特性、响应速度和衰减性，并提供期望的传递函数。此外，通常将它们多个连接，以形成期望的开环传递函数。在此，对基于多个控制器合成的回路整形反馈控制系统设计的步骤用下例进行说明。根据被控对象来考虑反馈控制器的设计，被控对象为 $P(s)=\dfrac{K\omega_n^2}{s^2+2\zeta\omega_n s+\omega_n^2}$，$\omega_n=0.1$，$K=1$，$\zeta=0.2$。图 14.1 的反馈控制系统中，$C(s)=C_0(s)=1$ 时的 $L_0(s)=P(s)$ 的伯德图如图 14.11 所示。反馈控制系统的阶跃响应如图 14.12a 所示。

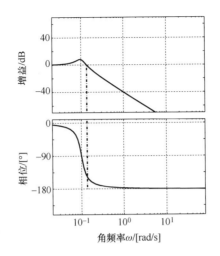

图 14.11   开环传递函数 $L_0(s)=P(s)$ 的伯德图

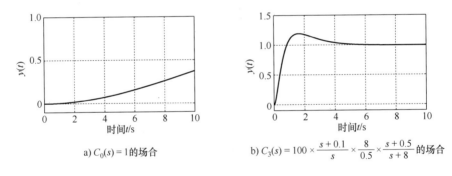

a) $C_0(s)=1$ 的场合   b) $C_3(s)=100\times\dfrac{s+0.1}{s}\times\dfrac{8}{0.5}\times\dfrac{s+0.5}{s+8}$ 的场合

图 14.12   反馈控制系统阶跃响应

首先,控制器采用下式的形式:

$$C(s)=C_1(s)=K_p=100 \tag{14.7}$$

此时,增益交叉频率 ω_{gc}($\approx$带宽 ω_{bw})增大,响应速度得到了改善。$K_p=100$ 时的开环传递函数 $L_1(s)=P(s)C_1(s)$ 的伯德图如图 14.13a 所示。图 14.13a 与图 14.11 相比,增益交叉频率 ω_{gc} 有所增加。低频领域的增益为 40dB 的常数值,相位裕度基本为 $0°$。

在此,增加下式的相位延迟控制器:

$$C(s)=C_2(s)=C_1(s)\frac{s+\omega_1}{s}=100\,\frac{s+\omega_1}{s},\ \omega_1=0.1 \tag{14.8}$$

根据此控制器,低频领域的增益可以增加。开环传递函数 $L_2(s)=P(s)C_2(s)$ 的伯德图如图 14.13b 所示,图中低频带上的增益具有 -20dB/dec 的斜率,相位裕度 PM 依然为 $0°$ 左右。

在此基础上,再增加下式所示相位超前控制器:

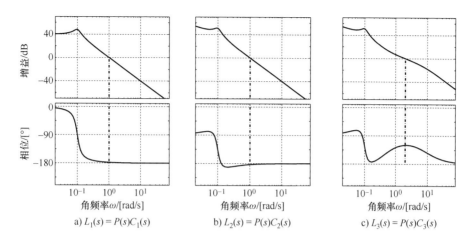

图 14.13　开环传递函数 $L_1(s)$，$L_2(s)$ 和 $L_3(s)$ 的伯德图

$$C(s) = C_3(s) = C_2(s)\frac{\omega_3}{\omega_4}\frac{s+\omega_4}{s+\omega_3},\ \omega_3 = 8,\ \omega_4 = 0.5 \tag{14.9}$$

凭借此控制器，可以确保合适的相位裕度 PM。开环传递函数 $L_3(s) = P(s)C_3(s)$ 的伯德图如图 14.13c 所示，图 14.11 所示的被控对象 $P(s)$ 的伯德图和图 14.13c 所示的 $L_3(s) = P(s)C_3(s)$ 进行比较，回路整形法所必须关注的稳态特性、响应速度和衰减性（稳定性）都得到了均衡改善。根据图 14.12b 所示的反馈控制系统阶跃响应可知，在响应速度得到改善的基础上，稳态误差并没有产生。因为确保了合适的相位裕度 PM，振荡现象没有发生。最终的反馈控制系统的构成如图 14.14 所示。

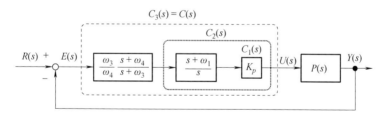

图 14.14　基于相位延迟/相位超前的反馈控制系统构成

最后，对 14.2 节中所述的 Roll-off 特性进行说明。在此，考虑含有检测噪声 $n(t) = \mathcal{L}^{-1}[N(s)]$ 的反馈控制系统，如图 14.15 所示。

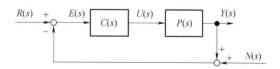

图 14.15　含有检测噪声的控制系统

图 14.15 的反馈控制系统中，被控对象 $P(s)$ 的输出 $y(t)$ 不仅是 $y(t) = \mathcal{L}^{-1}[Y(s)]$，这需要加上检测噪声形成 $y(t) + n(t)$ 进行反馈，此信号为控制器 $C(s)$ 的输入。检测噪声的特性为 $n(t) = A_s\sin\omega_s t$，$A_s = 0.3$，$\omega_s = 25\text{rad/s}$。

在由被控对象 $P(s)$ 和控制器 $C_3(s)$ 构成的反馈控制系统中，含有检测噪声时的阶跃响应如图 14.16a 所示，从图中可知，检测噪声 $n(t)$ 对输出 $y(t)$ 产生的影响。

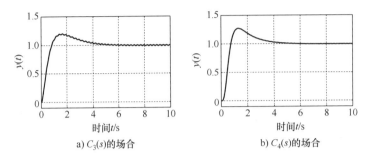

a) $C_3(s)$ 的场合　　　　　　b) $C_4(s)$ 的场合

图 14.16　含有检测噪声的阶跃响应

要想构成不受检测噪声 $n(t)$ 影响的反馈控制系统，需在存在检测噪声的频域 $\omega_s = 25\text{rad/s}$ 附近，迅速衰减开环传递函数的增益。检测噪声 $n(t)$ 到输出 $y(t)$ 的传递函数为 $G_{yn}(s) = -\dfrac{L(s)}{1+L(s)}$。由于增益交叉频率 ω_{gc} 在高频领域存在 $|\mathcal{L}(j\omega)| \ll 1, G_{yn}(s) \approx -L(s)$。因此，如果在存在检测噪声的频域 $\omega_s > \omega_{gc}$，$|\mathcal{L}(j\omega)|$ 会减小，则检测噪声的影响很难出现在输出中。在此，设计下式所示的新控制器，在 $\omega_5[\text{rad/s}]$ 以上的频域，增益产生衰减。

$$C(s) = C_4(s) = C_3(s)\frac{\omega_5^2}{s^2+2\zeta_5\omega_5 s+\omega_5^2}, \ \omega_5 = 10, \ \zeta_5 = 0.5 \qquad (14.10)$$

控制器 $C_4(s)$ 的伯德图如图 14.17a 所示，开环传递函数 $L_4(s) = P(s)C_4(s)$ 的伯德图如图 14.17b 所示。比较图 14.13c 和图 14.17b，在 $\omega_5[\text{rad/s}]$ 附近，增益产生急剧衰减，增益交叉频率 ω_{gc} 和相位裕度 PM 没有受到很大的影响。含有检测噪声 $n(t)$ 的反馈控制系统阶跃响应如图 14.16b 所示，控制器 $C_4(s)$ 使检测噪声 $n(t)$ 的影响得到了充分的衰减。由此可以确认，图 14.11 和图 14.17a 进行单纯相加就可获得图 14.17b。

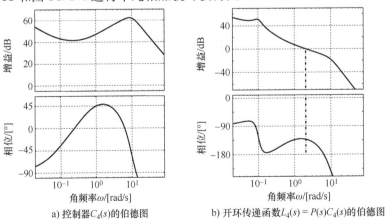

a) 控制器 $C_4(s)$ 的伯德图　　　　　b) 开环传递函数 $L_4(s) = P(s)C_4(s)$ 的伯德图

图 14.17　关注 Roll-off 特性的反馈控制系统设计

本章总结

1. 使开环传递函数 $L(s)$ 的频率特性达到预期性能 $C(s)$ 的设计方法称为回路整形法。

2. 稳态特性的指标增益特性在低频带的斜率、响应速度的指标增益交叉频率 ω_{gc}，衰减性（稳定性）的指标相位裕度 PM，达到预期性能，在控制器 $C(s)$ 的设计中极为重要。

3. 对应于被控对象 $P(s)$ 的特性，可用多个相位延迟和相位超前控制器的组合来设计系统的控制器。

习题十四

（1）对被控对象 $P(s)=\dfrac{1}{10(s+1)^2}$ 进行反馈控制系统的设计。开环传递函数 $L_0(s)=P(s)$ 的伯德图如图 14.18a 所示，对应的反馈控制系统的阶跃响应 $y_0(t)$ 如图 14.19a 所示。读出 $L_0(s)$ 的低频增益 $\lim\limits_{\omega\to 0}|L_0(\mathrm{j}\omega)|$。

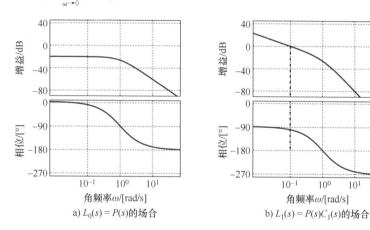

a) $L_0(s)=P(s)$ 的场合　　　　b) $L_1(s)=P(s)C_1(s)$ 的场合

图 14.18　开环传递函数 $L_0(s)$ 和 $L_1(s)$ 的伯德图

（2）作为习题 1 的延续，对控制器 $C_1(s)$ 考虑采用 I 控制 $C_1(s)=\dfrac{1}{s}$。开环传递函数 $L_1(s)=P(s)C_1(s)$ 的伯德图如图 14.18b 所示，对应的阶跃响应 $y_1(t)$ 如图 14.19b 所示。回答下列问题：

ⅰ）读出 $L_1(s)$ 的增益交叉频率 ω_{gc}，相位裕度 PM，低频增益 $\lim\limits_{\omega\to 0}|L_1(\mathrm{j}\omega)|$。

ⅱ）对于 $\lim\limits_{\omega\to 0}y_1(t)=1$，$y_0(t)$ 产生了稳态误差。说明其理由，用基于图 14.18 的开环传递函数特性差异来进行说明。

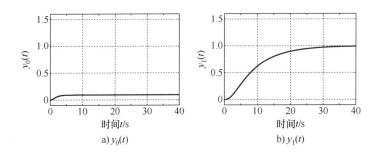

图 14.19　反馈控制系统的阶跃响应

（3）作为习题 2 的延续，对 $C_1(s)$ 增加 P 控制，产生的新控制器为 $C_2(s)=10\times C_1(s)$。开环传递函数 $L_2(s)=P(s)C_2(s)$ 的伯德图如图 14.20a 所示，对应的阶跃响应 $y_2(t)$ 如图 14.21a 所示。回答下列问题：

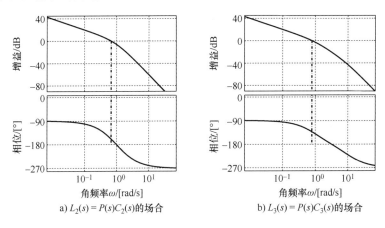

a) $L_2(s)=P(s)C_2(s)$ 的场合　　b) $L_3(s)=P(s)C_3(s)$ 的场合

图 14.20　开环传递函数 $L_2(s)$ 和 $L_3(s)$ 的伯德图

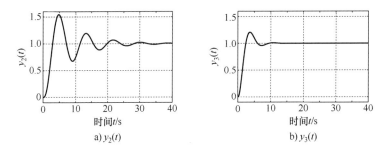

图 14.21　反馈控制系统的阶跃响应

ⅰ）读出 $L_2(s)$ 的增益交叉频率 ω_{gc}，相位裕度 PM，低频增益 $\lim_{\omega\to 0}|L_2(j\omega)|$。

ⅱ）对比 $y_1(t)$ 和 $y_2(t)$ 可知，$y_2(t)$ 的响应速度更优越。基于 $L_1(s)$ 和 $L_2(s)$ 的特性差

异说明其理由。

ⅲ）对比 $y_1(t)$ 和 $y_2(t)$ 可知，$y_2(t)$ 产生了振荡现象。基于 $L_1(s)$ 和 $L_2(s)$ 的特性差异说明反馈控制系统稳定性劣化的理由。

（4）作为习题 3 的延续，增加相位超前控制器 $C_3(s) = \dfrac{\omega_3}{\omega_4}\dfrac{s+\omega_4}{s+\omega_3} \times C_2(s)$，$\omega_3 = 10$，$\omega_4 = 1$。（此处由于选择了 $\omega_4 = 1$，被控对象分母中因子 $(s+1)$ 和控制器的分子中因子 $(s+\omega_1)=(s+1)$ 可以互相约去，发生了零极点相消的现象。稳定的零点与极点的相消不会引起反馈控制系统的不稳定，但是不稳定的零极点相消，必然会引起反馈控制系统的不稳定（参照参考文献 [2]）。因此不稳定被控对象的控制极为困难。）开环传递函数 $L_3(s) = P(s)C_3(s)$ 的伯德图如图 14.20b 所示，对应的阶跃响应 $y_3(t)$ 如图 14.21b 所示。回答下列问题：

ⅰ）读出 $L_3(s)$ 的增益交叉频率 ω_{gc}，相位裕度 PM，低频增益 $\lim\limits_{\omega \to 0}|L_3(\mathrm{j}\omega)|$。

ⅱ）对比 $y_3(t)$ 和 $y_2(t)$ 可知，由于控制器 $C_3(s)$ 的作用，反馈控制系统的稳定性得到了改善，y_2 中振荡现象被抑制。根据图 14.20 的开环传递函数特性差异，说明反馈控制系统稳定性改善的理由。

（5）对于被控对象 $P(s) = \dfrac{10}{s+1}$，考虑反馈控制系统的设计。考虑 $C_1(s)=1$，$C_2(s)=10$ 两个 P 控制的控制器。回答下列问题：

ⅰ）开环传递函数 $L_1(s) = P(s)C_1(s)$ 的伯德图（增益线图和相位线图都为折线近似）如图 14.22a 所示。在图 14.22b 中，画出 $L_2(s) = P(s)C_2(s)$ 的伯德图（可为折线近似）。

ⅱ）读出 $L_1(s)$，$L_2(s)$ 的增益交叉频率 ω_{gc}。

ⅲ）使用 $C_1(s)$，$C_2(s)$ 的反馈控制系统阶跃响应是图 14.23 中的哪一个？正确回答 $C_1(s)$，$C_2(s)$ 和阶跃响应的组合。

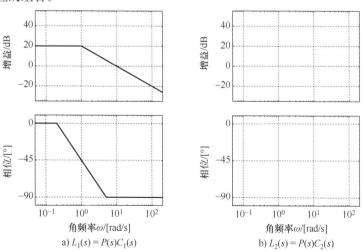

a) $L_1(s) = P(s)C_1(s)$　　　　　b) $L_2(s) = P(s)C_2(s)$

图 14.22　开环传递函数 $L_1(s)$ 和 $L_2(s)$ 的伯德图

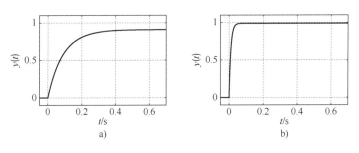

图 14.23   反馈控制系统的阶跃响应

（6）对于被控对象 $P(s)=\dfrac{1}{s+1}$，考虑反馈控制系统的设计。$P(s)$ 的伯德图（折线近似）如图 14.24a 所示。回答下列问题：

ⅰ）采用 $C_1(s)=10$ 的 P 控制。在图 14.24a 中画出 $L_1(s)=P(s)C_1(s)$ 的伯德图（可为折线近似）。

ⅱ）读出 $L_1(s)$ 的增益交叉频率 ω_{gc}、相位裕度 PM 和低频增益 $\lim\limits_{\omega\to0}L_1(\mathrm{j}\omega)$。

（7）作为习题 6 的延续，控制器为 $C(s)$，增加积分补偿器 $\dfrac{1}{s}$，I 控制的控制器为 $C_2(s)=C_1(s)\times\dfrac{1}{s}$。回答下列问题：

ⅰ）在图 14.24b 中画出开环传递函数 $L_2(s)=P(s)C_2(s)$ 的伯德图（可为折线近似）。

ⅱ）读出 $L_2(s)$ 的增益交叉频率 ω_{gc}、相位裕度 PM 和低频增益 $\lim\limits_{\omega\to0}L_2(\mathrm{j}\omega)$。

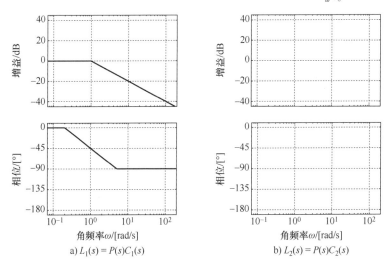

图 14.24   开环传递函数 $L_1(s)$ 和 $L_2(s)$ 的伯德图

（8）作为习题 7 的延续，增加相位超前控制器 $\dfrac{\omega_3}{\omega_4}\dfrac{s+\omega_4}{s+\omega_3}$，$\omega_3=10$，$\omega_4=1$，新控制器为

$C_3(s)=C_2(s)\times\dfrac{s+\omega_4}{s+\omega_3}$。此相位超前控制器的伯德图（折线近似）如图 14.25a 所示。

ⅰ）在图 14.25b 中画出 $L_3(s)=P(s)C_3(s)$ 的伯德图（可为折线近似）。

ⅱ）读出 $L_3(s)$ 的增益交叉频率 ω_{gc}、相位裕度 PM 和低频增益 $\lim\limits_{\omega\to 0}L_3(j\omega)$。

ⅲ）使用 $C_1(s)$、$C_2(s)$ 和 $C_3(s)$ 时的反馈控制系统阶跃响应是图 14.26 中的哪一个？正确回答 $C_1(s)$、$C_2(s)$ 和 $C_3(s)$ 与阶跃响应的组合。

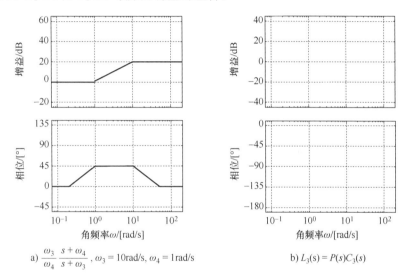

a) $\dfrac{\omega_3}{\omega_4}\dfrac{s+\omega_4}{s+\omega_3}$, $\omega_3=10\text{rad/s}$, $\omega_4=1\text{rad/s}$ b) $L_3(s)=P(s)C_3(s)$

图 14.25 相位超前控制器的伯德图和开环传递函数 $L_3(s)$ 的伯德图

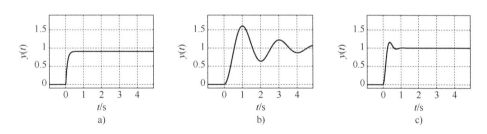

图 14.26 反馈控制系统的阶跃响应

附　　录

附录 1　一阶延迟系统频率响应的推导

根据式（11.3）表示的一阶延迟系统进行频率响应的推导。稳定的一阶延迟系统的传递函数与式（11.1）相同，如下所示：

$$G(s) = \frac{K}{Ts+1} \tag{1}$$

在此，由于系统为稳定，可设定 $T > 0$，$K > 0$。系统的输出为 $Y(s)$，系统的输入为 $U(s)$，可得以下的表达式：

$$Y(s) = G(s)U(s) = \frac{K}{Ts+1}U(s) \tag{2}$$

一阶延迟系统的频率响应可以通过微分方程和拉普拉斯变换进行推导。

根据微分方程进行频率响应的推导

根据式（2），系统的微分方程如下所示：

$$\frac{\mathrm{d}y(t)}{\mathrm{d}t} + \frac{1}{T}y(t) = \frac{K}{T}u(t)$$

因此，响应的数学式如下所示（见式（11.2））：

$$y(t) = \mathrm{e}^{-\frac{1}{T}t}y(0) + \int_0^t \mathrm{e}^{-\frac{1}{T}(t-\tau)}\frac{K}{T}u(\tau)\mathrm{d}\tau \tag{3}$$

由于频率响应只考虑稳态响应，$t \to \infty$ 时式（3）右边第一项向 0 收敛，可得下式：

$$y(t) = \frac{K}{T}\int_0^t \mathrm{e}^{-\frac{1}{T}(t-\tau)}u(\tau)\mathrm{d}\tau \tag{4}$$

对于频率响应来说，作为输入，式（4）右边 $u(t)$ 可考虑为 $u(t) = A\sin\omega t$，作为 $u(t)$ 的替代可考虑使用下式所示的 $v(t)$ 作为输入

$$v(t) = A\cos\omega t + \mathrm{j}A\sin\omega t = \mathrm{e}^{\mathrm{j}\omega t} \tag{5}$$

此种考虑方法，可以使计算变得相对简单，用式（5）$v(t)$ 替代 $u(t)$ 来进行响应 $y_v(t)$ 的计算，其虚数部分与使用 $u(t) = A\sin\omega t$ 计算所得的响应 $y(t)$ 一致。

$y_v(t)$ 的计算如下所示：

$$y_v(t) = \frac{K}{T}\int_0^t \mathrm{e}^{-\frac{1}{T}(t-\tau)}A\mathrm{e}^{\mathrm{j}\omega t}\mathrm{d}\tau = \frac{KA}{T}\mathrm{e}^{-\frac{1}{T}t}\int_0^t \mathrm{e}^{\left(\mathrm{j}\omega+\frac{1}{T}\right)\tau}\mathrm{d}\tau$$

$$= \frac{KA}{T} e^{-\frac{1}{T}t} \left[\frac{1}{j\omega + \frac{1}{T}} e^{\left(j\omega + \frac{1}{T}\right)\tau} \right]_0^t = \frac{KA}{T} \frac{1}{j\omega + \frac{1}{T}} e^{-\frac{1}{T}t} \left(e^{\left(j\omega + \frac{1}{T}\right)t} - 1 \right)$$

$$= \frac{KA}{T} \frac{1}{j\omega + \frac{1}{T}} \left(e^{j\omega t} - e^{-\frac{1}{T}t} \right) \tag{6}$$

由于频率响应只考虑稳态响应，$t \to \infty$ 时，式（6）右边的 $e^{-\frac{1}{T}t}$ 向 0 收敛，式（6）可变为下式所示的表达式：

$$y_v(t) = \frac{KA}{T} \frac{1}{j\omega + \frac{1}{T}} e^{j\omega t} = \frac{K}{j\omega T + 1} A e^{j\omega t} \tag{7}$$

式中，$\dfrac{K}{j\omega T + 1}$ 是在传递函数 $G(s) = \dfrac{K}{Ts+1}$ 中使用关系式 $s = j\omega$ 得到的，因此 $G(j\omega)$ 可用下式所示的复数形式表示（采用 $s = j\omega$ 的 $G(j\omega)$ 被称为频率传递函数，具体参照 12.4 节）

$$G(j\omega) = \frac{K}{j\omega T + 1} = \frac{K(-j\omega T + 1)}{(j\omega T + 1)(-j\omega T + 1)}$$

$$= \frac{K(-j\omega T + 1)}{\omega^2 T^2 + 1} = \frac{K}{\omega^2 T^2 + 1} - j \frac{K\omega T}{\omega^2 T^2 + 1} \tag{8}$$

此时，$G(j\omega)$ 的大小与夹角可用下式导出：

$$|G(j\omega)| = \left| \frac{K}{j\omega T + 1} \right| = \sqrt{\left(\frac{K}{\omega^2 T^2 + 1} \right)^2 + \left(\frac{-K\omega T}{\omega^2 T^2 + 1} \right)^2}$$

$$= \sqrt{\frac{K^2 + K^2 \omega^2 T^2}{(\omega^2 T^2 + 1)^2}} = K \sqrt{\frac{1 + \omega^2 T^2}{(\omega^2 T^2 + 1)^2}}$$

$$= K \sqrt{\frac{1}{\omega^2 T^2 + 1}} = K \frac{1}{\sqrt{(\omega T)^2 + 1}} \tag{9}$$

$$\angle G(j\omega) = \angle \frac{K}{j\omega T + 1} = \arctan \frac{\mathrm{Im}|G(j\omega)|}{\mathrm{Re}|G(j\omega)|} = \arctan \frac{-\dfrac{k\omega T}{\omega^2 T^2 + 1}}{\dfrac{K}{\omega^2 T^2 + 1}}$$

$$= -\arctan \omega T \tag{10}$$

因此，$G(j\omega)$ 的极坐标形式如下所示：

$$G(j\omega) = |G(j\omega)| e^{j\angle G(j\omega)} = \left| \frac{K}{j\omega T + 1} \right| e^{j\angle \frac{K}{j\omega T + 1}} \tag{11}$$

根据此式的表现形式，式（7）可变换成下式的形式：

$$y_v(t) = \frac{K}{j\omega T + 1} A e^{j\omega t} = G(j\omega t) A e^{j\omega t} = \left| \frac{K}{j\omega T + 1} \right| e^{j\angle \frac{K}{j\omega T + 1}} A e^{j\omega t}$$

$$= \left| \frac{K}{\mathrm{j}\omega T+1} \right| A\mathrm{e}^{\mathrm{j}(\omega t + \angle \frac{K}{\mathrm{j}\omega T+1})} = K\,\frac{1}{\sqrt{(\omega T)^2+1}} A\mathrm{e}^{\mathrm{j}(\omega t - \arctan\omega T)}$$

$$= K\,\frac{1}{\sqrt{(\omega T)^2+1}} A(\cos(\omega t - \arctan\omega T) + \mathrm{j}\sin(\omega t - \arctan\omega T)) \tag{12}$$

因此，只取出 $y_v(t)$ 的虚数部分，可知其与 $u(t) = A\sin\omega t$ 的响应 $y(t)$ 一致

$$y(t) = K\,\frac{1}{\sqrt{(\omega T)^2+1}} A\sin(\omega t - \arctan\omega T) \tag{13}$$

在此，使用图 11.2b 来进行考虑，由图中可知，从 0～3s 输出不是正弦波，这是由于式（3）右边第 1 项及式（6）右边括号内第 2 项的影响。

附录 2　奈奎斯特稳定判别法的推导

在此进行奈奎斯特稳定判别法的推导说明。式（13.10）的分子和分母多项式用下式的因式分解的方式来表现。

$$1 + P(s)C(s) = \frac{N_p(s)N_c(s) + D_p(s)D_c(s)}{D_p(s)D_c(s)} = \frac{(s-z_1)\cdots(s-z_n)}{(s-p_1)\cdots(s-p_n)} \quad (n = n_p + n_c)$$

上式结合了式（13.4）和式（13.5）来进行补足，令 $D_p(s)D_c(s) = (s-p_1^p)\cdots(s-p_{n_p}^p) \times (s-p_1^c)\cdots(s-p_{n_c}^c) = (s-p_1)\cdots(s-p_n)$，$N_p(s)N_c(s) + D_p(s)D_c(s) = k_p(s-z_1^p)\cdots(s-z_{m_p}^p) \times k_c(s-z_1^c)\cdots(s-z_{m_p}^c) + (s-p_1^p)\cdots(s-p_{n_p}^p) \times (s-p_1^c)\cdots(s-p_{n_c}^c)$ 进行分解后的数学式用 $(s-z_1)\cdots(s-z_n)$ 来表达。也就是说，可用下述形式进行表现：

闭环极点：z_1，$\cdots$，z_n　　　**开环极点**：p_1，$\cdots$，p_n

因此，奈奎斯特稳定判别法的目的就是获得 p_1，$\cdots$，p_n 中不稳定的闭环极点个数 P 和 z_1，$\cdots$，z_n 中不稳定开环极点个数 Z。

辐角原理

使用对奈奎斯特稳定判别法推导非常有用的复函数性质即辐角原理来进行推导，令 $F(s) = 1 + L(s) = 1 + P(s)C(s)$。因此下式成立：

$$F(s) = 1 + L(s) = 1 + P(s)C(s) = \frac{(s-z_1)\cdots(s-z_n)}{(s-p_1)\cdots(s-p_n)}$$

$F(s)$ 的极点为 p_1，$\cdots$，p_n，零点为 z_1，$\cdots$，z_n，在复平面上的分布如图 1a 所示。

在复平面中，考虑图 1a 所示的闭曲线 C，闭曲线 C 不通过极点 p_1，$\cdots$，p_n 和零点 z_1，$\cdots$，z_n。在闭曲线上，考虑顺时针回转一周的变量 $\bar{s}$。变量 $\bar{s}$ 沿闭曲线回转一周时，如图 1b 所示，$F(\bar{s})$ 会形成何种轨迹，特别是 $F(\bar{s})$ 在原点周围会发生几次回转，也就是说，$F(\bar{s})$ 的辐角 $\angle F(\bar{s})$ 会发生何种变化。这些信息都需要研究分析。

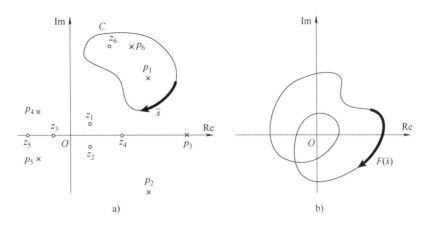

图 1　闭曲线 C 上顺时针回转一周的变量 $\bar{s}$ 和此时的映射 $F(\bar{s})$

首先，考虑简单的状况。如图 2 所示，闭曲线所围绕的区域只含有 1 个零点 z_1，图中，考虑变量 $\bar{s}$ 沿闭曲线 C 进行顺时针回转，$\angle(\bar{s}-z_1)$ 的总变化量为 $-360°$，也就是说，沿顺时针方向进行了 1 周的回转。在闭曲线所环绕领域的外侧的零点 z_k 和极点 p_k 的辐角 $\angle(\bar{s}-z_k)$ 和 $\angle(\bar{s}-p_k)$。在 $\bar{s}$ 沿闭曲线 C 回转时，会出现上下变动，但其总变化量为 $0°$。$F(s)$ 的辐角如下式所示：

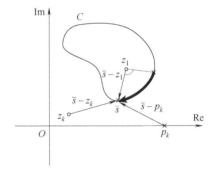

图 2　$(\bar{s}-z_1)$ 的辐角总变化量为 $-360°$

$$\angle F(\bar{s})=\angle(\bar{s}-z_1)+\cdots+\angle(\bar{s}-z_n)-$$
$$\angle(\bar{s}-p_1)-\cdots-\angle(\bar{s}-p_n)$$

角 $F(\bar{s})$ 的总变化量与角 $\angle(\bar{s}-z_1)$ 的总变化量相等，为 $-360°$。因此，可知下列内容：

闭曲线 C 围绕的领域中含有 1 个零点 → $F(\bar{s})$ 绕原点顺时针回转 1 周

其次，考虑闭曲线 C 围绕的领域内含有 Z 个零点的状况。与图 2 采用相同的考虑方法，闭曲线 C 围绕的领域内的 z_1，$\cdots$，z_Z 的辐角 $\angle(\bar{s}-z_1)$，$\cdots$，$\angle(\bar{s}-z_Z)$ 的总变化量都为 $-360°$。根据 $\angle F(\bar{s})$ 的数学表达式，这些角的和是 $\angle F(\bar{s})$ 的总变化量。可知下述内容：

闭曲线 C 围绕的领域中含有 Z 个零点 → $F(\bar{s})$ 绕原点顺时针回转 Z 周

然后，考虑闭曲线 C 围绕的领域内含有 1 个极点的 p_1 状况。将图 2 的 z_1 替换为 p_1，此时的角 $\angle(\bar{s}-p_1)$ 的总变化量也为 $-360°$。根据 $\angle F(\bar{s})$ 的数学表达式，$\angle F(\bar{s})$ 的总变化量是 $\angle(\bar{s}-p_1)$ 的总变化量，为 $-360°$，也就是逆时针回转 1 周。可知下述内容：

闭曲线 C 围绕的领域中含有 1 个极点 → $F(\bar{s})$ 绕原点顺时针回转 -1 周

在此，顺时针的回转为正数，逆时针的回转为负数。

一般情况下，闭曲线 C 包围了 Z 个零点和 P 个极点，因此根据前述内容可得下述结果：

闭曲线 C 包围了 Z 个零点和 P 个极点，→ $F(\bar{s})$ 绕原点顺时针回转 $Z-P$ 周

以下使用复函数的性质，对奈奎斯特稳定判别法进行推导。

奈奎斯特稳定判别法的推导

在此，为了叙述的简单，对开环传递函数 $L(s)=P(s)C(s)$，假定不含有 $s=0$ 或 $s=\pm j\omega_n$，即不含有虚轴上的极点。与前述部分相同，令 $F(\bar{s})=1+L(s)$。在 $F(\bar{s})$ 的零点 z_1，…，z_n（闭环极点）中，不稳定的零点为 Z 个，极点 p_1，…，p_n（开环极点）中，不稳定的极点为 P 个，即位于复平面右半平面。对于闭曲线 C，考虑图 3a 所示的闭曲线。闭曲线 C 由虚轴上直线和半圆封闭构成。闭曲线 C 的半径 R，其大小可以任意增大，其极限为 $R \to \infty$。也就是说，闭曲线 C 可以包围复平面的右半平面。因此，$F(\bar{s})=1+L(s)$ 的 P 个不稳定极点和 Z 个不稳定零点都可以包含在闭曲线 C 所围绕的区域之内。

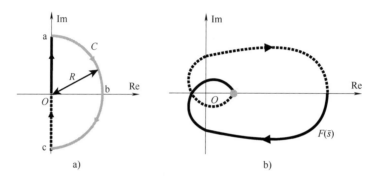

a)   b)

图 3   闭曲线 C 上顺时针回转一周的变量 $\bar{s}$ 和此时的映射 $F(\bar{s})$

考虑变量 $\bar{s}$ 在闭曲线 C 上顺时针回转一周的映射 $F(\bar{s})$。根据辐角原理和闭曲线 C 所围绕的区域含有 P 个不稳定极点和 Z 个不稳定零点，可知：

$F(\bar{s})$ 绕原点顺时针回转 $Z-P$ 周

因为 $F(\bar{s})=1+L(s)$，考虑变量 $\bar{s}$ 沿闭曲线 C 顺时针回转一周时，$L(\bar{s})$ 的轨迹与 $F(\bar{s})$ 错开 1，可得下述结果：

$L(\bar{s})$ 绕点 $-1+j0$ 顺时针回转 $Z-P$ 周

$L(\bar{s})$ 的轨迹如图 4 所示。变量 $\bar{s}$ 在闭曲线 C 上，由原点 O 向点 a 前进。此时，$\bar{s}=j\omega$，ω 在 $0 \to \infty$ 间进行变化。因此，$L(\bar{s})=L(j\omega)$，此轨迹为 $L(\bar{s})$ 的矢量轨迹。接下来，考虑 $\bar{s}$ 由点 a 向点 c 前进，其中经由点 b。此时，$L(\bar{s})$ 为严格真的传递函数，考虑 $R \to \infty$ 的极限，在此区间一直存在 $L(\bar{s})=0$。最后，变量 $\bar{s}$ 由点 c 向原点前进，此时 $\bar{s}=-j\omega$，$\omega=\infty \to 0$。此处需注意，$L(-j\omega)=\overline{L(j\omega)}$。$L(-j\omega)$ 的轨迹由 $L(\bar{s})$ 的矢量轨迹关于实轴对称获得。

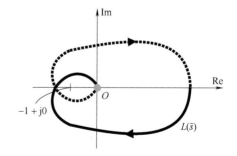

图 4   变量 $\bar{s}$ 沿闭曲线 C 顺时针回转一周时的映射 $L(\bar{s})$

图 4 所示的 $L(\bar{s})$ 的轨迹，基本是由 $L(s)$ 的矢量轨迹获得。$L(\bar{s})$ 的轨迹被称为**奈奎斯特轨迹**。实际上，绘制奈奎斯特轨迹是用于计算围绕点 $-1+j0$ 顺时针回转的次数。此回转次数用 N 来表示，根据前述计算式，$N=Z-P$，P 为不稳定的开环极点个数，对系统设计者来说是一个已知的数值。N 的数值根据奈奎斯特轨迹来获得，因此 $Z=N+P$，也就是说，可知不稳定的闭环极点个数。如此，求取 Z 的数值的步骤就是**奈奎斯特稳定判别法**。

对上述内容进行补充说明。假定开环传递函数 $L(s)$ 不含有虚轴上的极点。虚轴上 $s=0$ 或 $s=\pm j\omega_n$ 的开环极点如果存在，图 3a 由原点向点 a 以 ω 移动时，极点部分 $L(j\omega)$ 的轨迹会消失。因此，不能绘制封闭的奈奎斯特轨迹，绕点 $-1+j0$ 的回转次数也无法得到。如果在虚轴上存在极点，图 3a 的闭曲线要进行修正，才可以适用于奈奎斯特稳定判别法。具体的修正方法在参考文献 [2，5] 中有说明。开环传递函数 $L(s)$ 只含有 1 个 $s=0$ 的极点，剩余的极点都为稳定的状况，可使用 13.5 节所述的简化的奈奎斯特稳定判别法。

参 考 文 献

[1] 須田信英 編著：PID 制御，朝倉書店 (1992)

[2] 杉江俊治，藤田政之：フィードバック制御入門，コロナ社 (1999)

[3] 足立修一：MATLAB による制御工学，東京電機大学出版局 (1999)

[4] 井上和夫 監修，川田昌克，西岡勝博：MATLAB/Simulink によるわかりやすい制御工学，森北出版 (2001)

[5] 吉川恒夫：古典制御論，昭晃堂 (2004)

[6] 添田喬，中溝高好：自動制御の講義と演習，日新出版 (1988)

[7] 片山徹：新版 フィードバック制御の基礎，朝倉書店 (2002)

[8] 示村悦二郎：自動制御とは何か，コロナ社 (1990)

以上が本書の執筆において参考にした主な書籍であるが，その他にもさまざまな書籍，学術論文，解説記事などを参考にした．さらに学習を進めたい場合は，まず上記書籍を参考にするとよい．

制御系 CAD を使いながら制御工学の勉強を進めるのであれば，ほぼすべてを網羅していると思われる，つぎの書籍を参考にするとよい．制御系 CAD を使って制御の解析や設計問題を解くための方法が示してあり，原書は英語圏での学習書としてロングセラーとなっている．

[9] 尾形克彦 著，石川潤 訳：制御のための MATLAB，東京電機大学出版局 (2010)

制御系 CAD を使わずに紙と筆記具だけで具体的に問題を解きながら理解したい場合は，つぎの書籍を参考にするとよい．本書でも取り扱った内容が，演習問題をたくさん解くことにより，さらに理解できると思われる．

[10] 森泰親：演習で学ぶ基礎制御工学，森北出版 (2004)

[11] 森泰親：演習で学ぶ PID 制御，森北出版 (2009)

制御工学について，具体的にどのように実際のシステムに適用できるのかを知りたい場合は，つぎの書籍を参考にするとよい．

[12] 松原厚：精密位置決め・送り系設計のための制御工学，森北出版 (2008)

[13] 廣田幸嗣，足立修一 編著，出口欣高，小笠原悟司：電気自動車の制御システム，東京電機大学出版局 (2009)

[14] 松日楽信人，大明準治：わかりやすいロボットシステム入門 改訂 2 版，オーム社 (2010)

特に，[14] はロボットの制御について，一連の流れをつかむことができる．その他にも多くの良書があり，枚挙にいとまがない．書店やウェブサイトを通じて気に入った書籍を見つけ，1 冊を丁寧に読み込むことが大切である．